普通高等教育通识类课程教材

大学计算机基础案例教程
（第二版）

主　编　叶潮流　金　莹

副主编　李雯雯　姚　璇　王　琳　张蓓蕾

中国水利水电出版社

www.waterpub.com.cn

·北京·

内 容 提 要

本书采用任务驱动和项目导入方式，将计算机应用基础知识融入案例的分析和操作过程中，使学生在学习过程中既能掌握案例模块的知识点，又能培养综合分析问题和解决问题的工程创新能力。本书通过案例教学和实践教学环节，让学生体验和领悟利用计算机解决问题的思路和方法，进一步加深对有关概念的理解和加强对有关信息技术的掌握，培养学生综合应用计算机的素质，提高学生的计算思维能力和工程实践能力。

本书共 7 章，分为 38 个任务，主要包括计算机基础知识、使用 Windows 7、使用 Word 2010、使用 Excel 2010、使用 PowerPoint 2010、计算机网络与 Internet 技术、常用工具软件等。

本书以能力输出为导向，按照 CDIO 模式的"教学做一体化"理念进行教学内容的模块化整合和编写，可作为应用型本科院校、高职高专以及成人高校各专业"计算机基础"课程的教材，也可作为计算机技术培训用书和计算机爱好者的自学用书。

图书在版编目（C I P）数据

大学计算机基础案例教程 / 叶潮流，金莹主编. --
2版. -- 北京 ：中国水利水电出版社，2020.4
普通高等教育通识类课程教材
ISBN 978-7-5170-8460-0

Ⅰ．①大… Ⅱ．①叶… ②金… Ⅲ．①电子计算机－
高等学校－教材 Ⅳ．①TP3

中国版本图书馆CIP数据核字(2020)第042889号

策划编辑：石永峰　　责任编辑：石永峰　　加工编辑：王玉梅　　封面设计：李　佳

	普通高等教育通识类课程教材
书　　名	大学计算机基础案例教程（第二版） DAXUE JISUANJI JICHU ANLI JIAOCHENG
作　　者	主　编　叶潮流　金　莹 副主编　李雯雯　姚　璇　王　琳　张蓓蕾
出版发行	中国水利水电出版社 （北京市海淀区玉渊潭南路 1 号 D 座　100038） 网址：www.waterpub.com.cn E-mail：mchannel@263.net（万水） 　　　　sales@waterpub.com.cn 电话：（010）68367658（营销中心）、82562819（万水）
经　　售	全国各地新华书店和相关出版物销售网点
排　　版	北京万水电子信息有限公司
印　　刷	三河市鑫金马印装有限公司
规　　格	184mm×260mm　16 开本　18 印张　446 千字
版　　次	2014 年 5 月第 1 版　　2014 年 5 月第 1 次印刷 2020 年 4 月第 2 版　　2020 年 4 月第 1 次印刷
印　　数	0001—3000 册
定　　价	49.00 元

第二版前言

本书在总结了第一版教学实践和教学经验的基础上，对原有教学内容进行了部分调整和知识体系的更新，以适应"计算机基础"课程内容多、更新快、课时少的状况。主要变动如下：一是修改了第1章的教学内容，使之更加科学严谨；二是更新了第2～7章部分章节的教学内容，使之符合软件的迭代更新情况。

本书有7章，包括38个任务驱动型案例，全面系统地介绍了信息社会数字公民应具备的知识结构、应用能力与信息素养，涵盖了计算机基础知识、使用Windows 7、使用Word 2010、使用Excel 2010、使用PowerPoint 2010、计算机网络与Internet技术、常用工具软件等。

本书在内容编排上按照任务描述（能力目标）—案例（提出问题）—方法与步骤（分析问题和解决问题）—基础与常识（知识技术支持）—拓展与提高（知识技术支持）—思考与实训（能力提升和素质养成）的逻辑结构，将计算思维融入案例情境的分析和解决过程中，确保学生获取关联知识、能力和素质，学会运用计算思维去解决问题、设计系统，掌握数字化逻辑思维的形式和技巧，具备处理抽象的数字化和系统化信息业务流程的工程实践能力和系统架构能力，具备捕捉迭代更新的信息技术的技巧。

注意： 本书图中"帐户"均应为"账户"。

本书由叶潮流、金莹任主编，李雯雯、姚璇、王琳、张蓓蕾任副主编。其中第1章、第2章及全书课后习题由叶潮流编写，第3章由金莹编写，第4章由张蓓蕾编写，第5章由王琳编写，第6章由李雯雯编写，第7章由姚璇编写。本书在编写过程中参考了大量的文献，在此由衷地向参考文献中列出的作者表示感谢。

由于信息技术发展很快，加之作者水平有限，书中难免存在疏漏和不足之处，恳请广大师生和专家学者批评指正，也欢迎读者与我们交流"计算机基础"课程教学改革的建议与经验。编者的邮箱是：yechaoliu@hfuu.edu.cn。

叶潮流

2020年1月

第一版前言

随着计算机技术的飞速发展，计算机在经济与社会发展中的地位日益重要。同时，根据计算机科学发展迅速的学科特点，计算机教育应面向社会，面向潮流，与社会接轨，与时代同行。如何衔接好中学计算机教育与大学计算机教育，是近年来各高校计算机基础教学讨论的热点，以教师为中心进行课堂讲授和上机实验的传统教学模式已难以适应"计算机基础"课程所面临的实际情况。因此"计算机基础"课程教学迫切需要新颖而有效的教学模式。

为了适应 21 世纪经济建设人才知识结构、计算机文化素养与应用技能的要求，适应计算机科学技术和应用技术的迅猛发展，适应高等学校新生知识结构的变化，我们总结了多年来的教学实践和教学经验。同时，根据"教育部非计算机专业计算机基础课程教学指导分委员会"提出的《关于进一步加强高校计算机基础教学的意见》中有关"大学计算机基础"课程教学的要求，我们组织编写了本书。本书取材既照顾了计算机基础教育的基础性、广泛性和一定的理论性，又兼顾了计算机教育的实践性、实用性和发展性；既照顾了高校新生中从未接触过计算机的部分同学，又兼顾了具有一定计算机基础的同学的学习要求。

本书融入了李德才教授主持的教育部人文社会科学研究项目"卓越工程师的能力结构及培养方式模式研究"（课题编号：10YJA880057）的研究成果。本书根据 CDIO 模式的"教学做一体化"教学理念，采用任务驱动和项目导入方式，将计算机应用基础知识融入案例的分析和操作过程中，使学生在学习过程中既掌握独立的知识点，又培养综合分析问题和解决问题的能力。本书通过案例教学和实践教学环节，让学生体验和领悟利用计算机解决问题的思路和方法，通过应用实践进一步加深对有关概念的理解和加强对有关技术的掌握，培养学生综合应用计算机的素质，提高学生的创新能力。为此，我们精心设计了项目案例，由浅入深，由繁到简，尽可能地涉及应用软件中必要的知识点，尽可能具有实用性和代表性，在每个任务后又加入相关知识的思考和技能的实训，帮助学生更好地掌握教学内容。

本书以计算机的基础知识的掌握和基本操作技能的培养为主要目的，力求将成熟的最新成果引入教材，突出重点和应用能力的培养，以适应目前"计算机基础"课程内容多、更新快、课时少的状况。在内容编排上，我们探索了一种针对"非零起点"的"计算机基础"课程的教学方法和途径——任务驱动、项目导入。每章分为若干节，每节设计了若干任务和项目，每个任务中设计了以下几个模块。

（1）任务描述：说明本任务学习的内容和能力目标。

（2）案例：提出任务，描述任务完成的效果。

（3）方法与步骤：讲解完成任务的操作步骤。

（4）基础与常识：讲解任务涉及的基础知识、技能与常识。

（5）拓展与提高：讲解学生有必要了解的知识，但任务未涉及的基础与常识。

（6）思考与实训：根据教学需要引导学生进一步思考或实践。

通过任务描述和项目实施，本书使学生在学习过程中不但能掌握独立的知识点，而且能具备综合分析问题和解决问题的能力，同时激发学生的学习兴趣和培养学生的能力。

全书共 7 章，主要包括计算机基础知识、使用 Windows XP、使用 Word 2003、使用 Excel 2003、使用 PowerPoint 2003、网络与 Internet、常用工具软件。

本书由具有多年"计算机基础"课程教学实践经验的一线教师分工合作编写，由叶潮流任主编，张蓓蕾、金莹、吴伟任副主编，参加编写工作的还有王晨、姚璇、王琳等。其中第 1 章由王晨编写，第 2 章由张蓓蕾编写，第 3.1 节、第 3.2 节由金莹编写，第 3.3 节及习题三由王琳编写，第 4 章、第 6 章由叶潮流编写，第 5 章由吴伟编写，第 7 章由姚璇编写。最后由叶潮流负责本书的统稿及定稿工作。本书在编写过程中参阅大量的图书资料和网络资料，在此由衷地向参考文献中列出的作者表示感谢。

由于计算机技术发展很快，加之作者水平有限，书中难免存在疏漏和不足之处，恳请广大师生和专家学者批评指正，也欢迎读者来信交流"计算机基础"课程教学改革的建议与经验。作者的邮箱是：yechaoliu@hfuu.edu.cn。

叶潮流

2014 年 1 月

目　　录

第1章 计算机基础知识

计算机的出现和发展是当代科技史上最突出的成就之一。它的发明和应用提高和扩展了人类脑力劳动的效能，激发了人类的创造力，标志着人类文明的发展进入了一个崭新的阶段。同其他的科技发展一样，计算机也是社会生产和科技发展到一定阶段的产物，并随着社会生产力提升和科技进步而不断发展。

1.1 计算机的组装与维护

任务1 认识和连接计算机

【任务描述】

计算机是一种高速运行、具有内部存储能力、由程序控制操作过程的电子设备。计算机系统包括硬件系统和软件系统两大部分。其中，硬件是指组成计算机的各种物理设备，软件则是管理计算机软、硬件资源的程序。本任务旨在帮助读者认识计算机硬件的组成和掌握计算机外部设备的连接。

【案例】通过观察和查阅资料，了解计算机系统的组成与连线方法。不同类型计算机的外观如图 1-1 所示。

图 1-1　不同类型计算机的外观

【方法与步骤】

（1）观察硬件组成。从外观上看，台式机包括主机箱、显示器、外围设备。其中，主机箱内置了大部分硬件设备，如 CPU、主板、内存、硬盘、光驱、软驱、各种板卡、电源及各种连线等。主机箱背面提供了许多（主板）接口（图 1-2），用于连接外围设备，包括基本 I/O 设备（鼠标、键盘和音箱）和扩展性 I/O 设备（打印机、网络摄像头和扫描仪）。

（2）连接显示器。显示器有两根电缆线：电源线和信号线。电源线：有些显示器需要连接外接电源为其供电；有些显示器是将电源线连接到主机箱上的电源插座中，由主机电源为其供电。信号线（带有 15 针的梯形插头）：直接插入主机箱背面显卡的插座上，然后拧紧插头两端的螺钉固定住插头即可。

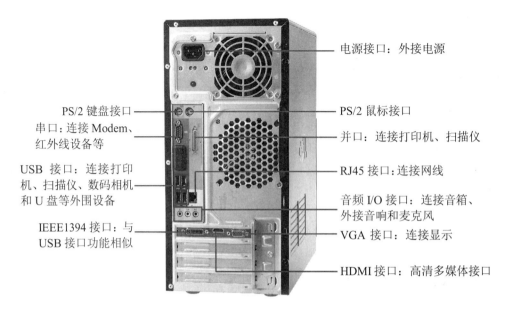

图 1-2   计算机的背面接口

（3）连接键盘。键盘与主机连接的电缆端口有 PS/2（五芯圆形接口）和 USB（通用串行接口）两种，目前主要是 USB 2.0 型接口。若使用 PS/2 接口，要注意定位槽（插头上的凹下槽）向下水平对准主机箱背面键盘插座的定位插销。

（4）连接鼠标。鼠标与主机连接的电缆接口有 COM（标准串行接口，呈梯形，有 COM1 和 COM2 两个串口）、PS/2 和 USB 三种，目前主要是 USB 2.0 型接口。

（5）连接打印机。打印机有两根电缆线：电源线和信号线。电源线直接连接到外接电源插座上；信号线一端与主机连接的电缆接口有 LPT（标准并行并口）、COM 和 USB 三种类型，直接连接对应的接口即可，另一端的 USB 插头连接到打印机的 USB 接口中。

（6）连接主机电源。将主机电源线一端插入到主机电源的输入插座，另一端连接到交流电源的插座。要注意交流电源的电压不要超过主机电源插座上标明的允许电压范围。

（7）连接网线。接上网线后，当前计算机就可以与网络上的其他计算机进行联机通信。网线两端接头采用 RJ-45 水晶头形式，连接时需注意，用手指按压住上面的凸起，即可顺利插入。

【基础与常识】

1. 计算机发展史

根据构成计算机的电子元器件来划分，计算机的发展至今已经历了四代，目前正在向第五代过渡。每一个发展阶段在技术上都是一次新的突破，在性能上都是一次质的飞跃。

（1）第一代电子管时代（1946—1959），计算机电子元器件采用电子管，其特点是速度慢、可靠性差、体积大、耗电多、价格昂贵、维修复杂，仅使用机器语言或汇编语言编写程序。

1）1946 年 2 月 14 日，世界上第一台电子计算机 ENIAC（Electronic Numerical Integrator And Computer）诞生于美国的宾夕法尼亚大学，它的问世标志着计算机时代的到来。

2）1944 年 8 月前，ENIAC 建造者提出 EDVAC 建造计划。1945 年 6 月，享有"计算机之父"称号的美籍科学家冯·诺依曼在总结和详细说明了 EDVAC 的逻辑设计的基础上发表了一份"关于 EDVAC 的报告草案"的通用计算机方案，其核心思想是二进制、程序存储和逻辑划分（运算器、控制器、存储器、输入输出设备五大部件）。1949 年 8 月 EDVAC 原型机交付弹道研究实验室，但直到 1951 年才开始运行。

3）1936 年，图灵投了一篇题为《论数字计算在决断难题中的应用》的论文，从理论上论述了假想的"图灵机"作为通用计算机存在的可能性，奠定了现代通用计算机的数学模型；1950 年，图灵提出了"图灵测试"和机器思维问题，引起了广泛的注意和深远的影响。同年 10 月，图灵发表了题为《机器能思考吗》的论文，使他荣膺"人工智能之父"称号。

（2）第二代晶体管时代（1960—1964），计算机电子元件采用晶体管，其特点是速度较快，可靠性高，体积变小，造价低。此时计算机软件有了较大发展，开始使用高级语言，并采用了监控程序，构成操作系统的雏形。

（3）第三代中、小规模集成电路时代（1965—1969），计算机电子元件采用中、小规模集成电路，用半导体作为存储器。其特点是体积、重量、能耗及成本大幅度降低，运算速度、可靠性大大提高，计算机系统软件进一步得到发展，逐步标准化、模块化、系列化。

（4）第四代大规模集成电路时代（1970 年至今），其特点是计算机体积、重量进一步减小，功耗进一步降低，运算速度、存储容量、可靠性有了大幅度的提高。由于计算机体积大大缩小，所以产生了新一代的计算机——微型计算机（微机）。在软件方面，发展了多机系统、网络及数据库管理技术。计算机在办公自动化、数据库管理、图像处理、语言识别和专家系统等各个领域得到应用，电子商务已开始进入家庭，计算机的发展进入了一个新的历史时期。

2. 计算机分类

（1）根据运算速度、字长、存储容量、软件配置等多方面的综合性能指标，计算机可以划分为高性能计算机、大型机、小型机、微型机、工作站、服务器等。

高性能计算机：也称巨型机或大型机，是目前速度最快、处理能力最强的计算机。巨型机将许多微处理器以并行框架的方式组织在一起，可以达到每秒几万亿次浮点运算，且存储容量巨大。其主要用途是处理超标量的资料，如人口普查、天气预报、人体基因排序、武器研制等，主要在大学、政府机关、科研单位等机构使用。

大型机：比巨型机的性能指标略低，其特点是大型、通用，具有较快的处理能力，速度可达每秒数千万次。大型机强调的重点在于多个用户同时使用，一般作为大型"客户机/服务器"系统的服务器，或者"终端/主机"系统的主机，主要应用于银行、大型公司、规模较大的高等学校和科研单位，用来处理日常大量繁忙的业务，如科学计算、数据处理、网络服务和大型商业管理等。

小型机：规模小、结构简单，设计研制周期短，便于采用先进工艺，易于操作、便于维护，因而比大型机更易于推广和普及。小型机的应用范围很广，如用于工业自动控制、大型分析仪器、测量仪器、医疗设备中的数据采集、分析计算等，也可以用作大型机、巨型机的辅助机，并广泛用于企业管理以及大学和研究机构的科学计算等。

微型机：简称微机，又称个人计算机（Personal Computer，PC），也称"微电脑"，是由大规模集成电路组成的、体积较小的电子计算机，一般由微处理器（MPU）、存储、输入和输出、系统总线等模块组成。其特点是体积小、灵活性大、价格便宜、使用方便。微型机集成在一个芯片上即构成单片机。微型机是人们在日常生活中使用最广泛的计算机，用于完成工作、生活中与人们密切相关的任务。

　　工作站：是一种高档的微型计算机。它是以个人计算机和分布式网络计算为基础，主要面向专业应用领域，在高分辨率的大屏幕显示器及超大容量的内外存储器的支持下，具备强大的数据运算与图形、图像处理能力，为满足工程设计、动画制作、科学研究、软件开发、金融管理、信息服务、模拟仿真等专业领域的需求而设计开发的高性能计算机。

　　服务器：是一种在网络环境中为多个用户提供服务的共享设备，具有强大的处理能力、容量很大的存储器以及快速的输入输出通道和联网能力。根据其提供的服务，可以分为文件服务器、邮件服务器、WWW 服务器和 FTP 服务器等。

　　由于计算机技术的不断发展，计算机的分类标准也在不断变化。微型计算机与工作站、小型机乃至大型机之间的界限已经越来越模糊。

　　（2）按用途及使用范围划分，计算机可分为通用机和专用机。通用机广泛用于办公、教育、日常生活等各个方面，可以完成科学计算、数据处理和过程控制等不同的任务。专用机是为完成某些特定的任务而专门设计研制的计算机，用途单一、结构较简单、工作效率比较高，通常应用在特殊的领域，如大型的科学计算、气象预报、银行存取款机等。

　　（3）按工作原理划分，计算机可分为模拟计算机、数字计算机和混合计算机三种。模拟计算机以电压量或电流量等来表示数据，这些数据在时间上是连续的，称为模拟量，处理后要求以连续的数据（图形或图表形式）输出，具有速度快的特点，但计算精度较差。数字计算机以 0 与 1 的数字代码形式来表示数据，这些数据在时间上是离散的，称为数字量，经过算术与逻辑运算后仍以数字量的形式输出，具有速度快、精度高、自动化、通用性强的特点。混合计算机采用数字和模拟两种形式混合来表示数据，既能处理数字量，又能处理模拟量，并具有数字量和模拟量之间相互转换的能力。目前大多数计算机是数字计算机。

　　（4）按物理元器件划分，计算机可分为电子管计算机、晶体管计算机、集成电路计算机和大规模集成电路计算机。随着计算机的发展，电子元器件也在不断更新，计算机将会发展成利用超导电子元器件的超导计算机、利用光学器件及光路代替电子器件电路的光学计算机、利用某些有机化合物作为元件的生物计算机等。

　　3．计算机的特点

　　（1）运算速度快。运算速度是衡量计算机性能的一项重要指标。通常所说的计算机运算速度（平均运算速度），是指每秒所能执行的指令条数，一般用 MIPS（百万条指令/秒）表示。微机一般采用主频来表示运算速度，主频越高，运算速度就越快。

　　1946 年诞生的 ENIAC，每秒只能进行 300 次各种运算或 5000 次加法运算，此后计算机运算速度越来越快，每秒运算次数已经突破百万次（MFLOPS，megaFLOPS），达到十亿次（GFLOPS，gigaflops）、万亿次（TFLOPS，teraflops），乃至千万亿次（PFLOPS，petaflops）。截至 2019 年 11 月 25 日，在全球超算领域 TOP 500 强榜单中，美国的 Summit 和 Sierra 分别以 148.6 PFLOPS 和 94.6 PFLOPS 分获第一名、第二名，中国的"神威·太湖之光"和"天河二号"分别以 93.0 PFLOPS 和 61.4 PFLOPS 位居第三名和第四名。从上榜数量和性能方面来看，中美两国依然保持统治地位，你追我赶的态势已持续数年，其中中国超算数量（228 个，占 45.6%）领先于美国超算数量（118 个，占 23.4%）；美国超算能力（37.1%）领先于中国超算能力（32.3%）。此前，"神威·太湖之光"在 2016 年至 2017 年曾经四次蝉联冠军，"天河二号"也曾在 2014 年至 2016 年夺得八连冠。到目前为止，中国企业联想、中科曙光和浪潮依然占据全球超算制造商前 3 位。

（2）运算精度高。运算精度高是指参与运算的数（加数、减数、因子……）的范围大大超出了标准数据类型（整型、实型）能表示的范围。一般情况下，字长（同一时间内处理二进制数的位数）越长，精度越高。微型机一般有 8 位、16 位、32 位、64 位等。目前，计算机的计算精度均能达到 15 位有效数字，而且理论上不受限制，通过一定的技术手段，可以实现任何精度要求。

（3）具有记忆和逻辑判断能力。计算机不仅能进行数值计算，还具有记忆和逻辑判断能力，可以使用其进行诸如资料分类、情报检索等具有逻辑加工性质的工作。计算机的存储系统由内存和外存组成，具有存储和"记忆"大量信息的能力。

计算机存储数据的基本单位是字节（Byte），用大写字母 B 表示，一个字节等于 8 个二进制位（bit）。除此以外，还可用 KB、MB（兆字节）、GB（吉字节）、TB（太字节）和 PB（皮字节）来表示，它们之间的换算规则见表 1-1。

表 1-1　计算机数据存储单位名称及换算规则

单位	一般含义	换算规则
B（Byte）	8bit	8 个二进制位
K（Kilo，千）	10^3	$2^{10}B=1024B$
M（Mega，兆）	10^6	$2^{20}B=1024KB=1,048,576B$
G（Giga，吉）	10^9	$2^{30}B=1024MB=1,073,741,824B$
T（Tera，太）	10^{12}	$2^{40}B=1024GB=1,099,511,627,776B$
P（Peta，皮）	10^{15}	$2^{50}B=1024TB=1,125,899,906,842,624B$

目前市场上计算机的内存已经达到 8GB 以上，而外存的容量更大，高达 4TB 或以上。

（4）自动运行程序。只要将程序及原始数据输入计算机的内存储器中，CPU 就可以在程序控制下自动连续地高速运算。由于采用存储程序控制的方式，因此一旦输入编制好的程序，启动计算机，计算机就能自动地执行下去直至完成任务。

（5）可靠性高。随着微电子技术和计算机技术的发展，现代电子计算机连续无故障运行时间可为几十万小时以上，具有极高的可靠性。例如，安装在宇宙飞船上的计算机可以连续几年可靠地运行。计算机应用在管理中也具有很高的可靠性，而人却会因疲劳而出错。

对于不同的问题，计算机只是执行的程序不同，因而具有很强的稳定性和通用性。

【拓展与提高】

1．计算机性能指标

计算机的性能评价是一个复杂的问题，实践证明，只用字长、运算速度和存储容量三大指标来衡量是很不科学的。目前，计算机的主要性能指标有下面几项。

（1）主频。主频即时钟频率，是指计算机的 CPU 在单位时间内发出的脉冲数目。它在很大程度上决定了计算机的运行速度。主频的单位是兆赫兹（MHz）或吉赫兹（GHz），目前主流计算机的 CPU（双核）主频一般能达到 3GHz 以上。

（2）字长。字长是指 CPU 一次能处理数据的位数，它是由加法器、寄存器的位数决定的，所以机器字长一般等于内部寄存器的位数。字长决定着计算精度，字长越长，精度越高，指令的直接寻址能力也越强。如果字长较短的机器要计算位数较多的数据，那么需要经过两次或多次的运算才能完成，这会影响整机的运行速度。

一般机器的字长都是字节的 1、2、4、8 倍，目前微型计算机的字长有 32 位和 64 位。

（3）主存容量。主存容量是指一个主存储器所能存储的最大信息量。通常，我们把以字节数来表示存储容量的计算机称为字节编址的计算机。也有一些计算机是以字为单位编址的，它们用字数乘以字长来表示容量。目前，主流的主存容量是 4GB、8GB。

（4）运算速度。运算速度是一项综合性指标，它与许多因素有关，如机器的主频、执行何种操作及主存本身的速度等。对运算速度的衡量有不同的方法。常用的方法有：

1）根据不同类型指令在计算过程中出现的频繁程度，乘上不同的系数，求出统计平均值，这时所指的运算速度是平均运算速度。

2）以每条指令执行所需的时钟周期数（Cycles Per Instruction，CPI）来衡量。

3）以 MIPS 和 MFLOPS 作为计量单位来衡量运算速度。

MIPS（Million Instruction Per Second）表示每秒执行百万条指令。这里所说的指令一般是指加、减运算这类短指令。对一个给定的程序，MIPS 定义为

$$MIPS = \frac{指令条数}{执行时间 \times 10^{-6}}$$

MFLOPS（Million Floating Point Operations Per Second）表示每秒执行百万次浮点运算。MFLOPS 适用于衡量向量机的性能。对于一个给定的程序，MFLOPS 定义为

$$MFLOPS = \frac{浮点操作次数}{执行时间 \times 10^{-6}}$$

（5）兼容性。兼容性（compatibility）是指一台设备、一个程序或一个适配器在功能上能容纳或替代以前版本或型号的能力，它也意味着两个计算机系统之间存在着一定程度的通用性。这个性能指标往往是与系列机联系在一起的。

软件兼容性分为向上兼容、向下兼容、向前兼容和向后兼容。向上（下）兼容是指按某档次机器编制的程序，不加修改就能运行在比它更高（低）档的机器上，软件兼容一般是可以做到向上兼容，但向下兼容则要看到什么样的程度，不是总能做到的；向前（后）兼容是按某个时期投入市场的某种型号机器编制的程序，不加修改就能运行在它之前（后）投放市场的机器上。对软件向下和向前兼容可不作要求，但必须保证向后兼容。向后兼容是软件兼容的根本保证，也是系列机的根本特征。兼容性示意图如图 1-3 所示。

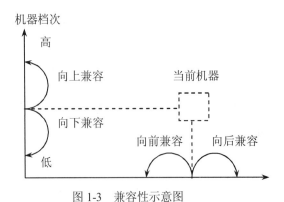

图 1-3　兼容性示意图

除了以上五个性能指标，还有 RASIS 特性，即可靠性（Reliability）、可用性（Availability）、可维护性（Serviceability）、完整性（Integrality）和安全性（Security）等。

总之，计算机性能指标和性能评价是比较复杂和细致的工作，有专门课程进行这方面的探索和研究。

2. 计算机应用领域

（1）科学计算：也称数值计算，是指利用计算机来解决科学研究和工程设计等方面的数学问题。科学计算是计算机应用最早的领域。计算机具有计算速度快、精度高的特点。数值计算，尤其是一些十分庞大而复杂的科学计算，最能体现计算机的运算能力，这是其他计算工具无法完成的工作。

（2）自动控制：也称实时控制、过程控制，主要面向工业控制、自动生产过程的控制等，以实现优质、高产、低耗、节能，提高劳动生产率。由于计算机计算速度快且具有逻辑判断能力，所以可广泛用于自动控制领域，如对生产和实验设备及其过程进行控制，可大大提高自动化水平，减轻劳动强度，节省生产和试验周期，提高劳动效率和产品质量，特别是在现代国防以及航空航天等领域，可以说计算机起着决定性作用；现代通信工业的发展，没有计算机也是不可想象的。

（3）信息处理：又称数据处理，是指对大量信息进行存储、加工、分类、统计、查询等操作，从而形成有价值的信息，常常泛指非科学计算领域的、以管理数据为主的所有应用，应用范围最广。信息处理的特点是涉及数据量大，但计算方法简单，其计算结果一般以表格或图形等形式存储或输出。

（4）通信与网络：随着信息化社会的发展，通信业也得到了迅速发展，计算机在通信领域的作用越来越大。目前遍布全球的因特网把大多数国家联系在一起，加之现在不同程度和不同专业的教学辅助软件不断被开发出来，利用计算机和计算机网络在家中学习替代去学校这种传统教学方式已经在许多国家变成现实，如我国许多大学开设的网络远程教学。

（5）虚拟现实：虚拟现实是人们通过计算机对复杂数据进行可视化操作与交互的一种全新方式，其实质是一种先进的计算机接口。它通过给用户提供诸如视觉、听觉、嗅觉等各种直观而又自然的实时感知交互手段，最大限度地方便用户操作。虚拟现实在娱乐、艺术、商业、通信、教育、工程、医学等许多领域获得了迅速的发展和广泛的应用。

（6）计算机辅助设计、辅助制造和辅助教学：计算机辅助设计和计算机辅助制造是利用计算机来协助进行最优化设计和制造以及进行生产设备的管理、控制和操作。在电子、机械、造船、航空、建筑、化工、电器等行业都有计算机的应用。这些应用不但可以提高设计质量，缩短设计和生产周期，还能提高自动化水平。计算机辅助教学是利用计算机的功能程序把教学内容变成软件，使学生可以在计算机上学习，使教学内容更加多样化和形象化，以取得更好的教学效果。

（7）电子商务：电子商务（Electronic Commerce，EC）是指在全球各地广泛的商业贸易活动中，在因特网开放的网络环境下，基于浏览器/服务器应用方式，买卖双方不谋面地进行各种商贸活动，实现消费者的网上购物、商户之间的网上交易和在线电子支付以及各种商务活动、交易活动、金融活动和相关的综合服务活动的一种新型的商业运营模式。

（8）人工智能：人工智能是研究、开发、模拟、延伸和扩展人类智能的理论、方法、技术及应用系统的一门新的技术科学，是计算机科学、控制论、信息论、神经生理学、心理学、语言学等多种学科相互渗透而发展起来的一门综合性学科。人工智能是计算机科学的一个分支，它研究如何制造出智能机器或智能系统来模拟人类智能活动，以延伸人类智能。该领域的研究包括机器人、语言识别、图像识别、自然语言处理和专家系统等。智能机器人可以代替人来完成一部分不宜由人进行的工作。人工智能的主要研究目标是使计算机更好地模拟人的思维活动，以完成更复杂的控制任务。

3. 微型机发展历程

1969 年，美国 Intel 公司的工程师 M.E.霍夫（M.E.Hoff）大胆地提出了一个设想：把计算机的全部电路放置在 4 个芯片上，即中央处理器芯片、随机存储器芯片、只读存储器芯片和寄存器芯片，从而制造出了世界上第一片 4 位微处理器，又称 Intel 4004，并由此组装成功了第一台微型计算机 MCS-4。1971 年诞生的这台微型机揭开了世界微型机发展的序幕，推动了计算机的普及和应用，加快了信息技术革命，使人类进入信息时代。

微型机的中央处理器（Central Processing Unit，CPU）将大规模或超大规模集成电路做在一个芯片上，又称为微处理器（Micro Processing Unit，MPU）。

微型机的发展历程，从根本上说也就是微处理器的发展历程。微型机的换代，通常以其微处理器的字长和系统组成的功能来划分。自 1971 年以来，微型机经历了 4 位、8 位、16 位、32 位和 64 位微处理器的发展阶段。

4. 多媒体技术应用

多媒体（multimedia）是 20 世纪 80 年代发展起来的一种新技术，由于多媒体一开始就被用于教学，许多人都从教学的角度来理解它。多媒体是将两种以上的媒体源融合在一起的教学系统。现在，多媒体在医疗、教育、商业、银行、保险、行政管理、军事、工业、广播和出版等领域中均得到广泛的应用。多媒体是以交互方式将视频、音频、图像等多种媒体信息，经过计算机进行综合处理后，再以单独或合成的形式表示出来的一种技术和方法。多媒体使得人们能够接受非常生动和更加直观的用来表达客观事物的信息。

多媒体是一种综合性技术，包括数字化信息处理技术、音频和视频技术、图形和图像技术、人工智能和模式识别技术、数字与模拟数据通信技术和计算机技术。多媒体技术是一种以计算机技术为主体的跨学科的综合性高新技术。多媒体计算机技术的应用，实现了文字、数据、图形、图像、动画、音响的再现和传输。

【思考与实训】

1. 查找图书和网络资料，了解不同发展阶段的计算机各有哪些特点。
2. 查找图书和网络资料，了解国内外信息化发展和信息技术应用的情况。
3. 调研走访市场，了解市场各种微型机品牌、型号、功能和外观。

任务 2 微型机硬件系统组装

【任务描述】

计算机由很多模块化部件（CPU、主板、内存、硬盘、光驱、软驱、显卡、声卡、显示器、音箱、机箱电源、键盘、鼠标）构成。对于大部分刚接触计算机的人来说，亲自动手组装一台计算机并不容易，但其实组装计算机如同用积木拼图过程一样简单，只要你具备一些硬件常识，胆大心细，相信很快就能学会组装计算机的步骤与方法。本任务旨在帮助读者了解计算机内部的基本结构，掌握计算机主机的组装步骤和技能。

【案例】认识计算机的各个配件，并体验组装一台计算机的过程，如图 1-4 所示。

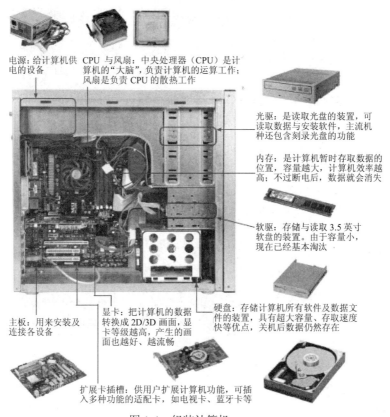

电源：给计算机供电的设备

CPU 与风扇：中央处理器（CPU）是计算机的"大脑"，负责计算机的运算工作；风扇是负责 CPU 的散热工作

光驱：是读取光盘的装置，可读取数据与安装软件，主流机种还包含刻录光盘的功能

内存：是计算机暂时存取数据的位置，容量越大，计算机效率越高；不过断电后，数据就会消失

软驱：存储与读取 3.5 英寸软盘的装置。由于容量小，现在已经基本淘汰

硬盘：存储计算机所有软件及数据文件的装置，具有超大容量、存取速度快等优点，关机后数据仍然存在

主板：用来安装及连接各设备

显卡：把计算机的数据转换成 2D/3D 画面，显卡等级越高，产生的画面也越好、越流畅

扩展卡插槽：供用户扩展计算机功能，可插入多种功能的适配卡，如电视卡、蓝牙卡等

图 1-4　组装计算机

【方法与步骤】

（1）拆卸机箱。拧下机箱后面的 4 颗固定螺丝，然后用手扣住机箱侧面板的凹处往外拉就可以打开机箱的侧面板。打开机箱侧面板后可看到机箱的内部结构，包括光驱固定架、硬盘固定架、电源固定架、机箱底板、机箱与主板间的连线等，如图 1-5 所示。

（2）安装电源。大多数情况下，计算机的机箱已经安装配备了电源。如果机箱没配电源则需另行安装。安装电源的具体方法是：将电源（图 1-6）背部对外，安装到机箱内的预留位置；然后用螺丝刀拧紧 4 颗螺丝，使得电源固定在主机机箱内。

图 1-5　拆开主机机箱

图 1-6　主机电源

（3）安装CPU。首先将主板CPU插座的拉杆向外轻推抬起；然后将CPU顶部标记（一个圆点）对准插座的三角形标记，插入CPU，检查CPU是否完全平稳插入插座；最后将拉杆推下（复位），锁紧CPU，如图1-7所示。

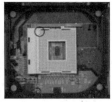

图1-7　安装CPU

（4）安装CPU散热器。这里主要讲解风冷散热器。风冷散热器包括一个散热风扇和一个散热片。风扇和CPU也是匹配的，风扇下部有一个铝合金散热片。散热器和CPU接触平面涂有散热膏，用于导热。将风扇安装在CPU上并用风扇提供的卡子固定在CPU的风扇固定架上；将风扇电源线插入主板标明的CPU-FAN插座，如图1-8所示。

图1-8　安装CPU散热器

注意：为达到更好的散热效果，可以在CPU核心表面涂抹一些散热硅脂或硅胶。

（5）安装内存条。主板上一般有2～4个内存条插槽，首先向外拨开内存插槽两端的白色卡子；然后将内存条垂直向下放入插槽（确认金手指的缺口与插槽突起的方向一致）中，双手拇指平均施力，直到将内存条压入插槽中，此时内存插槽两边的卡槽会自动往内卡住内存条，如图1-9所示。

图1-9　安装内存条

注意：最好将内存条插在离CPU最近的内存条插槽中，可以提高内存的读写速度。

（6）安装主板。将CPU和内存条安装完毕以后，下一步应将主板安装到机箱内部。目前市场上的主板和机箱都是按标准生产的，固定螺丝孔完全匹配，如图1-10所示，具体安装步骤如下：

1）将主板的外部接口朝向机箱背部并对准接口开孔放入机箱。

2）微调主板位置使得主板的螺丝孔和机箱的支撑柱全部对准，然后用螺丝拧紧。

3）将电源的 ATX 插头插入对应的主板电源插座。

4）将机箱上的复位按钮连线、喇叭连线、硬盘读写指示灯连线、电源开关和电源指示灯连线分别连接到主板提供的插头位置。

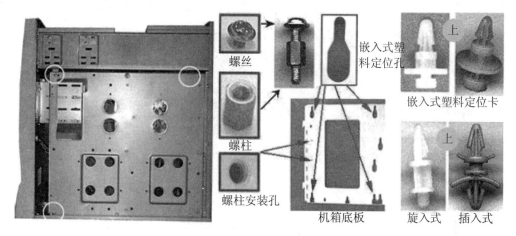

图 1-10　安装主板

注意：主板和机箱的说明书对连接有详细说明。机箱辅助连线说明见表 1-2。

表 1-2　机箱辅助连线说明

说明	含义	说明	含义
HDD LED	硬盘读写指示灯	POWER SW	电源开关
POWER LED +/–	电源正/负极指示灯	RESET SW	复位开关
HD Audio	声卡	SPEAKER	机箱喇叭

（7）安装光驱、硬盘。

1）硬盘的安装。将硬盘的接口朝向机箱内部插入 3.5 英寸（8.89 厘米）托架，调整位置使托架两边的螺丝孔与硬盘上的螺丝孔对准（每边各两个螺丝孔），然后拧紧螺丝固定，最后将硬盘的电源线插头（较大的 4 芯针式插头）按标准插入硬盘上的电源插座。

注意：硬盘的接口有两种：IDE（并行传输技术，极限传输速率为 133MB/s）和 SATA（串行传输技术，按传输速率又分为 150MB/s、300MB/s 和 600MB/s 三种）。

2）光驱的安装。首先将机箱前 5.25 英寸（13.97 厘米）托架面板上的塑料盖板取下，将光驱数据接口朝向机箱插入机箱托架，光驱面板与机箱面板齐平后，拧紧螺丝固定，最后将光驱电源线插头（较大的 4 芯针式插头）按标准插入光驱后部的电源插座。

（8）安装显卡、声卡、网卡等板卡。现在有很多主板集成了显卡、声卡、网卡的功能，如果对集成的显卡、声卡、网卡的性能不满意，可以按需安装新的单独的板卡，并在 BIOS 中设置屏蔽集成的设备。

1）安装显卡：首先，确定 AGP/PCI-E 显卡插槽的位置，根据 AGP/PCI-E 插槽的位置拆除机箱背后相应的卡条，方便显卡外露与连接显示器。其次，扳下插槽末端的白色固定夹，用手轻轻地把显卡插入插槽，直至听到响亮清脆的咔哒声，此时，固定夹弹回原位置。最后，用螺丝固定显卡到机箱（原卡条处）。

2）安装声卡/网卡：找到白色 PCI 插槽，把声卡/网卡插到底，最后用螺丝固定。

（9）连接电源线。连接 20 芯主板电源线，将电源插头插入主板电源插座中；连接 P4 电源 4 芯电源线；为光驱插上 D 形电源插头；为硬盘接上 D 形电源接头，如图 1-11 所示。

图 1-11　连接电源线

（10）连接数据线。一般情况下，一块主板有 2 个 IDE 插槽，其中 IDE1 用于连接硬盘，IDE2 用于连接光驱。IDE 数据线的 1 线（红线或花线）应与硬盘和光驱接口插座的第一脚（目前多为靠近电源插座的一侧）相对应，第一脚在硬盘和光驱上均有标识。

注意：数据线接头的突出一面应与硬盘、光驱插槽中的缺口相对应。

（11）连接机箱面板引出线（系统面板、前置 USB 面板、前置音频面板）。不同主板的连接方法不一样，具体连接方法请参考主板标识及其说明书，如图 1-12 所示。

图 1-12　连接数据线

（12）整理内部连线。当机箱内部的设备安装好后，各种各样的线混在一起，显得很凌乱，不方便维护，也不利于散热，因此需要整理一下机箱内部的连线。

（13）装上机箱侧面板。装机箱侧面板时，要仔细检查各部分的连接情况，最好先加电测试一下，确保无误后，再把机箱的两个侧面板装上，并用螺丝固定。

【基础与常识】

1. 计算机硬件系统

计算机的硬件是指构成计算机的各种实体部件，即看得见、摸得着的部件。硬件系统包括主机和外设两部分。主机由 CPU 和内存两部分组成，外设包括输入设备和输出设备。

（1）控制器：是整个计算机的指挥控制中心，它从存储器中取出相应的控制信息，经过分析后，按照要求向其他设备发出控制信号，使计算机各部件正常协调工作。控制器由程序计数器、指令寄存器、指令译码器、时序产生器和操作控制器组成。

（2）运算器：是计算机中的信息加工场所，相当于工厂里的生产车间。大量数据的运算和处理工作就是在运算器中完成的。运算主要包括基本算术运算和基本逻辑运算。运算器由加法器（算术逻辑单元，ALU）、累加器、状态寄存器、通用寄存器等组成。

ALU 是对数据进行加、减、乘、除等算术运算，非、与、或逻辑运算及移位等操作的部件。累加器用来暂存操作数和运算结果。状态寄存器用来存放算术逻辑单元在工作中产生的状态信息。通用寄存器用来暂存操作数或数据地址。运算器的性能指标包括字长和运算速度。ALU、累加器和通用寄存器的位数决定了 CPU 的字长，字长确定了计算机的运算精度和直接寻址能力。运算速度是一项综合性能指标，用 MIPS 来衡量，计算机的主频和存取周期对运算速度影响很大。

注意：运算器与控制器共同组成中央处理器（CPU）。在微型计算机中，将组成 CPU 的部件集成在一片半导体芯片上，这个具有 CPU 功能的大规模集成电路芯片又被称为微处理器。

（3）存储器：存储器用来存放中间数据和程序运行结果，并根据指令要求供有关设备使用。计算机中的存储器可分为主存储器（内存）、辅助存储器（外存）和高速缓冲存储器。

1）内存储器：内存储器简称内存，可以与 CPU、输入设备和输出设备直接交换或传递信息。内存一般采用半导体存储器，如图 1-13 所示。

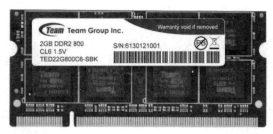

图 1-13 内存

根据工作方式的不同，内存分为只读存储器（ROM）和随机存储器（RAM）两种。人们常把向存储器存入数据的过程称为写入，而把从存储器取出数据的过程称为读出。

只读存储器里的内容只能读出，不能写入。所以 ROM 的内容是不能随便改变的，即使断电也不会改变 ROM 所存储的内容。

随机存储器在计算机运行过程中可以随时读出存放的信息，又可以随时写入新的内容。RAM 容量的大小对程序的运行有着重要的意义。但断电后，RAM 中的内容全部丢失。

2）外存储器：外存储器是指除计算机内存及 CPU 缓存以外的存储器，包括硬盘、光盘、U 盘等，断电后仍然能保存数据。硬盘和光盘驱动器分别如图 1-14 和图 1-15 所示。

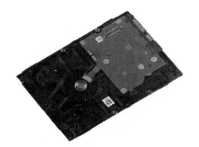

图 1-14 硬盘

图 1-15 光盘驱动器

3）高速缓冲存储器：高速缓冲存储器（Cache）的存取速度介于 CPU 和 RAM 之间，它不使用 DRAM 技术，而是使用一种速度较快但价格昂贵的 SRAM 技术。目前，Cache 又分为 L1Cache（一级缓存）和 L2Cache（二级缓存）。L1Cache 主要是集成在 CPU 内部，而 L2Cache 集成在主板或 CPU。

（4）输入设备：是把程序和数据等信息转换成计算机所能识别的编码形式，并按顺序送到内存的设备。常见的输入设备有键盘、鼠标、扫描仪、数码相机等。

注意：

1）键盘是最早也是最基本的输入设备，常见的键盘有 101 键、102 键两种。

2）鼠标是图形化界面中最重要的输入设备。按照工作原理，常见的鼠标分为机械式和光电式，按照按键个数，鼠标分为两键鼠标和三键鼠标。鼠标基本操作包括单击、双击、移动和拖动。

（5）输出设备：是把计算机处理的数据、计算结果等内部信息转换成人们所能识别的文字、图形、图像等信息并输出的设备。常见的输出设备有显示器、打印机、音箱等。

其中显示器通过显卡接到系统总线上，音箱通过声卡连接到系统总线上，显卡和声卡分别如图 1-16 和图 1-17 所示。

图 1-16　显卡　　　　　　　　　　　　　　　图 1-17　声卡

注意：

1）显示器是最基本的输出设备，它由监视器和主机内显示控制适配器（显卡）两部分组成。显示器的主要性能指标包括尺寸、点距和分辨率。目前液晶显示器（LCD）不再局限于笔记本电脑，已经替代 CRT 显示器应用于台式机中。

2）打印机是最重要的输出设备，打印机经历了数次技术革命，目前已经进入了激光打印机时代，但针式点阵打印机和喷墨打印机仍被广泛应用。

2．计算机软件系统

软件系统是指为计算机运行提供服务（运行、管理和维护）的各种计算机程序、数据和文档的统称。软件又分为系统软件和应用软件两类。

（1）系统软件。系统软件是指控制和协调计算机及外部设备，支持应用软件开发和运行的系统，是无需用户干预的各种程序的集合。其主要功能是调度、监控和维护计算机系统；负责管理计算机系统中各种独立的硬件，使得它们可以协调工作。系统软件使得计算机使用者和其他软件将计算机当作一个整体而不需要顾及底层每个硬件是如何工作的。

1）操作系统。操作系统是管理计算机硬件资源，控制其他程序运行并为用户提供交互操作界面的系统软件的集合。计算机系统的资源可分为设备资源和信息资源两大类。设备资源指的是组成计算机的硬件设备，如中央处理器、主存储器、磁盘存储器、打印机、外部存储器、显示器、键盘和鼠标等。信息资源指的是存放于计算机内的各种数据，如文件、程序库、知识库、系统软件和应用软件等。

从资源的角度看，操作系统主要有五大功能：进程管理、存储器（内存）管理、文件管理、设备管理和作业管理。

注意： 进程是指正在运行的程序实体，即进程=程序+执行，并且包括这个运行的程序占据的所有系统资源，比如 CPU、状态、内存、网络资源等。在 Windows、Linux、UNIX 操作系统中，用户可以打开任务管理器查看进程。进程的实体是线程，一个进程可以拥有多个线程，一个线程必须有一个父进程。线程不拥有资源，只运行一些必需的数据结构，它与父进程的其他线程共享该进程所拥有的全部资源。

操作系统的种类很多，不同设备安装的操作系统可从简单到复杂，可从手机的嵌入式操作系统到超级计算机的大型操作系统。

2）程序设计语言。程序是指能够实现一定功能的命令序列的集合。程序设计语言（programming language）是用于编写程序的语言。语言的基础是一组记号和一组规则，包含语法、语义和语用三个要素。语法表示程序的结构或形式，即表示构成语言的各个记号之间的组合规律，但不涉及这些记号的特定含义，也不涉及使用者；语义表示程序的含义，即按照各种方法所表示的各个记号的特定含义，但不涉及使用者；语用表示程序与使用者的关系。

程序设计语言是计算机软件的基础和组成部分，主要有机器语言、汇编语言和高级语言 3 类语言。其中，机器语言是用二进制代码表示的，能被计算机直接识别和执行的一种机器指令的集合。汇编语言是面向机器的程序设计语言，用助记符（mnemonics）代替机器指令的操作码，用地址符号（symbol）或标号（label）代替指令或操作数的地址。高级语言相对于机器语言而言，是最接近人类自然语言和数学公式的程序设计语言，基本脱离了硬件系统。高级语言并不是指某一种语言，而是包括很多语言，如 C++、Java 等。

3）服务性程序。服务性程序是一类辅助性的程序，它提供各种运行所需的服务。例如装入程序、链接程序、编辑程序及调试程序，以及故障诊断程序、纠错程序等。

4）数据库管理系统。数据库管理系统（Data Base Management System，DBMS）是一种操纵和管理数据库的大型软件，用于建立、使用和维护数据库。它对数据库进行统一的管理和控制，以保证数据库的安全性和完整性。用户通过 DBMS 访问数据库中的数据，数据库管理员也通过 DBMS 进行数据库的维护工作。它使多个应用程序和用户可以用不同的方法在同一时刻或不同时刻去建立、修改和询问数据库。DBMS 提供数据定义语言（Data Definition Language，DDL）与数据操作语言（Data Manipulation Language，DML），供用户定义数据库的模式结构与权限约束，实现对数据的追加、删除等操作。

（2）应用软件。应用软件（application software）是用户可以使用的各种程序设计语言，以及用各种程序设计语言编制的应用程序的集合，分为应用软件包和用户程序。应用软件包是利用计算机解决某类问题而设计的程序的集合，供多用户使用。应用软件是为满足用户在不同领域、对不同问题的应用需求而提供的那部分软件，它可以拓宽计算机系统的应用领域，放大硬件的功能。

3. 微型机体系结构

早期的计算机体系结构均遵循冯·诺依曼计算机体系结构（图1-18），基本组成是控制器、运算器、存储器、输入设备和输出设备五大部件。部件与部件之间、部件与设备之间的信息传递是通过系统总线来实现的。系统总线将微机各部件连接在一起而构成一个完整微机系统。其基本特点：数制为二进制、存储程序顺序执行、数据和程序无区别。

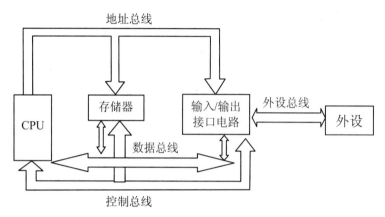

图 1-18　冯·诺依曼计算机体系结构

（1）系统总线。系统总线也称为内总线或板级总线，是计算机传输指令、数据和地址的总线，是插件板与系统板之间联系的桥梁。按照传输信息的种类来划分，系统总线可以分为数据总线（Data Bus，DB）、地址总线（Address Bus，AB）和控制总线（Control Bus，CB）三种。数据总线是 CPU 与存储器及外设交换数据的通路，它是双向传输总线，其位数与机器字长、存储字长有关，一般为 8 位、16 位或 32 位。地址总线是 CPU 向存储器或 I/O 端传送地址信息的通路，由 CPU 输出，是单向的。地址线的位数与存储单元的个数有关。地址总线决定了 CPU 可直接寻址的内存空间大小。如地址线有 20 根，则对应的存储单元个数为 2^{20}。控制总线是用来传送控制信号的，传送方向线是单向的。

一般说来，日常所说的总线是指系统总线。在 80x86 系列微机系统中，系统总线标准按照发展历程可以分为下述几种。

1）ISA 总线：其英文全称为 Industry Standard Architecture（工业标准体系结构），是为 PC/AT 计算机而制定的总线标准，为 16 位体系结构，只能支持 16 位的 I/O 设备，数据传输速率大约是 16MB/s，广泛应用于 80286 至 80486 微机系统，也称为 AT 标准。

2）EISA 总线：其英文全称为 Extension Industry Standard Architecture（扩展工业标准体系结构），是 1989 年工业厂商联盟为 32 位 CPU 设计的总线扩展标准，兼容 ISA 总线。

3）VESA 总线：其英文全称为 Video Electronics Standard Architecture（视频电子标准结构），是 1992 年由 60 家附件卡制造商联合推出的一种针对视频显示的高速传输要求的局部总线标准。它定义了 32 位且可扩展为 64 位的数据线，使用 33MHz 时钟频率，最大传输速率达 133/266MB/s，可支持 386SX、386DX、486SX、486DX 及奔腾微处理器，简称 VL 总线（视频局部总线）。

4）PCI 总线：其英文全称为 Peripheral Component Interconnect（外设部件互连标准），是 1994 年由 PCISIG（PCI Special Interest Group）推出的一种独立于 CPU 总线的局部并行总线标

准。它定义了 32 位且可扩展为 64 位的数据线，使用 33MHz 时钟频率，最大传输速率达 132MB/s，可以支持 3~4 个扩展槽，广泛支持服务器和 Pentium 系列处理器。

5）AGP 总线：其英文全称为 Accelerated Graphics Port（加速图像接口），是 Intel 公司推出的一种 3D 标准图像接口。它能够提供四倍于 PCI 的效率，可使用低成本实现高性能 3D 图形数据传送。严格地讲，AGP 并不是一种总线接口标准，而是一种点对点连接的图形显示接口标准。

6）PCI-E 总线：其英文全称为 PCI-Express，是 Intel 公司推出的用于取代现有 I/O 接口的总线，以最终实现总线标准的统一。它采用串行方式传输数据，提供了从 PCI-E 1X 到 PCI-E 16X 的规格，满足不同传输速率设备的需求。目前已全面取代了 AGP，也称为"串行 PCI"。

（2）I/O 接口。I/O（Input/Output）接口是主机与外部设备交换信息的渠道。如显示器通过显卡接入主机，打印机通过 LPT（并口）或 USB（通用串行设备接口）接入主机，鼠标通过 COM（串口）、PS/2 或 USB 接口接入主机等。I/O 接口如图 1-19 所示。I/O 接口是计算机的重要组成部分，其主要功能：一是承担主机与外设之间数据类型的转换任务，如显卡转换显示器（模拟信号）和主机（数字信号）之间的信号；二是解决主机与外设之间数据传输速度不匹配的矛盾，使之能同步地工作。

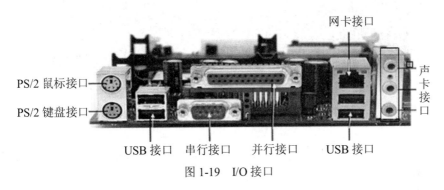

图 1-19　I/O 接口

【拓展与提高】

1．主板结构

从功能上讲，主板（mainboard）就是主机，它是构成复杂电路系统的基板，是一块多层印制电路板（PCB），一般有 CPU 插座，北桥芯片、南桥芯片、BIOS 芯片三大芯片，软驱接口 FDD、通用串行接口 USB、集成驱动电子设备接口 IDE 等七大接口，如图 1-20 所示。主板是整个计算机系统最基本、最重要的部件之一，无论是 CPU、内存、显卡还是鼠标、键盘、声卡、网卡都是靠主板来协调工作的。因此，主板的类型和档次直接影响计算机性能的发挥。下面主要介绍三大芯片。

（1）北桥芯片：北桥芯片位于 CPU 插座的左方，其主要负责与 CPU 的联系并控制内存、AGP 数据在北桥内部传输。它一方面通过前端总线（FSB）与 CPU 交换信号，另一方面又要与内存、图形总线（AGP）、南桥芯片交换信号。

（2）南桥芯片：南桥芯片主要负责 CPU 和 PCI 总线以及外部设备的数据交换。南桥芯片损坏后，会导致部分外围设备无法正常使用，如集成驱动电子设备接口（IDE）、软驱接口（FDD）等不能用。

（3）BIOS 芯片：BIOS 芯片是把一些直接的硬件信息固化在一个只读存储器内，是软件和硬件之间的重要接口。系统启动时首先从 BIOS 芯片里调用一些硬件信息。它的性能直接影响着系统软件与硬件的兼容性。

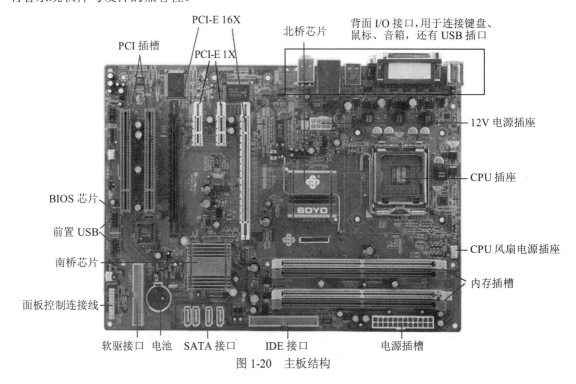

图 1-20　主板结构

注意：

1）按规格结构划分，主板分为 AT 主板和 ATX 主板；按大小划分，主板分为标准板、Baby 板、Micro 板等。

2）因制造技术标准不同，CPU、内存以及各类外设与主板接口未必一致，因而购置时必须了解主板所支持的 CPU、内存总线以及相应的外设接口特性。

2. CMOS 设置

CMOS 是"互补型金属氧化物半导体"的英文首字母缩写，通常指 PC 机主板上的一个芯片。该芯片耗电小，内部含有一些存储单元可以存储计算机的 BIOS 信息。在计算机开机状态下由电源供电并对电池充电，关机后 CMOS 芯片由电池供电维持其中的信息不变。由于每一款主板的 CMOS 设置内容不尽相同，因此，设置时应参考主板的说明书。

（1）进入 CMOS 设置环境。开机或重新启动计算机时，BIOS 开始自检并启动计算机，此时屏幕下方会出现提示，按 Delete 键（某些主板是按 Ctrl+Delete+Esc 组合键）进入 CMOS 设置菜单，图 1-21 所示为 CMOS 的设置界面。在设置界面中通过 ↑、↓、→、← 这四个方向键可选择需设置的菜单选项，按 Esc 键可退出，按 F10 键存盘退出。

（2）设置标准的 CMOS 选项。CMOS 设置的第一项是 STANDARD CMOS SETUP（标准 CMOS 设置），选中该选项按 Enter 键进入标准 CMOS 设置界面，如图 1-22 所示。标准 CMOS 设置包含了日期、时间设置，软、硬盘设置，显示标准设置。标准 CMOS 设置界面还提供内存的配置信息。

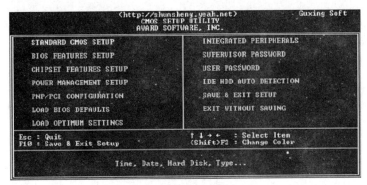

图 1-21　CMOS 设置界面 1

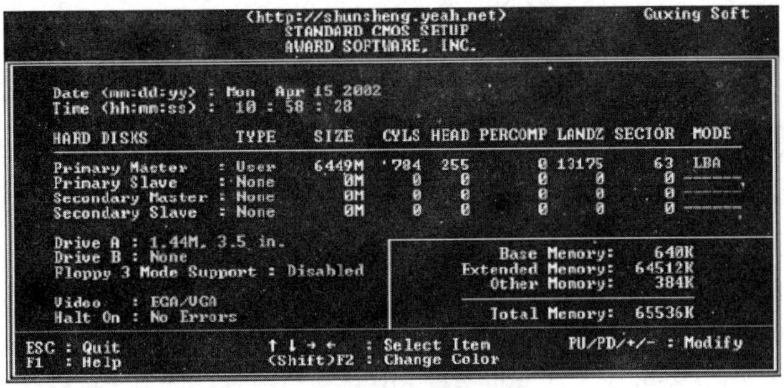

图 1-22　CMOS 设置界面 2

1）Date 选项设置日期，可把光标移到需要修改的位置，用 PgUp 键或 PgDn 键在各个选项之间选择。

2）Time 选项用于设置时间，修改方法和日期的修改方法相同。

3）Drive A 和 Drive B 设置软驱 A 和软驱 B，可以将 A 驱设置为 "1.44M，3.5in"。

设置完成后，按 Esc 键，又返回到图 1-21 所示的 CMOS 设置界面。

（3）设置常用的 CMOS。

1）设置引导盘启动顺序。计算机的启动要先通过主板上固化在 ROM 中的 BIOS 进行自检，然后 BIOS 将从某个驱动器引导装入操作系统。BIOS 会按给出的顺序自动查找驱动器，先发现哪个驱动器具有系统，就用此驱动器的系统引导，否则将继续查找。

启动的驱动器一般是软盘、硬盘、光盘等。驱动器的搜寻顺序可以通过 CMOS 设置改变。这一选项在 CMOS 主菜单的 "Advanced BIOS Features（高级 BIOS 性能）" 选项中，选中该项后按 Enter 键，可以看到很多选项，其中的三个选项

- First Boot Device [Floppy]
- Second Boot Device [HDD-0]
- Third Boot Device [CD-ROM]

表示启动的搜寻设备有三个，其顺序为：Floppy、HDD-0、CD-ROM，即软盘、硬盘和光盘。可以按↑、↓键选中其中一项，然后按 PgDn 或 PgUp 键改变选项。如将启动顺序更改为 CD-ROM、HDD-0、Floppy，结果为

- First Boot Device [CD-ROM]

- Second Boot Device [HDD-0]
- Third Boot Device [Floppy]

这样启动顺序变为：先从 CD-ROM 启动，当 CD-ROM 没有系统时，则继续搜寻 HDD-0，依此类推。

2）设置超级用户口令。超级用户口令用于启动系统及进入 CMOS SETUP，口令最多包含 8 个数字或符号，且区分大小写，具体操作方法如下：

a．先将 Advanced BIOS Features 选项中的 Security Option 设置为 Setup。

b．在 CMOS 的主菜单中选择 Set Supervisor Password，并按 Enter 键，此时弹出一个文本框。

c．在文本框中输入口令，按 Enter 键，CMOS 会要求再输入一次口令以确认，若两次口令一样，即被记录在 CMOS 中。如果想取消口令，只需在输入新口令时直接按 Enter 键，这时会显示 PASSWORD DISABLED，则该功能取消。

3）设置用户口令。用户口令是用于对系统进行启动的口令保护，最多包含 8 个数字或符号，且区分大小写。设置口令的具体方法如下：

a．在 CMOS 主菜单中选择 Set User Password，并按 Enter 键，菜单中间即出现一个方框。

b．在方框中输入口令，按 Enter 键，CMOS 会要求再输入一次口令以确认，若两次口令一样，即被记录在 CMOS 中。如果想取消口令，只需在输入新口令时，直接按 Enter 键，这时会显示 PASSWORD DISABLED，则该功能取消。

4）保存并退出设置程序。设置完 CMOS 后，需要保存并退出 CMOS 设置。在主菜单中选择 Save & Exit Setup，然后按 Enter 键，或直接按 F10 键也可执行该选项。执行后会出现如下提示：

Save to CMOS and EXIT(Y/N)?

按 Y 键或 Enter 键，保存所有设置并退出 CMOS 设置界面；如果不想退出设置界面，按 N 或 Esc 键返回到主菜单中。

注意：BIOS 与 CMOS 既相关又不同，BIOS 属于 ROM（EPROM 或者 EEPROM）芯片，CMOS 属于 RAM 芯片，依赖后备电池供电；BIOS 是完成 CMOS 参数设置的重要手段，CMOS RAM 是 BIOS 设定参数的存放场所，又是 BIOS 设定参数的结果。

3．硬件故障检测与维护

计算机的日常维护包括硬件维护和软件维护。如果计算机零部件出现工作异常，一般会发出"嘀嘀"声来报警。不同品牌的 BIOS，其报警的"嘀嘀"声含义也有所不同。常见的两种品牌的 BIOS 的报警声及其含义见表 1-3 和表 1-4。

表 1-3　AMI BIOS 报警声及其意义

嘀声数与长短	意义	嘀声数与长短	意义
1 短	内存刷新异常	8 短	显卡未装好，显存异常
2 短	内存同位检查错误	9 短	ROM BIOS 检查异常
3 短	前 64K 记忆区段检测失败	10 短	CMOS 异常
4 短	系统定时器异常	11 短	外部内存错误
5 短	CPU 异常	1 长 3 短	内存异常
6 短	键盘控制器异常	1 长 8 短	显卡异常
7 短	不能切换到保护模式		

表 1-4　AWARD BIOS 报警声及其意义

嘀声数与长短	意义	嘀声数与长短	意义
1 短	系统启动正常	1 长 3 短	键盘异常
2 短	CMOS 异常	1 长 9 短	ROM 异常，BIOS 异常
1 长 1 短	RAM 或主板异常	不短不长	内存未插紧
1 长 2 短	显示器或显卡异常	不断短声	电源或显示器异常

【思考与实训】

1. 走访调研市场，了解各种微型计算机输入/输出设备，了解主流显示器、扫描仪、打印机的品牌、型号、功能和外观，认识微型计算机常用的输入/输出设备。

2. 在 CMOS 中尝试设置硬盘、光盘、USB 接口的启动顺序。

1.2　计算机中的信息处理

任务 3　认知进位计数制

【任务描述】

人类使用文字、声音、图形和图像表达和记录着世界上各种各样的信息，可以把这些信息输入到计算机中，由计算机来保存和处理。但是，在计算机内部，这些信息必须经过数字化编码，以二进制方式进行存储、处理和传送。本任务旨在帮助读者理解进位计数制的含义，掌握进位计数制转换方法。

【基础与常识】

1. 数据与信息

数据是指能够被计算机存储和识别的物理符号。数据有多种表现形式，如文本、图形、声音、视频等。数据又分为数值型数据和非数值型数据两种。

信息是人们对客观世界直接进行描述，用来传递的一些有用知识或消息，或者说是经过加工处理后用于人们决策、计划、行为等具体应用的数据。

数据和信息既有区别又有联系：数据是信息的载体或符号表示，是信息的具体表现形式；信息是数据的内涵，是对数据语义的解释。数据彼此相互独立，是尚未组织起来的符号集合；信息是按要求以一定格式组织起来的数据；同一信息可以有不同的数据表现形式，而同一数据也可能有不同的语义解释。

2. 数值数据的编码

编码就是采用少量的基本符号，选用一定的组合原则，来表示大量复杂多样的信息。计算机处理的信息多种多样，如文字、符号、图形、图像等。但是计算机无法直接"理解"这些信息，只有经过数字化，计算机才能对这些信息进行存储、加工和传送等。目前，计算机中主要采用二进制（0 和 1）对各种信息进行编码。

计算机采用二进制表示信息的主要原因如下所述。

（1）电路简单：在计算机中，若采用十进制，则要求处理 10 种电路状态，相对于两种状态的电路来说，更为复杂。而用二进制表示，则逻辑电路的通、断只有两个状态。例如：开关的接通与断开，电平的高与低等。这两种状态正好用二进制的 0 和 1 来表示。

（2）工作可靠：在计算机中，用两个状态代表两个数据，数字传输和处理方便、简单、不容易出错，因而电路更加可靠。

（3）运算简化：在计算机中，二进制运算法则很简单。例如：相加减的速度快，求积规则有 3 个，求和规则也只有 3 个。

（4）逻辑性强：二进制只有两个数码，正好代表逻辑代数中的"真"与"假"，而计算机工作原理是建立在逻辑运算基础上的，逻辑代数是逻辑运算的理论依据。用二进制计算具有很强的逻辑性。

3. 进位计数制

数值的计数表示方法及其进位规则称为进位计数制，简称数制。在日常生活中，主要使用十进制（逢十进一、借一当十）。在计算机中主要采用二进制（逢二进一、借一当二）表示和存储数值，但如果表示和存储一个比较大的数值时，相应的二进制位数会显得太长。为了解决这个问题，引入了八进制（逢八进一、借一当八）和十六进制（逢十六进一、借一当十六）。一般说来，理解任何一种数制，还需要了解以下几个概念。

（1）数码和基数：一个数制中表示基本数值大小的不同符号称为数码。基本数码的个数叫基数，用字母 R 表示。例如，十进制数码为 0～9，其基数为 10；二进制（B）数码为 0 和 1，其基数为 2；八进制（Q）数码为 0～7，其基数为 8；十六进制（H）数码为 0～9、A、B、C、D、E、F，其基数为 16，其中 A～F 代表十进制数 10～15。

（2）进位规则：一般而言，R 进制的进位规则是逢 R 进一。例如，十进制是逢十进一，二进制是逢二进一。

（3）位权和按位权展开：数码所在位置的权重称为位权，它是一个跟基数、位置有关，数码无关的常数，其值为基数的 n 次幂，n 为数位序号（数位序号以小数点为界，其整数位从 0 开始编号，向左每移动一位，序号递增 1，小数位从 -1 开始编号，向右每移动一位，序号递减 1）。例如，在十进制中，个位的位权（第 0 位）为 10^0，十位的位权（第 1 位）为 10^1，百位的位权（第 2 位）为 10^2，……，依此类推，第 n 位的位权（第 n 位）为 10^n；小数点后第 1 位（负 1 位）的位权为 10^{-1}，小数点后第 2 位的位权（负 2 位）为 10^{-2}，……，依此类推，小数点后第 m 位（负 m 位）的位权为 10^{-m}。

对于任意一个由 n 位整数和 m 位小数组成的 R 进制数，记为 $a_{n-1}\cdots a_1 a_0.a_{-1}\cdots a_{-m}$，均可按权展开为十进制数：

$$a_{n-1}\cdots a_1 a_0.a_{-1}\cdots a_{-m}=a_{n-1}\times R^{n-1}+a_{n-2}\times R^{n-2}+\cdots+a_1\times R^1+a_0\times R^0+a_{-1}\times R^{-1}+\cdots+a_{-m}\times R^{-m}$$

其中，R 表示基数，a_i 表示数码，R^i 表示数位的位权，m、n 为正整数。例如，将十进制数 456.24 写成按位权展开的形式：

$$(456.24)_{10}=4\times 10^2+5\times 10^1+6\times 10^0+2\times 10^{-1}+4\times 10^{-2}$$

4. 进位制转换

同一数值可以使用不同的进位制表示，因而不同的进位制之间存在相互转换的计算规则。

（1）二进制数、八进制数、十六进制数与十进制数相互转换。

1）二进制数、八进制数、十六进制数转换为十进制数。二进制数转换为十进制数的基本方法是"按权展开，相加求和"。

例 1-1　将二进制数$(11001.101)_2$转换为十进制数。

解：　$(11001.101)_2=1\times2^4+1\times2^3+0\times2^2+0\times2^1+1\times2^0+1\times2^{-1}+0\times2^{-2}+1\times2^{-3}=(25.625)_{10}$

例 1-2　将八进制数$(5346)_8$转换为十进制数。

解：　$(5346)_8=5\times8^3+3\times8^2+4\times8^1+6\times8^0=(2790)_{10}$

例 1-3　将十六进制数$(4C4D)_{16}$转换为十进制数。

解：　$(4C4D)_{16}=4\times16^3+12\times16^2+4\times16^1+13\times16^0=(19533)_{10}$

2）十进制数转换为二进制数、八进制数、十六进制数。十进制数转换为二进制数，整数部分连续除以 2 取余数（逆向读取），直到商为 0 为止；小数部分乘以 2 取整数（可能存在精确度问题），直到小数部分为 0 为止。十进制数转换为八进制数、十六进制数，类似于十进制数转换为二进制数，这里不再赘述。

例 1-4　将十进制数 45.375 转换为二进制数。

解：　$45\div2=22$…………余 1……………a_0　↑　　$0.375\times2=0.75$……取 0……………a_{-1}　↓

$\quad\quad22\div2=11$…………余 0……………a_1　　　　$0.75\times2=1.5$………取 1……………a_{-2}

$\quad\quad11\div2=5$…………余 1……………a_2　　　　$0.5\times2=1.0$………取 1……………a_{-3}

$\quad\quad5\div2=2$…………余 1……………a_3

$\quad\quad2\div2=1$…………余 0……………a_4

$\quad\quad1\div2=0$…………余 1……………a_5

$\quad\quad(45.375)_{10}=101101.011B$

例 1-5　将十进制数$(685)_{10}$转换为十六进制数。

解：　$685\div16=42$………余 $13\rightarrow D$………a_0　↑

$\quad\quad42\div16=2$…………余 $10\rightarrow A$………a_1

$\quad\quad2\div16=0$…………余 2………a_2

$\quad\quad(685)_{10}=2ADH$

（2）二进制数、八进制数、十六进制数之间相互转换。类似于十进制数与二进制数之间的相互转换，二进制数与八进制数及十六进制数之间也存在着等值对应的关系。

1）二进制数与八进制数之间相互转换。由于$2^3=8$，所以 3 位二进制数等价于 1 位八进制数。二进制数转换为八进制数时，每 3 位二进制数转换为 1 位八进制数，整数部分不足 3 位时可在高位补齐（补 0），小数部分不足 3 位时在最低位补齐（补 0）。反之，1 位八进制数转换为 3 位二进制数。

例 1-6　将二进制数 10011010110B 转换成八进制数。

解：　　　　　010　　　011　　　010　　　110

　　　　　　　　↓　　　　↓　　　　↓　　　　↓

　　　　　　　　2　　　　3　　　　2　　　　6

10011010110B=2326Q

例1-7　将八进制数652.307Q转换成二进制数。

解：

6	5	2	3	0	7
↓	↓	↓	↓	↓	↓
110	101	010	011	000	111

652.307Q=110101010.011000111B

2）二进制数与十六进制数之间相互转换。由于2^4=16，所以4位二进制数等价于1位十六进制数。二进制数转换十六进制数时，每4位二进制数转换为1位十六进制数，整数部分不足4位时可在高位补齐（补0），小数部分不足4位时在最低位补齐（补0）。反之，1位十六进制数转换为4位二进制数。

例1-8　将二进制数10011010110B转换成十六进制数。

解：

0100	1101	0110
↓	↓	↓
4	D	6

10011010110B=4D6H

例1-9　将十六进制数B5F.D8H转换成二进制数。

解：

B	5	F	D	8
↓	↓	↓	↓	↓
1011	0101	1111	1101	1000

B5F.D8H=101101011111.11011000B

（3）几种常用进制数之间的对应关系见表1-5。

表1-5　几种常用进制之间的对照关系

十进制	二进制	八进制	十六进制	十进制	二进制	八进制	十六进制
0	0000	0	0	8	1000	10	8
1	0001	1	1	9	1001	11	9
2	0010	2	2	10	1010	12	A
3	0011	3	3	11	1011	13	B
4	0100	4	4	12	1100	14	C
5	0101	5	5	13	1101	15	D
6	0110	6	6	14	1110	16	E
7	0111	7	7	15	1111	17	F

【拓展与提高】

1．原码、反码和补码

（1）机器数和真值。数值数据在计算机中的表示形式，称为机器数。机器数所对应的原来数值称为真值。

真值通过符号（＋、－）区分正负数，机器数是由0、1代码组成的二进制位串，没有正负符号。为了在计算机内部正确表示真值，就要对数值的符号进行二进制编码，一般采用最高位代表符号位（数符，若该位为 0，则表示正数；若该位为 1，则表示负数），其余位表示数值的绝对值大小，如图 1-23 所示。

| 1 | 0 | 0 | 1 | 1 | 1 | 0 | 0 |

符号位 ←————————— 数值位 —————————→

图 1-23　用 8 位二进制数表示一个数

（2）原码、反码、补码的表示。在计算机中，符号位和数值位都是用 0 和 1 表示的，在对机器数进行处理时，必须考虑到符号位的处理。在计算机内，为了统一加减法为加法运算，带符号数有 3 种表示法：原码、反码和补码，下面分别讨论这三种表示法的使用方法。

1）原码的表示。一个数 X 的原码表示方法为：符号位用 0 表示正，用 1 表示负；数值部分为 X 的绝对值的二进制形式。X 的原码表示为[X]原。例如：

当 X=+1100001 时，则[X]原=01100001。

当 X=-1110101 时，则[X]原=11110101。

在原码表示中，0 有两种表示方式：

当 X=+0000000 时，[X]原=00000000。

当 X=-0000000 时，[X]原=10000000。

2）反码的表示。一个数 X 的反码表示方法为：若 X 为正数，则其反码和原码相同；若 X 为负数，在原码的基础上，符号位保持不变，数值位各位取反。X 的反码表示为[X]反。例如：

当 X=+1100001 时，则[X]原=01100001，[X]反=01100001。

当 X=-1100001 时，则[X]原=11100001，[X]反=10011110。

在反码表示中，0 也有两种表示形式：

当 X=+0 时，则[X]反=00000000。

当 X=-0 时，则[X]反=10000000。

3）补码的表示。一个数 X 的补码表示方法为：当 X 为正数时，则 X 的补码与 X 的原码相同；当 X 为负数时，则 X 的补码，其符号位与原码相同，其数值位取反加 1。X 的补码表示为[X]补。例如：

当 X=+1110001 时，[X]原=01110001，[X]补=01110001。

当 X=-1110001 时，[X]原=11110001，[X]补=10001111。

2.　BCD 码

十进制小数转换为二进制数时将会产生误差，为了精确地存储和运算十进制数，可用若干位二进制数码来表示一位十进制数，简称二-十进制代码（Binary Code Decimal，BCD）。由于十进制数有 10 个数码，起码要用 4 位二进制数才能表示一位十进制数，而 4 位二进制数能表示 16 个符号，所以存在多种编码方法。8421 码是最常用的一种，它利用了二进制数的展开表达式，即各位位权由高到低分别是 8、4、2、1。在二-十进制的转换中，采用 4 位二进制表示 1 位十进制的编码方法。8421BCD 码和十进制数之间的对应关系见表 1-6。

表 1-6　8421BCD 码和十进制数的对照表

十进制数	0	1	2	3	4	5	6	7	8	9
8421BCD 码	0000	0001	0010	0011	0100	0101	0110	0111	1000	1001

例 1-10 将十进制数 765 转换成 8421BCD 码表示的二进制数。

解： 765D=(011101100101)BCD

3. 二进制数的算术运算

二进制数的算术运算包括加法、减法、乘法和除法运算。

（1）二进制数的加法运算。二进制数的加法运算法则是：0+0=0，0+1=1+0=1，1+1=10（向高位进位）。

例 1-11 求 101101.10001B+1011.11001B 的值。

解：

```
      1 0 1 1 0 1 . 1 0 0 0 1
  +       1 0 1 1 . 1 1 0 0 1
    ─────────────────────────
      1 1 1 0 0 1 . 0 1 0 1 0
```

结果为：101101.10001B+1011.11001B =111001.01010B

总结：从以上加法的运算过程可知，当两个二进制数相加时，每一位都是 3 个数相加，对本位则是把被加数、加数和来自低位的进位相加（进位可能是 0，也可能是 1）。

（2）二进制数的减法运算。二进制数的减法运算法则是：0-0=1-1=0，1-0=1，0-1=1（借1 当 2）。

例 1-12 求 110000.11B－001011.01B 的值。

解：

```
      1 1 0 0 0 0 . 1 1
  -     0 0 1 0 1 1 . 0 1
    ─────────────────────
      1 0 0 1 0 1 . 1 0
```

结果为：110000.11B－001011.01B=100101.10B

总结：从以上运算过程可知，当两数相减时，有的位会发生不够减的情况，要向相邻的高位借 1 当 2。所以，在做减法运算时，除了每位相减外，还要考虑借位情况，实际上每位有3 个数参加运算。

（3）二进制数的乘法运算。二进制数的乘法运算法则是：0×0=0，0×1=1×0=0，1×1=1。

例 1-13 求 1010B×1011B 的值。

解：

```
          1 0 1 0
    ×     1 0 1 1
      ─────────────
          1 0 1 0
        1 0 1 0
      0 0 0 0
  +   1 0 1 0
    ─────────────
    1 1 0 1 1 1 0
```

结果为：1010B×1011B=1101110B

总结：由以上运算过程可知，当两数相乘时，每个部分积都取决于乘数。乘数的相应位为 1 时，该次的部分积等于被乘数；为 0 时，部分积为 0。每次的部分积依次左移一位，将各部分积累加起来，就得到了最终结果。

（4）二进制数的除法运算。二进制数的除法运算法则是：0÷0=0，0÷1=0（1÷0 无意义），1÷1=1。

例 1-14　求 111101B÷1100B 的值。

解：

```
                    1   0   1
        1100 √ 1  1  1  1  0  1
            -   1  1  0  0
            ───────────────
                    1  1  0  1
            -          1  1  0  0
            ───────────────
                              1
```

结果为：商为 101，余数为 1。

总结：在计算机内部，二进制数的加法是基本运算，利用加法运算可以实现二进制数的减法、乘法和除法运算。在计算机的运算过程中，应用"补码"进行运算。

4. 二进制数的逻辑运算

在计算机中，除了能表示正负、大小的"数量数"以及相应的加、减、乘、除等基本算术运算外，还能表示事物的逻辑判断，即"真""假""是""非"等"逻辑数"的运算。表示这种数的变量称为逻辑变量。在逻辑运算中，用"1"或"0"来表示"真"或"假"，由此可见，逻辑运算是以二进制数为基础的。

计算机的逻辑运算区别于算术运算的主要特点是：逻辑运算是按位进行的，位与位之间不像加减运算那样有进位或借位的关系。

逻辑运算主要包括的运算有：逻辑乘法（又称"与"运算）、逻辑加法（又称"或"运算）和逻辑"非"运算。此外，还有"异或"运算。

（1）逻辑与运算（乘法运算）。逻辑与运算常用符号×、∧或&来表示。如果 A、B、C 为逻辑变量，则 A 和 B 的逻辑与可表示成 A×B=C、A∧B=C 或 A&B=C，读作 A 与 B 等于 C。逻辑与运算规则见表 1-7。

表 1-7　逻辑与运算

A	B	A∧B=C
0	0	0
0	1	0
1	0	0
1	1	1

注意： 逻辑与运算表示只有当参与运算的逻辑变量都取 1 时，其逻辑乘积才等于 1，即一假必假，两真才真。为了书写方便，逻辑与运算的符号可以略去不写（在不致混淆的情况下），即 A×B=A∧B=AB。

例 1-15　设 A=1110011，B=1010101，求 A∧B。

解：

```
        1  1  1  0  0  1  1
    ∧   1  0  1  0  1  0  1
    ───────────────────────
        1  0  1  0  0  0  1
```

结果为：A∧B=1010001。

（2）逻辑或运算（加法运算）。逻辑或运算通常用符号+或∨来表示。如果 A、B、C 为逻辑变量，则 A 和 B 的逻辑或可表示成 A+B=C 或 A∨B=C，读作 A 或 B 等于 C。逻辑或运算规则见表 1-8。

表 1-8 逻辑或运算

A	B	A∨B=C
0	0	0
0	1	1
1	0	1
1	1	1

注意：逻辑或运算表示在给定的逻辑变量中，A 或 B 只要有一个为 1，其逻辑或的值就为 1；只有当两者都为 0 时，逻辑或的值才为 0。即一真必真，两假才假。

例 1-16 设 A=11001110，B=10011011，求 A∨B。

解：
```
   1 1 0 0 1 1 1 0
 ∨ 1 0 0 1 1 0 1 1
 ─────────────────
   1 1 0 1 1 1 1 1
```

结果为：A∨B=11011111。

（3）逻辑非运算（逻辑否定、逻辑求反）。设 A 为逻辑变量，则 A 的逻辑非运算记作 $\overline{A}$。逻辑非运算的规则为：如果不是 0，则唯一的可能性就是 1；反之亦然。

例 1-17 设 A=111011001，B=110111101，求 $\overline{A}$、$\overline{B}$。

解：$\overline{A}$=000100110，$\overline{B}$=001000010。

（4）逻辑异或运算（半加运算）。逻辑异或运算符为 ⊕。如果 A、B、C 为逻辑变量，则 A 和 B 的逻辑异或可表示成 A⊕B=C，读作 A 异或 B 等于 C。逻辑异或运算规则见表 1-9。

表 1-9 逻辑异或运算规则

A	B	A⊕B=C
0	0	0
0	1	1
1	0	1
1	1	0

注意：在给定的两个逻辑变量中，只要两个逻辑变量取值相同，异或运算的结果就为 0；只有相异时，结果才为 1。即一样时为 0，不一样时才为 1。

例 1-18 设 A=11010011B，B=10110111B，求 A⊕B。

解：
```
   1 1 0 1 0 0 1 0
 ⊕ 1 0 1 1 0 1 1 1
 ─────────────────
   0 1 1 0 0 1 0 0
```

结果为：A⊕B=01100100。

任务 4　认识字符数据编码

【任务描述】

字符是不可以进行算术运算的数据，包括西文字符（字母、数字、符号）和中文字符。由于计算机中的数据都是以二进制的形式存储和表示的，因此，字符也必须按特定的规则进行二进制编码才能进入计算机内。本任务旨在介绍字符编码的概念，了解常见字符编码的知识。

【基础与常识】

1. ASCII 码

计算机中处理的主要对象是字符（非数值数据），它是用户和计算机之间的桥梁。用户使用键盘输入设备向计算机内输入的命令和数据是字符，经计算机处理后的结果也是以字符形式输出到屏幕或打印机等输出设备上。字符编码方案有很多种，其中，ASCII 码（American Standard Code for Information Interchange，美国信息交换标准字符码）作为一种国际通用的英文字符编码标准得到广泛应用，其输入码和内码是一致的，即输入什么字符便按什么键。

ASCII 码由 10 个数字字符（0～9），52 个英文大小写字符（A～Z，a～z），32 个标点符号、运算符及 34 个控制符组成，共有 128 个元素，见表 1-10。

表 1-10　ASCII 码字符编码表

$d_3d_2d_1d_0$	$d_6d_5d_4$							
	000	001	010	011	100	101	110	111
0000	NUL	DEL	SP	0	@	P	、	P
0001	SOH	DC1	!	1	A	Q	a	q
0010	STX	DC2	"	2	B	R	b	r
0011	EXT	DC3	#	3	C	S	c	s
0100	EOT	DC4	$	4	D	T	d	t
0101	ENQ	NAK	%	5	E	U	e	u
0110	ACK	SYN	&	6	F	V	f	v
0111	BEL	ETB	'	7	G	W	g	w
1000	BS	CAN	(	8	H	X	h	x
1001	HT	EM	)	9	I	Y	i	y
1010	LF	SUB	*	:	J	Z	j	z
1011	VT	ESC	+	;	K	[	k	{
1100	FF	FS	,	<	L	\	l	⊥
1101	CR	GS	-	=	M	]	m	}
1110	SD	RS	.	>	N	∧	n	~
1111	SI	US	/	?	O	_	o	DEL

ASCII 码以一个字节存储时，最高位 d_7 恒为 0。因而，ASCII 码值可用 7 位二进制数或 2 位十六进制数来表示。例如，数字 0 的 ASCII 码值为 0110000B 或 30H；字符 A 的 ASCII 码值为 01000001B 或 41H；字符 a 的 ASCII 码值为 01100001B 或 61H 等。

2. 汉字编码

汉字编码是为汉字设计的一种便于输入计算机的代码，可便于计算机识认、接收和处理。汉字属于图形符号，如果一字一码，1000 个汉字需要 1000 个码才能区分。显然，汉字编码比英文编码复杂得多。由于汉字的特殊性（图形结构复杂，多音多义比例大），所以其输入、存储、处理、输出以及信息交换过程中所使用的编码各不相同。

（1）汉字输入码。汉字输入码也叫外码，是通过键盘字符把汉字输入计算机而设计的一种编码。

汉字输入码种类繁多，多达几百种，归纳起来有四大类：区位码（数字码）、拼音码、字形码和音形混合码。拼音码又分为全拼和双拼两种，几乎无需记忆，但重音字太多，为此大多数输入法对其进行改良，提供了双拼双音、智能拼音和联想等方案。目前，搜狗输入法是使用频率最高的拼音码。针对同一个汉字，输入码不同，其编码也是不同的。例如"啊"字，区位码编码是 1601，拼音编码是 a，而五笔字型编码是 KBSK。

（2）汉字交换码。汉字交换码也叫国标码，是汉字信息交换的标准编码，它是由区位码转换得到的，其转换方法为：先将十进制区码和位码转换为十六进制的区码和位码，再加上 2020H。例如，"保"字的区位码是 1703D，经过变换得到国标码为 3123H，其转换路径：1703D→1103H→+2020H→3123H。国标码收录了 6763 个常用汉字（一级汉字 3755 个，二级汉字 3008 个），再加上其他图形字符 682 个，合计 7445 个字符。

1980 年，我国颁布了《信息交换用汉字编码字符集·基本集》（GB 2312—80），它是一个 4 位的十进制数，前两位是区码（01～94 行），后两位是位码（01～94 列），各自占用 1 个字节，分别存储于 94×94 的二维表中。

（3）汉字机内码。汉字机内码也叫内码或汉字存储码，是国标码的变形码。同一个汉字如果输入码不同，则其编码方案可能不一样，但汉字的机内码是唯一的。无论采用何种方式输入汉字，所输入的汉字都在计算机内部转换为机内码，从而把汉字与机内码一一对应起来。

为了避免 ASCII 码和国标码同时使用时产生二义性，汉字机内码采用变形国标码，是把每个字节的最高位由 0 改为 1 构成的，也就是说，汉字国标码加上十六进制数 8080H 就构成了汉字机内码，如"啊"字国标码为 3021H，其机内码为 B0A1H（3021H+8080H=B0A1H）。

一个汉字用两个字节的机内码表示，计算机显示一个汉字的过程首先是根据其机内码找到其在汉字字形库中的地址，然后将该汉字的点阵字形投影到屏幕上输出。

（4）汉字地址码。汉字地址码是指汉字库中存储汉字字形信息的逻辑地址码。汉字字形在字库中按一定的顺序排列存储在相关介质上。输出汉字时，通过地址码在字库中取出相应字形码。汉字地址码与汉字机内码有着简单的对应关系，以简化机内码到汉字地址码的转换。

（5）汉字字形码。汉字字形码又称输出码，是表示汉字字形的数字化编码，是汉字的输出形式（屏显和打印），通常有点阵字形法、矢量字形法。

点阵字形法也称点阵字模码，是将汉字像图像一样置于网状方格上，用一位二进制数表示一个方格的状态，有笔画经过记忆为 1，否则记忆为 0，并称为点阵。把点阵上的状态代码记录下来就得到一个汉字的字形码。显然，同一汉字用不同字体或不同字号的点阵将得到不同的字形码。由于汉字笔画多，至少需要 16×16 的点阵才能描述一个汉字字形。将汉字字形信息有组织地存放起来就形成了汉字字形库。点阵字形法是目前汉字字形码普遍使用的输出方法，常用的点阵字形码有 16×16 点阵、24×24 点阵、32×32 点阵、64×64 点阵。

在 16×16 点阵字库中，每个点对应一个二进制位，所以每一个汉字以 32 个字节（16×16÷8=32）存储，存储一、二级汉字及符号共 8836 个，需要 282.5KB 磁盘空间。而用户的文档假定有 10 万个汉字，却只需要 200KB 的磁盘空间，这是因为存储的只是每个汉字（符号）在汉字库中的逻辑地址（汉字地址码）。

矢量字形法则是通过抽取并存放汉字每个笔画的特征坐标值，即汉字的矢量信息，在输出时依据这些信息经过运算恢复原来的字形，具有显示和打印各种字号汉字的适应性，缺点是各汉字结构的矢量信息具有较大差异性，查找困难，会耗费较多的运算时间。

计算机中汉字从输入到输出的过程中，编码方案流程如图 1-24 所示。

图 1-24 计算机汉字信息处理过程

1.3 计算机信息安全

任务 5 计算机安全与防护

【任务描述】

计算机病毒会导致计算机上的数据丢失和破坏。计算机病毒严重地威胁着个人计算机及计算机网络的安全。本质上，计算机不安全的因素是由操作系统的不安全因素造成的，因而预防和控制计算机病毒的产生、蔓延和入侵变成了对系统漏洞的修复和补丁。如何有效查杀木马病毒、清理插件、修复漏洞变成了用户普遍关心的问题。本任务旨在通过"360 安全卫士"的应用，使读者掌握计算机网络安全方面的知识和提高计算机安全管理的素养。

【案例】使用"360 安全卫士"对计算机系统进行体检，可防治、检测与清除病毒。

【方法与步骤】

（1）双击"360 安全卫士"图标，弹出"360 安全卫士"对话框，如图 1-25 所示。单击"立即体检"按钮，可以对个人计算机存在的各种问题进行一次全面的检测和修复。

（2）单击"木马查杀"标签，弹出"木马查杀"界面，如图 1-26 所示。用户自行选择一种查杀方式，其中，"快速查杀"扫描时间最短，只检查系统关键文件；"全盘查杀"则扫描整个硬盘里所有的文件；"自定义查杀"需要用户自己指定扫描位置。

（3）单击"系统修复"标签，弹出"系统恢复"界面，进入系统修复功能模块，如图 1-27 所示。其中"常规修复"是修复异常的上网设置及系统设置，让系统恢复正常；"漏洞修复"是修复操作系统存在的漏洞，避免来自网络的利用系统漏洞进行入侵的潜在不安全因素。

图 1-25　"360 安全卫士"对话框　　　　　图 1-26　360 安全卫士"木马病毒查杀"界面

（4）单击"电脑清理"标签，弹出"电脑清理"界面，如图 1-28 所示。进入电脑清理功能模块，其提供了全面清理、清理垃圾、清理软件、清理插件、清理痕迹等选项。

图 1-27　360 安全卫士"系统修复"界面　　　　图 1-28　360 安全卫士电脑清理模块

（5）如需优化加速等，则依次单击相应标签，具体操作方法同上，这里不再赘述。

【基础与常识】

1．计算机病毒的概念

在《中华人民共和国计算机信息系统安全保护条例》中，计算机病毒被明确定义为"编制或者在计算机程序中插入的，破坏计算机功能或者破坏数据、影响计算机使用，并能自我复制的一组计算机指令或者程序代码"。

目前常见的计算机病毒至少由两部分组成：传染部分和表现、破坏部分。计算机病毒的传染模块也称为计算机病毒的载体模块，即它是计算机病毒表现及破坏模块的载体。计算机病毒的表现、破坏部分是计算机病毒的主体模块。

计算机病毒的传染模块是计算机病毒由一个系统扩散到另一个系统，由一个网络传入另一个网络，由一张软盘传入另一张软盘，由一个系统传入一张软盘的唯一途径。计算机病毒的传染模块担负着计算机病毒的扩散任务，是判断一个程序是否是计算机病毒的首要条件。传染模块一般包括两部分：一是计算机病毒的传染条件判断部分；二是计算机病毒的传染部分，这一部分负责将计算机病毒的全部代码链接到攻击目录上。表现、破坏部分又分为表现及破坏条件判断段和表现及破坏段。

2. 计算机病毒的特点

（1）隐蔽性：计算机病毒为了不让用户发现，会尽一切手段将自己隐藏起来。一些广为流传的计算机病毒都隐藏在合法文件中，一旦打开文件或满足发作的条件，将对系统造成严重影响。当计算机加电启动时，病毒程序从磁盘上被读到内存并常驻，使计算机染上病毒并有传播的条件。

（2）传染性：计算机病毒能够主动地将自身的复制品或变种传染到系统其他程序上。当用户对磁盘进行操作时，病毒程序通过自我复制很快传播到其他正在执行的程序中，被感染的文件又成了新的感染源，在与其他计算机进行数据交换或是通过网络进行通信时，计算机病毒会继续进行传染，从而产生连锁反应，造成了病毒的扩散。

（3）潜伏性：计算机病毒程序侵入系统后，一般不会马上发作，它可长期隐藏在系统中，不会干扰计算机的正常工作，只有在满足特定条件时才执行其破坏功能。

（4）破坏性：计算机病毒只要侵入系统，都会对计算机系统及应用程序产生不同程度的影响。轻则降低计算机工作效率，占用系统资源；重则会破坏数据、删除文件或加密磁盘、格式化磁盘、使系统崩溃，甚至造成硬件的损坏等。病毒程序的破坏性会造成严重的危害。因此，包括我国在内的许多国家都把制造和有意扩散计算机病毒视为一种犯罪行为。

（5）寄生性：计算机病毒一般不单独存在，它寄生在合法的程序内，这些合法程序包括引导程序、系统可执行程序，也可以寄生在一般应用文件中。

（6）衍生性：在分析计算机病毒的结构后可知病毒设计者的设计思想和设计目的，这可以被其他掌握原理的人以其个人的企图对病毒程序进行任意改动，从而又衍生出一种不同于原版本的新的计算机病毒（又称为变种），这就是计算机病毒的衍生性。衍生性为一些行为不端者提供了一种创造新病毒的捷径。衍生出来的变种病毒造成的后果可能比原版病毒更严重。

3. 计算机病毒的分类

按照计算机病毒的特点及特性，计算机病毒的分类方法有许多种。同一种病毒可能有多种不同的分法，最常见的分类方法是按照寄生方式和传染途径分类。计算机病毒按其寄生方式大致可分为两类，一是引导型病毒，二是文件型病毒。另外一种混合型病毒集前述两种病毒特性于一体。还有一种为宏病毒。

（1）引导型病毒会改写（即一般所说的"感染"）磁盘上的引导扇区（BOOT SECTOR）的内容（软盘或硬盘都有可能感染病毒）或者改写硬盘上的分区表。如果用已感染病毒的软盘来启动的话，则会感染硬盘。

（2）文件型病毒主要感染文件扩展名为.com、.exe 和.ovl 等的可执行程序。它的驻留必须借助于病毒的载体程序，即必须运行病毒的载体程序才能把文件型病毒引入内存。已感染病毒的文件执行速度会减缓，甚至完全无法执行。有些文件被感染后，一执行就会被删除。

（3）混合型病毒综合引导型和文件型病毒的特性，它的"性情"也就比引导型和文件型病毒更为"凶残"。此种病毒通过这两种方式来感染，增加了病毒的传染性以及存活率。不管以哪种方式传染，只要中毒就会经开机或执行程序而感染其他的磁盘或文件，此种病毒也是最难杀灭的。

（4）宏病毒：随着微软公司 Word 字处理软件的广泛使用和计算机网络尤其是 Internet 的推广普及，病毒家族又出现一种新成员，这就是宏病毒。宏病毒是一种寄存于文档或模板的宏中的计算机病毒。一旦打开这样的文档，宏病毒就会被激活，转移到计算机上，并驻留在

Normal 模板上。从此以后，所有自动保存的文档都会"感染"上这种宏病毒，而且如果其他用户打开了感染病毒的文档，宏病毒又会转移到他的计算机上。另外，宏病毒还可衍生出各种变种病毒，这种"父生子、子生孙"的传播方式会让许多系统防不胜防，这也使宏病毒成为威胁计算机系统的"第一杀手"。

4. 计算机病毒的特征

计算机病毒主要是靠复制自身来进行传染的，如果计算机在日常运行过程中有异常情况，就有可能已经染上了病毒。下面一些现象可以作为检测病毒的参考：

（1）程序运行速度减慢。

（2）文件所占内存增加。

（3）出现新的奇怪的文件。

（4）可以使用的内存总数降低。

（5）出现奇怪的屏幕显示和声音效果。

（6）打印出现问题。

（7）异常要求用户输入口令。

（8）系统无法识别磁盘或硬盘不能引导系统等。

（9）死机现象增多。

除了通过观察发现计算机病毒外，也可以根据计算机病毒的关键字、程序的特征信息、病毒特征及传染方式、文件长度变化等编制病毒检测程序。目前已有很多自动检测病毒的软件，它们不仅可以检测病毒，而且可以清除病毒。

5. 计算机病毒防护措施

计算机病毒具有很强的危害性，如果等到发现病毒再采取措施，可能已造成重大损失，因此做好防范工作非常重要。防范计算机病毒主要可采取以下措施：

（1）定期使用最新版本的杀病毒软件对计算机进行检查。

（2）对硬盘上的重要文件要经常进行备份。

（3）不随便使用没有经过安全检查的软件。

（4）系统盘或其他应用程序盘要加上写保护或做备份。

（5）经常检查系统内存，如内存减少，则有可能是病毒在作怪。

（6）严禁其他人使用计算机，特别是在计算机上玩游戏。

如果发现了计算机病毒，则应立即清除之。清除病毒的方法通常有两种，即人工处理及利用反病毒软件。

如果发现磁盘引导区的记录被破坏，就可以用正确的引导记录覆盖它；如果发现某一文件已经染上了病毒，则可以恢复那个文件的正确备份或消除链接在该文件上的病毒，或者干脆清除该文件等，这些都属于人工处理。清除病毒的人工处理是很重要的，但是，人工处理容易出错，有一定的危险性，如有不慎的误操作将会造成系统数据的损失，不合理的处理方法还可能导致意料不到的后果。

通常，反病毒软件具有对特定种类的病毒进行检测的功能，有的软件可以查出上百种，甚至几千种病毒，并且大部分软件可以同时清除查出来一些相同的病毒。另外，利用反病毒软件清除病毒时，一般不会因清除病毒而破坏系统中的正常数据。但是，利用反病毒软件很难处理计算机病毒的某些变种。

【拓展与提高】

1．信息安全的概念

信息安全是指信息网络的硬件、软件及其系统中的数据受到保护，不因偶然的或者恶意的原因而遭到破坏、更改、泄露，系统连续、可靠、正常地运行，信息服务不中断。信息安全主要包括以下几方面的内容，即需保证信息的保密性、可靠性、完整性、可用性、可控性和不可否认性。其根本目的就是使内部信息不受外部威胁，因此信息通常要加密。为保障信息安全，要求有信息源认证、访问控制，不能有非法软件驻留，不能有非法操作。

- 信息的保密性——保证信息不泄露给未经授权的人。
- 信息的可靠性——确保信道、消息源、发信人的真实性以及核对信息获取者的合法性。
- 信息的完整性——包括操作系统的正确性和可靠性，硬件和软件的逻辑完整性，数据结构的一致性，即防止信息被未授权者篡改，保证真实的信息从真实的信源无失真地到达真实的信宿。
- 信息的可用性——保证信息及信息系统确实为授权使用者所用，防止由于计算机病毒或其他人为因素造成系统拒绝服务或为对手可用却对授权者拒用。
- 信息的可控性——对信息及信息系统实施安全监控管理。
- 信息的不可否认性——保证信息行为人不能否认自己的行为。

2．计算机信息安全的不安全因素

计算机本身并不能向用户提供安全保密功能，在网络上传输信息，计算机及其所存储信息会被窃取、篡改和破坏，网络也会遭到攻击，其硬件、软件、线路、文件系统和信息发送或接收的确认等会被破坏，无法正常工作，甚至瘫痪。不安全因素主要表现在五个方面。

（1）计算机病毒。计算机病毒会给计算机系统造成危害：网上传输或存在于计算机系统中的信息被篡改，假信息被传播，信息完整性、可靠性和可用性遭到破坏。目前来看，病毒传播的主要途径：一是利用软盘和光盘传播；二是通过软件传播；三是通过因特网，如电子邮件传播；四是通过计算机硬件（带病毒的芯片）或嵌入在计算机硬件上的无线接收器件等传播。

（2）网络通信隐患。网络通信的核心是网络协议。创建这些协议的主要目的是实现网络互联和用户之间的可靠通信。但在实际网络通信中存在三大安全隐患。一是结构上的缺陷。协议创建初期，对网络通信安全保密问题考虑不足，结构上或多或少地存在信息安全保密的隐患。二是漏洞，包括无意漏洞和故意留下的"后门"，前者通常是由程序员编程过程中的失误造成的，后者是指协议开发者为了调试方便，在协议中留下的"后门"。协议"后门"是一种非常严重的安全隐患，通过"后门"，可绕开正常的监控防护，直接进入系统。三是配置上的隐患，主要是不当的网络结构和配置造成信息传输故障等。

（3）黑客入侵。"黑客"的主要含义是非法入侵者。黑客攻击网络的方法主要有：IP 地址欺骗、发送邮件攻击、网络文件系统攻击、网络信息服务攻击、扫描器攻击、口令攻击、嗅探攻击、病毒和破坏性攻击等。黑客通过寻找并利用网络系统的脆弱性和软件的漏洞，刺探窃取计算机口令、身份标识码或绕过计算机安全控制机制，非法进入计算机网络或数据库系统，窃取信息。现在全球每 20 秒就有一起黑客事件发生。按黑客的动机和造成的危害，目前黑客可分为恶作剧、盗窃诈骗、蓄意破坏、控制占有、窃取情报等类型。其中，西方一些国家的情报部门秘密招聘黑客"高手"，编制专门的黑客程序，用于窃取别国（集团）因特网或内部网上的涉密信息和敏感信息。对此，尤须引起我们高度注意。

（4）软件隐患。许多软件在设计时，为了方便用户的使用、开发和资源共享，总是留有许多"窗口"，加上在设计时不可避免地存在许多不完善或未发现的漏洞，用户在使用过程中，如果缺乏必要的安全鉴别和防护措施，就会使攻击者利用上述漏洞侵入信息系统以破坏和窃取信息。目前，不少单位使用的软件是国外产品，这给信息安全保密带来很大困难。

（5）设备隐患。主要指计算机信息系统中的硬件设备中存在的漏洞和缺陷。

1）电磁泄漏发射。电磁泄漏发射是指信息系统的设备在工作时向外辐射电磁波的现象。计算机的电磁辐射主要有两种途径：一是被处理的信息会通过计算机内部产生的电磁波向空中发射，称为辐射发射；二是这种含有信息的电磁波也可以经电源线、信号线、地线等异体传送和辐射出去，称为传导发射。电磁辐射包含数据信息和视频信息等内容。这些辐射出去的电磁波，任何人都可借助仪器设备在一定范围内收到它，尤其是利用高灵敏度的仪器可稳定清晰地获取计算机正在处理的信息。日本的一项试验结果表明：未加屏蔽的计算机启动后，用普通计算机可以在 80 米内接收其显示器上的内容。据报道，国际高灵敏度专用接收设备可在 1 千米外接收并还原计算机的辐射信息。早在 20 世纪 80 年代，国外情报部门就把通过接收计算机电磁辐射信息作为窃密的重要手段之一。

2）磁介质的剩磁效应。存储介质中的信息被删除后，有时仍会留下可读痕迹；即使已多次格式化的磁介质（磁盘、磁带）仍会有剩磁，这些残留信息可通过"超导量子干涉器件"还原出来。在大多数的操作系统中，删除文件只是删除文件名，而原文件还原封不动地保留在存储介质中，从而留下泄密隐患。

3）预置陷阱。即人为地在计算机信息系统中预设一些陷阱，干扰和破坏计算机信息系统的正常运行。预置的陷阱一般分为硬件陷阱和软件陷阱两种。其中，硬件陷阱主要是"芯片捣鬼"，即蓄意更改集成电路芯片的内容设计和使用规程，以达到破坏计算机信息系统的目的。计算机信息系统中一个关键芯片的小小故障，就足以导致计算机甚至整个信息网络停止运行。

我国不少计算机硬件、软件，以及路由器、交换机等网络设备都依赖进口，给网络的安全保密留下了隐患。发达国家利用对计算机核心技术的垄断，迫使别国依赖其现成技术，以达到控制别国计算机信息系统的目的。美国基本上掌握了网络地址资源的控制权。美国国内网事实上已成为全球因特网的骨干网。

3．信息安全的实现

（1）增强安全意识。

（2）在服务器上使用一些防病毒技术。

（3）终端用户严格防范。

4．信息安全技术的意义

（1）数据的完整性：它包括数据单元完整性和数据单位序列完整性。

（2）数据的可用性：即保障网络中的数据无论在何时，无论经过何种处理，只要需要，信息就必须是可用的。

（3）数据的保密性：即网络中的数据必须按照数据拥有者的要求保证一定的秘密性。具有敏感性的秘密信息，只有得到拥有者的许可，其他人才能够获得该信息。网络系统必须能够防止信息的非授权访问或泄露。

（4）合法使用性：即网络中合法用户能够正常得到服务，使自己合法地访问资源和信息，而不至于因某种原因遭到拒绝或无条件的阻止。

5. 计算机网络安全技术

计算机网络安全技术简称网络安全技术，是指致力于解决诸如如何有效进行介入控制，以及如何保证数据传输的安全性的技术手段，主要包括物理安全分析技术、网络结构安全分析技术、系统安全分析技术、管理安全分析技术，以及其他的安全服务和安全机制策略。

（1）防火墙技术。防火墙是一种重要的网络防护工具，通常是一种由硬件和软件组合而成的计算机系统，是一种把外部网络与内部网络（通常指局域网）隔开的安全屏障，是一个用于限制外界访问网络资源或限制内部网络用户访问外界资源的计算机安全系统，可以有效保护内部网络免受外部的侵入。对于个人用户来说，防火墙是一个软件，可以防止某些对用户计算机系统有害的访问。防火墙是一个安全网关，它可以过滤进入网络的信息并控制计算机向外发送信息。

根据防范方式和侧重点不同，防火墙技术可以分为很多种类型，但总体来讲可分为两大类，即分组过滤与应用代理。

1）分组过滤（packet filtering）。分组过滤作用在网络层和传输层，它根据分组包头的源地址、目的地址、端口号、协议类型等确定是否允许数据包通过。只有满足过滤逻辑的数据包才被转发到相应的目的端口，其余数据包则从数据流中被丢弃。

2）应用代理（application proxy）。应用代理也叫应用网关（application gateway），它作用在应用层，其特点是完全"阻隔"了网络通信流，通过对每种应用服务编制专门的代理程序，实现监视和控制应用层通信流的功能。实际中的应用网关通常由专用工作站实现。

（2）入侵检测技术。入侵是指在未经授权的情况下，试图访问信息、处理信息或破坏系统以使系统不可靠、不可用的故意行为。网络入侵者有时与黑客是同义词，他们具有熟练编写和调试计算机程序的能力，能够通过非法途径访问企业的内部网络。

利用防火墙技术，经过仔细的配置，通常能够在内外网之间提供安全的网络保护，降低网络安全风险。但是，仅仅使用防火墙，网络安全还远远不够，主要原因如下所述。

1）入侵者可寻找防火墙背后可能敞开的后门。

2）入侵者可能就在防火墙内。

3）由于性能的限制，防火墙通常不能提供实时的入侵检测能力。

入侵检测是一项重要的安全监控技术，其目的是识别系统中入侵者的非授权使用及系统合法用户的滥用权限，尽量发现系统因软件错误、认证模块失效、不适当的系统管理而引起的安全性缺陷，以采取相应的补救措施。

入侵检测作为一种积极主动的安全防护技术，提供了对内部攻击、外部攻击和误操作的实时保护，在网络系统受到危害之前拦截和响应入侵。从网络安全立体、纵深、多层次防御的角度出发，入侵检测理应受到人们的高度重视，这点从国外入侵检测产品市场的蓬勃发展就可以看出。在国内，随着上网的关键部门、关键业务越来越多，也迫切需要具有自主版权的入侵检测产品。但现状是入侵检测仅仅停留在研究和实验样品（缺乏升级和服务）阶段，或者是仅在防火墙中集成较为初级的入侵检测模块。

（3）病毒防护技术。病毒历来是信息系统安全的主要问题之一。由于网络的广泛互联，病毒的传播途径和速度大大加快。病毒防护的主要技术如下所述。

1）阻止病毒的传播。在防火墙、代理服务器、SMTP 服务器、网络服务器、邮件服务器上安装病毒过滤软件。在桌面 PC 安装病毒监控软件。

2）检查和清除病毒。使用防病毒软件检查和清除病毒。

3）病毒数据库的升级。病毒数据库应不断更新，并下发到桌面系统。

4）在防火墙、代理服务器及 PC 上安装 Java 及 ActiveX 控制、扫描软件，禁止未经许可的控件下载和安装。

（4）认证和数字签名技术。认证技术主要解决网络通信过程中通信双方的身份认可，数字签名作为身份认证技术中的一种具体技术，还可用于通信过程中的不可抵赖要求的实现。

数字签名（又称公钥数字签名、电子签章）是一种类似于写在纸上的普通的物理签名，只不过数字签名使用了公钥加密领域的技术实现，属于鉴别数字信息的方法。一套数字签名通常定义两种互补的运算：一种用于签名，另一种用于验证签名（验签）。

（5）VPN 技术。虚拟专用网（Virtual Private Network，VPN）被定义为通过一个公用网络（通常是 Internet）建立一个临时的安全的连接，是一条穿过混乱的公用网络的安全、稳定的隧道。虚拟专用网不是真正的专用网络，但却能够实现专用网络的功能。VPN 指的是依靠 ISP（Internet 服务提供商）和其他 NSP（网络服务提供商），在公用网络中建立专用的数据通信网络的技术。在虚拟专用网中，任意两个节点之间的连接并没有传统专用网所需的端到端的物理链路，而是利用某种公众网的资源动态组成的。

目前，VPN 主要采用四项技术来保证网络安全，这四项技术分别是隧道技术、加解密技术、密钥管理技术、使用者与设备身份认证技术。

习题一

一、填空题

1．冯·诺依曼型计算机工作的基本思想是＿＿＿＿＿＿。

2．存储器容量的基本单位是＿＿＿＿＿＿。

3．32 位微机中的 32 指的是计算机＿＿＿＿＿＿性能指标。

4．计算机的主机包括 CPU 和＿＿＿＿＿＿。

5．CAI 是计算机应用领域之一，它的含义是＿＿＿＿＿＿。

6．RAM 和 ROM 断电后，将会丢失信息的是＿＿＿＿＿＿。

7．微型机的发展是以＿＿＿＿＿＿技术为特征标志的。

8．早期的计算机主要是用来进行＿＿＿＿＿＿。

9．一个完整的计算机系统应该包括硬件系统和＿＿＿＿＿＿。

10．计算机软件分为系统软件和应用软件两类，其中处于系统软件核心地位的是＿＿＿＿＿＿。

11．在汉字处理系统中二级字库共有 6763 个汉字，需要用＿＿＿＿＿＿个字节。

12．用 16×16 点阵存储一个汉字的字形码，需要用＿＿＿＿＿＿个字节。

13．微机中的 Cache 的中文含义是＿＿＿＿＿＿。

14．将源程序转换成机器语言程序的软件称为＿＿＿＿＿＿。

15．用高级语言编写的程序称为＿＿＿＿。

16．计算机内存容量大小由＿＿＿＿的位数决定。

17．如果按 ASCII 码值从大到小的顺序排列，字符 a、A、5、空格的排列顺序为＿＿＿＿。

18．1KB 的存储空间能存储＿＿＿＿个汉字。

19．计算机中的基本存储单位是＿＿＿＿。

20．CPU 每执行一条＿＿＿＿，就完成一个基本操作。

21．图灵因首次提出检验机器智能的"图灵测试"方法而荣膺"＿＿＿＿"称号。

22．内存储器主要由＿＿＿＿半导体芯片组成。

23．微型计算机的运算器、控制器及内存储器的总称是＿＿＿＿。

24．微机唯一能够直接识别和处理的语言是＿＿＿＿。

25．汉字国标码（GB 2312—80）规定，每个汉字用＿＿＿＿字节存储。

26．内存储器的每一个存储单元都被赋予一个唯一的序号，称为＿＿＿＿。

27．DRAM 存储器的中文含义是＿＿＿＿。

28．数字签名通常定义两种互补的运算：一种运算用于签名，另一种运算用于＿＿＿＿签名。

29．Cache 是一种介于 CPU 和＿＿＿＿之间的高速存取信息的芯片。

30．CPU 按指令计数器的内容访问主存，取出的信息是指令；按操作数地址访问主存，取出的信息是＿＿＿＿。

二、选择题

1．一般根据（　　）将计算机的发展分为四代。
  A．体积的大小　　　　　　　　B．速度的快慢
  C．价格的高低　　　　　　　　D．使用元器件的不同

2．微机系统的开机顺序是（　　）。
  A．先开主机再开外设　　　　　B．先开显示器再开打印机
  C．先开主机再打开显示器　　　D．先开外部设备再开主机

3．关于用户界面，下面描述错误的是（　　）。
  A．用户界面是用户与计算机之间的接口
  B．提供用户界面是操作系统的基本功能之一
  C．用户界面与输入/输出设备没有关系
  D．不同的操作系统提供的用户界面未必相同

4．把计算机分为巨型机、大中型机、小型机和微型机，是按（　　）来划分的。
  A．计算机的体积　　　　　　　B．CPU 的集成度
  C．计算机综合性能指标　　　　D．计算机的存储容量

5．门禁使用的指纹确认系统运用的计算机技术是（　　）。
  A．机器翻译　　　　　　　　　B．自然语言理解
  C．过程控制　　　　　　　　　D．模式识别

6．在计算机应用中，用计算机进行资料检索工作属于（　　）。
  A．科学计算　　　　　　　　　B．数据处理
  C．过程控制　　　　　　　　　D．人工智能

7. 工业上的自动生产线控制系统属于（   ）。

    A．科学计算方面的计算机应用　　　　B．过程控制方面的计算机应用

    C．数据处理方面的计算机应用　　　　D．辅助设计方面的计算机应用

8. 在下列存储器中，访问速度最快的是（   ）。

    A．硬盘存储器　　　　　　　　　　　B．软盘存储器

    C．半导体 RAM（内存储器）　　　　　D．磁带存储器

9. 计算机的应用领域可大致分为三个方面，下列正确的是（   ）。

    A．计算机辅助教学、专家系统、人工智能

    B．工程计算、数据结构、文字系统

    C．实时控制、科学计算、数据处理

    D．数值处理、人工智能、操作系统

10. 现代电子数字计算机均属（   ）计算机。

    A．图灵　　　　　　　　　　　　　　B．冯·诺依曼

    C．巴贝奇　　　　　　　　　　　　　D．帕斯卡

11. 计算机能按照人们的意图自动、高速地进行操作，是因为（   ）。

    A．程序存储在存储器中　　　　　　　B．采用了高级语言

    C．采用了高性能的 CPU　　　　　　　D．采用了机器语言

12. 微型计算机硬件系统中最核心的部件是（   ）。

    A．外存　　　　　　　　　　　　　　B．中央处理器（CPU）

    C．内存　　　　　　　　　　　　　　D．输入输出设备

13. 下列关于 ROM 的说法，不正确的是（   ）。

    A．CPU 不能向 ROM 随机写入数据

    B．ROM 中的内容断电后不会消失

    C．ROM 是只读存储器的英文缩写

    D．ROM 不是内存而是外存

14. 1MB 的含义是（   ）。

    A．1024×1024B　　　　　　　　　　B．1024B

    C．1024×1024b　　　　　　　　　　D．1024×1024×1024B

15. 用 7 位 ASCII 码表示字符 3 和 8，（   ）是正确的。

    A．0110011 和 0110111　　　　　　　B．1010011 和 0111001

    C．1000011 和 1100011　　　　　　　D．0110011 和 0111000

16. 当机器字长为 8 时，十进制-95 的原码、反码、补码表示为（   ）。

    A．$[-95]_原$=-1011111　　$[95]_反$=-0100000　　$[-95]_补$=-0100001

    B．$[-95]_原$=01011111　　$[-95]_反$=10100000　　$[-95]_补$=10100001

    C．$[-95]_原$=11011111　　$[-95]_反$=10100000　　$[-95]_补$=10100001

    D．$[-95]_原$=01010111　　$[-95]_反$=01011000　　$[-95]_补$=01011001

17. ROM 和 RAM 具备的共同点为（   ）。

    A．只读　　　　　　　　　　　　　　B．掉电以后信息丢失

    B．可由 CPU 直接访问　　　　　　　　D．可以以文件形式存储信息

18. 下列说法正确的是（　　）。

    A. 计算机体积越大，功能就越强

    B. 两个显示器屏幕尺寸相同，则它的分辨率必定相同

    C. 点阵打印机的针数越多，则能打印的汉字字体越多

    D. 在微机性能指标中，CPU 的主频越高，其运算速度越快

19. 在微型计算机中，外存储器硬盘中存储的信息在断电后（　　）。

    A. 不会丢失　　　　　　　　　　B. 完全丢失

    C. 少量丢失　　　　　　　　　　D. 大部分丢失

20. 计算机内存比外存（　　）。

    A. 存储容量大　　　　　　　　　B. 存储速度快

    C. 便宜　　　　　　　　　　　　D. 不便宜但能存储更多的信息

21. 下列存储器中，访问速度最快的是（　　）。

    A. 硬盘　　　　　　　　　　　　B. 软盘

    C. 随机存储器　　　　　　　　　D. 光盘

22. 关于硬盘的描述，（　　）是不正确的。

    A. 硬盘片是由涂有磁性材料的铝合金构成的

    B. 硬盘内共用一个读/写磁头

    C. 硬盘各个盘面上相同大小的同心圆称为一个柱面

    D. 读、写硬盘时，磁头是浮在盘面上不接触盘面的

23. 多媒体技术是（　　）。

    A. 超文本处理技术　　　　　　　B. 文本和图形技术

    C. 一种图形和图像处理技术　　　D. 计算机能交互综合处理多媒体信息

24. 在计算机系统中，可执行程序是（　　）。

    A. 源代码　　　　　　　　　　　B. 汇编语言代码

    C. 机器语言代码　　　　　　　　D. ASCII 码

25. 下面的 4 个数中最大的是（　　）。

    A. 01010011B　　　　　　　　　B. $(67)_8$

    C. CFH　　　　　　　　　　　　D. $(78)_{10}$

26. 西文字符的 ASCII 编码，在机器中表示为（　　）。

    A. 8 位二进制代码，最右边一位是 1

    B. 8 位二进制代码，最右边一位是 0

    C. 8 位二进制代码，最左边一位是 1

    D. 8 位二进制代码，最左边一位是 0

27. 下面 4 个数中最大的是（　　）。

    A. 二进制数 0111111　　　　　　B. 十进制数 75

    C. 八进制数 37　　　　　　　　　D. 十六进制数 1A

28. 计算机中的所有信息以二进制形式表示的主要原因是（　　）。

    A. 节省存储空间　　　　　　　　B. 运算速度快

    C. 物理器件易于实现　　　　　　D. 信息处理方便

29．一台计算机的字长为 4 个字节，就意味着它（　　）。

    A．能处理数值最大为 4 位十进制数 9999

    B．能处理的字符串最多由 4 个英文字母组成

    C．在 CPU 中作为一个整体加以传送处理的二进制代码为 32 位

    D．在 CPU 中运算的结果最大为 2 的 32 次方

30．计算机上使用的 ASCII 码是对（　　）的编码。

    A．英文字母　　　　　　　　　　B．英文字母和数字

    C．西文字符集　　　　　　　　　　D．英文字符和中文字符

31．在下列英文缩写中，与内存无关的是（　　）。

    A．ROM　　　　　B．RAM　　　　　C．KB　　　　　D．MIPS

32．一个字节能表示的无符号整数的个数是（　　）。

    A．128　　　　　B．255　　　　　C．256　　　　　D．512

33．在计算机中，一条指令由操作码和（　　）组成。

    A．指令码　　　　　　　　　　　　B．程序码

    C．控制码　　　　　　　　　　　　D．操作数

34．微型计算机中的外存可以直接与（　　）进行数据交换。

    A．运行器　　　　　　　　　　　　B．控制器

    C．微处理器　　　　　　　　　　　D．内存

35．计算机内存储器一般由（　　）组成。

    A．RAM 和 CMOS　　　　　　　　B．ROM、RAM 和硬盘

    C．RAM 和 ROM　　　　　　　　　D．硬盘和光盘

36．如果在使用计算机时突然断电，则（　　）全部丢失。

    A．ROM 和 RAM 中的信息　　　　B．ROM 中的信息

    C．RAM 中的信息　　　　　　　　D．硬盘中的信息

37．以下不是总线标准的是（　　）。

    A．EISA　　　　　B．PCI　　　　　C．ISA　　　　　D．ISO

38．RS-232C 是（　　）。

    A．Modem 专用接口　　　　　　　B．打印机接口

    C．通用串行数据接口　　　　　　　D．通用并行数据接口

39．打印机、扫描仪和数码相机等设备都通过 USB 接口与主机相连，其中 USB 是（　　）。

    A．通用串行总线　　　　　　　　　B．通用并行总线

    C．SCSI 接口　　　　　　　　　　D．通用卡式接口

40．显示卡上的显示存储器是（　　）。

    A．随机读写 RAM 且暂时存储要显示的内容

    B．只读 ROM

    C．将要显示的内容转换为显示器可以接收的信号

    D．字符发生器

三、操作题

1. 正确认识如题图 1-1 所示的微型计算机的主要配件。

题图 1-1　微型计算机的主要配件

2. 描述选配计算机硬件的注意事项。

3. 分析和研究计算机的安装步骤。

第 2 章　使用 Windows 7

操作系统是控制、管理计算机系统硬件资源、软件资源和数据资源，方便用户充分有效地使用这些资源的程序集合。它是计算机必不可少的最重要的系统资源，是保证计算机正常运行的指挥中枢，是计算机和用户之间的接口。Windows 7 是 Microsoft 公司于 2009 年推出的图形界面操作系统，它在继承 Windows XP 等早期版本优点的基础上，改进了系统程序和系统工具，增强了多媒体功能并增加了许多新特性。

2.1　初步认识 Windows 7

任务 1　配置桌面主题

【任务描述】

Windows 7 的所有操作都可以从桌面（desktop）开始，桌面是 Windows 启动后的第一个人机交互界面。每个登录用户都有自己的专属桌面。桌面由背景（壁纸）、开始菜单、任务栏和图标组成。图标代表了一个个应用程序、文件（夹）的快捷（快速定位的捷径）方式，双击图标即可快速启动相应的应用程序或文件（夹）。本任务旨在使读者通过案例学习桌面主题的配置与优化方法，认识 Windows 操作的基本风格。

【案例】Windows 7 提供了个性化桌面主题配置方案，请根据个人喜好和需求对系统桌面进行个性化配置。

【方法与步骤】

（1）设置主题：右击桌面空白处，在弹出的快捷菜单中选择"个性化"命令，打开"个性化"窗口，如图 2-1 所示。系统默认是 Aero 主题，用户可以自行更改主题。

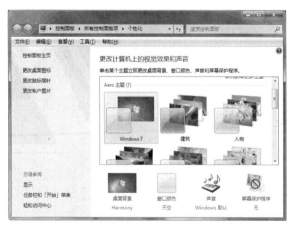

图 2-1　"个性化"窗口

（2）设置桌面背景：在"个性化"窗口中单击"桌面背景"超链接，弹出"选择桌面背景"窗口，如图 2-2 所示，用户可以根据自己的喜好和需求对系统的桌面背景进行个性化设置。图 2-2 中上方的"图片位置"和"浏览"分别用于选择图片来源和添加新的图片位置。下方的"图片位置"和"更改图片时间间隔"分别用于设置图片的显示方式和多选图片状态下的动画效果。

图 2-2　"选择桌面背景"窗口

（3）设置桌面图标：在"个性化"窗口中选择"更改桌面图标"命令，打开"桌面图标设置"对话框，如图 2-3 所示，根据需要勾选相关桌面图标。单击"更改图标"按钮，弹出"更改图标"对话框，如图 2-4 所示。

图 2-3　"桌面图标设置"对话框

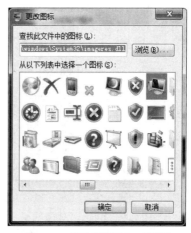

图 2-4　"更改图标"对话框

（4）设置鼠标：在"个性化"窗口中选择"更改鼠标指针"命令，打开"鼠标 属性"

对话框，选择"指针"选项卡，如图 2-5 所示，根据需要可以选择整体方案，或者自定义局部方案，如图 2-6 所示。

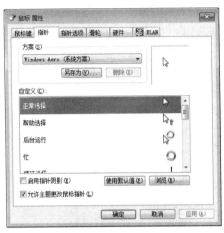

图 2-5　"指针"选项卡

图 2-6　浏览指针方案对话框

【基础与常识】

　　用户启动计算机后，Windows 操作系统就"接管"了计算机，它的桌面是提供给用户的一个工作区域，出现在屏幕上的区域就是桌面，即 Windows 的工作平台。桌面上可以存放用户经常用到的应用程序和文件夹图标，用户还可以根据需要添加各种快捷图标。

　　1. "开始"菜单

　　单击屏幕左下方的"开始"按钮，弹出"开始"菜单，如图 2-7 所示，它是运行 Windows 7 应用程序的入口，也是执行程序的最常用方法。如果要调整开始菜单的属性，可以在"任务栏和「开始」菜单属性"对话框中进行，如图 2-8 所示。

图 2-7　"开始"菜单

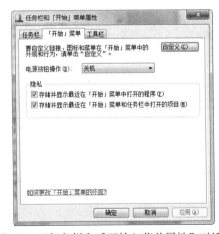

图 2-8　"任务栏和「开始」菜单属性"对话框

　　（1）高频使用区：位于"开始"菜单左上部区域，Windows 7 自动将使用频率较高的程序显示在该区域中，以便用户能快速地启动常用程序。

（2）所有程序区：位于"开始"菜单左下部，选择"所有程序"命令后，高频使用区将显示当前系统已安装的所有程序启动图标及其名称，同时"所有程序"命令也会变为"返回"命令。

（3）搜索区：位于"开始"菜单左侧底部，用于搜索系统中的文件或程序等信息，并将结果显示在"开始"菜单上方区域。

（4）用户信息区：位于"开始"菜单右侧顶部，显示当前用户的图标和用户名。单击图标可以打开"用户账户"对话框，而单击用户名则可以打开当前用户的个人文件夹。

（5）系统控制区：位于"开始"菜单右侧中部，显示了计算机、网络和控制面板等系统选项，选择相应的选项，可以打开或运行程序，便于用户管理计算机资源。

（6）关闭注销区：位于"开始"菜单右侧底部，用于关闭、重启和注销计算机系统，或者切换用户、锁定计算机以及使计算机进入睡眠状态。

在图形化用户界面的软件中，软件功能是通过菜单实现的，菜单是许多命令的集合。除了开始菜单，还包括控制菜单、横向菜单、下拉菜单和快捷菜单等，如图 2-9 所示。

图 2-9　各种菜单

- 菜单的颜色：一个菜单含有若干命令项，当前能够执行的命令以深色显示，当前不能使用的命令呈浅灰色。
- 菜单右边的字母：菜单右边带下划线的字母代表该菜单的快捷键。
- 菜单的分割线：是将命令进行简单的分组。
- 带有向下箭头的按钮：表明该菜单没有完全展开，用鼠标指针指向它可展开菜单。
- 带有组合键的菜单：表示直接按该组合键即可执行菜单，组合键是一种快捷键。
- 带有三角标记（▶）的菜单：表示执行该菜单后会弹出一个级联子菜单。
- 带有复选标记（√）的菜单：复选标记，可在"选"与"不选"两个状态之间切换。
- 带有实心圆点（●）的菜单：单选标记，在它的分组菜单中有且只有一个被选用。
- 带有省略号（…）的菜单：表示选择该菜单后会弹出一个对话框。
- 快捷菜单：右击对象时弹出一个有关该对象的常用命令集合。

2. 任务栏

Windows 7 桌面最下方的长条是任务栏，它由快速启动区、应用程序区和通知区组成。快速启动区提供了启动应用程序的最快捷的方法。所有正在运行的程序和打开的文件夹窗口均以任务栏按钮的形式显示在应用程序区。要切换某个应用程序或文件夹窗口，只需单击任务栏上相对应的按钮。任务栏中凹下的任务按钮表示当前正在执行的任务，如图 2-10 所示。任务栏右侧有一块凹下去的矩形区域，称为通知区域，里面包含了多个状态指示器，如"输入法指示器"和"时钟"按钮，根据系统配置的不同，该区域的指示器个数和内容会有所不同。

图 2-10   任务栏

注意：任务栏在未锁定状态下，它的位置可以移动，用鼠标拖动任务栏的空白处即可把任务栏移动到屏幕的任何一边，拖动边框可以调整它的高度或宽度。

3. 桌面图标

在 Windows 7 中，应用程序、文件、文件夹和快捷方式（左下角带弧形箭头的图标）都用图标来表示。图标由一个反映对象类型的图案和相关文字说明的标题组成。当鼠标光标移到图标上停留片刻时，会弹出详细说明信息。双击图标则可以打开文件（夹）或运行应用程序。

注意：

（1）快捷方式是指向链接对象位置信息的特殊文件，只是为打开文件或文件夹提供方便，而真正的文件或文件夹并不在此，删除快捷方式并不影响它指向的文件或文件夹。

（2）快捷方式除了通过向导创建以外，还可以通过右键拖动文件（夹）或应用程序的方式创建，也可以通过右击选择快捷菜单中的"发送到"命令为当前文件（夹）或应用程序直接创建。

安装 Windows 7 系统后，桌面上默认只有系统图标"回收站"。用户可以通过"个性化"命令来定义桌面图标，其操作步骤如下：右击桌面空白处，在弹出的快捷菜单中选择"个性化"命令，打开"个性化"窗口，如图 2-1 所示。

桌面上的主要图标如下：

（1）计算机：用来管理计算机的本地资源，是 Windows 的系统文件夹和重要的管理工具，通过它可以完成很多工作，其中包含收藏夹、库、家庭组、计算机和网络等类别。

（2）用户的文件：是 Office 软件新建文件的默认存储位置，其中内置图片收藏、我的音乐和我的视频三个子文件夹。每个登录到计算机的用户均拥有各自唯一的"用户文件夹"，对应于系统路径 C:\Documents and Settings\登录名\My Document。

（3）网络：用于查看和使用网络资源，通过它可以配置本地网络连接、设置网络标识、进行访问设置和映射网络驱动器。

（4）回收站：用来暂存被删除的文件（夹），如果被删除的文件（夹）排满了回收站队列，则最先存入回收站的文件（夹）将会被挤出而永久删除（不可恢复）。

注意：

1）在图 2-11 所示的"回收站"窗口中选择"还原所有项目"命令则还原回收站中所有文件；选择"清空回收站"命令则彻底删除回收站中所有文件。选择某个对象后，选择"还原此项目"命令或在右击出现的"快捷菜单"中选择"还原"命令，则此对象还原到被删除前的位置，如图 2-12 所示；选择"快捷菜单"中的"删除"命令，则彻底删除该对象。

2）删除软盘、U 盘等第三方存储设备的文件不会临时存放到回收站中，而是直接永久删除。按 Shift+Delete 组合键可以将文件彻底删除，而不被存入回收站。

图 2-11 "回收站"窗口

图 2-12 "还原"命令

（5）控制面板：用来查看和设置计算机软硬件的配置。在 Windows 7 系统中，控制面板默认以类别方式分类显示其中的项目，主要包括系统和安全、用户账户和家庭安全、网络和 Internet、外观和个性化、硬件和声音、程序等类别，在每个类别下显示一些常用功能，如图 2-13 所示。用户可以调整控制面板的查看方式，如图 2-14 所示。

图 2-13 控制面板的"类别"窗口

图 2-14 控制面板的"大图标"窗口

【拓展与提高】

1. 设置显示特性

（1）调整分辨率。分辨率是指屏幕上显示的像素数量。分辨率越高，显示效果越好。在控制面板中单击"属性"图标，弹出"显示"窗口，如图 2-15 所示。继续单击"更改显示器设置"，弹出"更改显示器的外观"窗口，如图 2-16 所示，用户可以自行设置显示器、分辨率和方向等。

（2）调整刷新频率和颜色质量。刷新频率是指屏幕更新速度，刷新频率越高，图像闪烁越少，稳定性越好，对视力的保护也越好。颜色质量是指屏幕上所能显示的颜色数量，数量越多，所显示的图像颜色就越丰富和细腻。在"更改显示器的外观"窗口中单击"高级设置"，弹出"适配器"对话框，如图 2-17 所示，单击"监视器"选项卡，弹出"监视器"对话框，如图 2-18 所示，用户可以在此设置屏幕刷新频率和颜色。

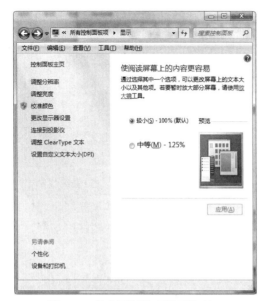

图 2-15　控制面板的"显示"窗口

图 2-16　控制面板的"更改显示器的外观"窗口

图 2-17　"适配器"对话框

图 2-18　"监视器"对话框

2. 个性化设置

（1）系统声音。系统声音是由系统为操作过程提供的伴随声音，如启动系统的声音、关闭程序的声音、主题自带声音、操作错误的提示声音等。在控制面板中单击"声音"图标，弹出"声音"对话框，如图 2-19 所示。在"程序事件"列表中选择声音事件选项（Windows 更改主题），继续单击"浏览"按钮，弹出"浏览新的 Windows 更改主题 声音。"对话框，如图 2-20 所示，用户可以自行设置新的声音事件。

（2）设置屏保程序。屏保程序是用于防止电子束聚集在某一处损伤显示屏幕，或者阻止非法用户使用当前系统的一种临时保护措施。在"个性化"窗口中单击"屏保程序"超链接，弹出"屏幕保护程序设置"对话框，如图 2-21 所示。在"屏幕保护程序"列表框中选择一种屏幕保护程序，如彩带，而且可以设置计算机启用屏保程序的静默等待时间，如图 2-22 所示。

图 2-19　"声音"对话框　　　　　　　图 2-20　"浏览新的 Windows 更改主题 声音。"对话框

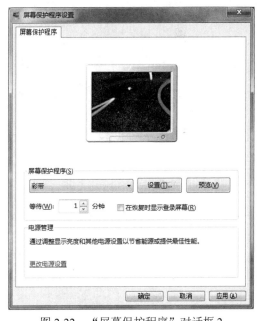

图 2-21　"屏幕保护程序"对话框 1　　　　图 2-22　"屏幕保护程序"对话框 2

【思考与实训】

1. 什么是操作系统？
2. 简述操作系统的分类。
3. 简述操作系统作用和功能。
4. 熟悉 Windows 7 桌面。
5. 了解快捷方式的建立。

任务 2　使用窗口与对话框

【任务描述】

当用户打开文件或启动应用程序时，就会打开窗口，关闭一个窗口即终止文件或应用程序的运行。窗口是 Windows 7 操作系统的主要工作界面，用户对各种信息的处理基本上都是在窗口中进行的。本任务旨在使读者通过案例学习窗口及对话框的基本操作。

【案例】 打开记事本，输入"地球是我家，环保靠大家。"，并设置字体为"华文行楷"，字形为"常规"，大小为"四号"，最后保存文件名为 huanbao.txt。

【方法与步骤】

（1）执行"开始"→"程序"→"附件"→"记事本"命令，打开"记事本"窗口，调出中文输入法（"搜狗"输入法），输入文字"地球是我家，环保靠大家。"，如图 2-23 所示。

（2）在"记事本"窗口中，执行"格式"→"字体"命令，弹出"字体"对话框，按需设置（依次单击华文行楷、常规、四号），如图 2-24 所示。

图 2-23　"记事本"窗口　　　　　　　　　　图 2-24　"字体"对话框

（3）单击"确定"按钮，返回"记事本"窗口，执行"文件"→"保存"命令，弹出"另存为"对话框，将输入法切换为英文状态，输入文件名 huanbao.txt，如图 2-25 所示。

图 2-25　"另存为"对话框

【基础与常识】

Windows 的用户界面除了桌面之外还有两大部分：窗口和对话框。窗口和对话框操作是 Windows 的基本操作。窗口是桌面上用于查看应用程序或文档等信息的一块矩形区域，有应用程序、文件夹窗口和对话框等几种。

1. 窗口的基本组成

在运行 Windows 应用程序时，窗口是系统为用户在桌面上开辟的一个矩形工作区域。窗口的基本组成元素如图 2-26 所示。

图 2-26　窗口的组成

（1）标题栏：位于窗口最上部，左侧有控制菜单图标和窗口中程序的名称，右侧有最小化、最大化（还原）和关闭按钮。

（2）地址栏：位于标题栏下方，显示当前窗口所在位置。

（3）搜索框：位于地址栏右侧，用于搜索文件。

（4）菜单栏：位于地址栏下方，提供了操作过程中的常用命令。

（5）工具栏：位于菜单栏下方，提供了菜单中常用命令的图形化按钮或超链接。

（6）导航窗格：位于窗口左侧，提供了树状结构的文件夹列表，方便用户快速定位目标文件夹，如收藏夹、库、计算机和网络。

（7）窗口工作区：位于窗口中央，显示了应用程序界面或文件中的全部内容。

（8）文件预览窗格：位于窗口右侧，显示当前选择文件的预览信息。

（9）细节窗格：位于窗口底部，显示当前操作对象的概要信息和特征信息。

（10）滚动条：当工作区域内容太多而不能全部显示时，窗口将自动出现滚动条，通过拖动水平或垂直滚动条来查看窗口内容。

（11）状态栏：位于窗口最底部，显示当前操作对象的基本信息。

（12）边框：位于窗口最外边，非最大化状态下窗口四周的边线，拖动边框可以改变窗口的宽和高。

2. 窗口的基本操作

（1）打开窗口。当需要打开一个窗口时，可以通过下面两种方式来实现：一是选中图标，然后双击；二是选中图标，右击，在弹出的快捷菜单中选择"打开"命令。

（2）移动窗口。在打开窗口（非最大化状态下）后，窗口移动不仅可以通过鼠标独立完成，也可以通过鼠标和键盘配合来完成。粗略移动窗口时，只需要在标题栏上按下鼠标左键，然后拖动窗口到合适位置，松开后即可完成窗口的移动操作。精确移动窗口时，右击标题栏，在弹出的快捷菜单中选择"移动"命令，屏幕上出现十字标记，通过键盘上的方向键来移动，到合适位置后，单击鼠标或按 Enter 键确认完成移动操作。

（3）窗口的排列。当打开多个窗口时，选择合适的排列方式可以使得操作变得方便。具体操作方法：右击任务栏空白处，在弹出的快捷菜单中分别选择"层叠窗口""堆叠显示窗口""并排显示窗口"和"显示桌面"命令，可实现窗口在桌面上的不同排列方式。在堆叠显示窗口和并排显示窗口状态下，每个窗口都是完全可见的；在层叠排列状态下，只有最前面的窗口完全可见，其余窗口仅显示标题栏及右边缘；而显示桌面则将所有窗口最小化至任务栏上。

（4）窗口的切换。Windows 可以同时打开多个窗口，从而同时处理多个任务，关闭一个窗口即终止一个应用程序的运行。在这些被打开的窗口中，只有一个窗口为当前窗口（也称活动窗口），其余窗口称为后台窗口，呈现透明状态。将后台窗口切换成当前窗口有多种方法：可以单击任务栏上的图标按钮；也可以单击窗口的显露部分；或使用组合键 Alt+Tab 或 Alt+Esc 进行切换；使用组合键 Windows+Tab 进行切换时则呈现 3D 效果。

（5）窗口的最大化、最小化及还原。单击窗口右上角的"最大化""最小化"及"还原"按钮即可实现窗口的最大化、最小化及还原。

注意：将鼠标指针移到上下边界处可以调整窗口的高度；将鼠标指针移到窗口的左右边界处可以调整窗口的宽度；将鼠标指针移到窗口四角处可以同时调整高度和宽度。

（6）关闭窗口。关闭窗口的方法很多，可单击窗口右上角的"关闭"按钮，或双击控制菜单图标，或右击控制菜单，在弹出的快捷菜单中选择"关闭"命令，或按组合键 Alt+F4。

【拓展与提高】

1. 对话框

对话框是显示系统信息和输入数据的窗口，其作用是提供人机交互的接口。对话框的位置可以移动，但大小一般固定，不能改变，也没有菜单栏。对话框主要组成元素如图 2-27 所示。

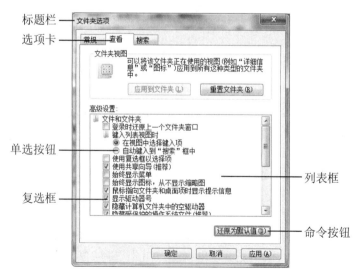

图 2-27　对话框

（1）标题栏：位于对话框的最上方，系统默认是深蓝色，上面左侧标明了该对话框的名称，右侧为关闭按钮，有的对话框还有帮助按钮。

（2）选项卡：用户单击选项卡的标签或在键盘上按选项卡后面的英文字母，可在多个选项卡之间进行切换。

（3）文本框：用于输入内容，例如，在打开的"运行"对话框中，系统要求在文本框输入要运行的程序或文件的名称。

（4）列表框：有的对话框在选项组下已经列出了很多的选项，可以从中选取，但是通常不能更改。

（5）命令按钮：对话框中带有文字的按钮，常用的有"确定""应用""取消"按钮等。

（6）单选按钮：是一组相互排斥的选项（用小圆圈表示），在一组选项中只能选择一个，被选中的按钮中会出现一个小圆点。

（7）复选框：通常是一个小正方形，选择后，在正方形的中间出现"√"标志。

另外，有的对话框中还有调节数字的按钮，它由向上和向下两个箭头组成，在使用时分别单击箭头即可增加或减少数字。

2．联机帮助技术

使用 Windows 7 提供的帮助系统是获得需要的信息和寻求技术支持的最佳途径。Windows 7 为用户提供了针对窗口中的按钮或项目的一些简单快速的说明或对某个术语的解释等信息，用户只需要把鼠标指针移动到打开的窗口中的相应项目上，鼠标指针旁边就会自动显示有关的帮助信息。

执行"开始"→"帮助和支持"命令，或按 F1 键启动"Windows 帮助和支持"窗口，如图 2-28 所示。用户可以从中选择一个系统提供的帮助主题，请求远程帮助或完成一个任务，或者单击"索引""收藏夹""历史"等按钮得到相关的帮助信息。

图 2-28　"Windows 帮助和支持"窗口

2.2　文件和文件夹管理

任务 3　认识文件和文件夹

【任务描述】

在计算机系统中，各种资源信息，如系统软件、应用软件和文档资料（图片、声音或视频等）都是以文件的形式存储在磁盘、光盘等外存储器中的。由于计算机系统存储的文件数量十分巨大，为了提高办公自动化效率和改善应用程序的操作环境，计算机系统提供了计算机、库等工具来加强对资源的管理。本任务旨在使读者通过案例掌握文件（夹）的基本操作。

【案例】　文件和文件夹的属性有存档、只读和隐藏三种类型。查看记事本文件"huanbao.txt"的文档属性。

【方法与步骤】

（1）选定要查看或修改属性的文件或文件夹，如文件"huanbao.txt"。

（2）执行"文件"→"属性"命令，弹出"huanbao.txt 属性"对话框，如图 2-29 所示。

（3）在"属性"栏中修改属性。如果选择"隐藏"属性，则文件在"资源管理器"中不显示出来；如果选择"只读"属性，则只能查看文件内容不能修改文件内容。

（4）在修改了属性之后，单击"应用"按钮，则不关闭对话框就能使所做的修改有效。单击"确定"按钮，则关闭对话框并保留修改。

（5）单击"高级"按钮，则弹出"高级属性"对话框，用户可以勾选"压缩或加密属性"下的复选框进行相应的选择，如图 2-30 所示。

图 2-29　"huanbao.txt 属性"对话框

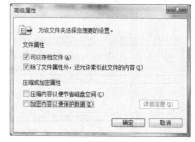

图 2-30　"高级属性"对话框

【基础与常识】

在计算机系统中，所有程序和数据都是以文件形式存放在外存储器的文件夹中。操作系统通过命名来统一管理。用户通过命名来访问，而不必考虑各种外存储器的差异，也不必了解文件在外存储器的具体物理位置以及存放组织方式。

1. 文件和文件夹的概念

文件是存储在外存储器上的一组相关信息的集合，是由文件名、扩展名和图标及其描述信息来标识的。文件是存储信息的基本组织单位，一个文件对应一个图标，文件图标往往与创建它们的应用程序图标十分类似。文件可以压缩、扩充、编辑、复制、移动和删除等。

文件夹又称目录（对应文件夹窗口的地址），是用来组织和管理各种文档、应用程序、快捷方式和其他子文件夹的一种形式，是对磁盘上一块存储空间（地址或位置）的声明，是由文件夹名和图标及其描述信息来标识的。磁盘的逻辑分区可以看作根文件夹（目录），用反斜杠（\）标识。为了便于管理磁盘上的大量文件，计算机系统采用树型结构的形式分门别类地管理和组织文件（夹），不同文件夹中可以存取同名文件。

2. 文件和文件夹的命名

在存取文件时，需要指出文件所在的具体盘符和存取路径（类似于日常生活中的通信地址）。

（1）文件命名规则。一个完整的文件名称由盘符、路径、文件名（文件主名和扩展名）三部分信息组成，其语法格式如下：

格式：[盘符][路径]<文件主名>[.扩展名]

说明：

1）盘符：磁盘分区符号，表示文件存储位置的磁盘，如 C:，省略时，是指存储在当前盘中。

2）路径：用反斜杠（\）隔开的一组子文件夹名，有绝对路径和相对路径之分，绝对路径一律从根文件夹开始描述，而相对路径则从当前文件夹的下级或上级开始描述。

3）文件主名：描述性的名称，可用于帮助用户记忆文件的内容或用途。

4）扩展名：用于标识文件类型和创建该文件的应用程序，常用文件类型见表 2-1。

表 2-1　常见文件类型及其说明

文件类型	说明
程序文件	包括可执行文件（.exe）、系统命令文件（.com）、批处理文件（.bat），双击可直接运行
支持文件	包括链接文件（.dll）、系统配置文件（.sys）、设备驱动文件（.drv），支持可执行文件
文本文件	只包含中西文字符，不包含图形控制字符的文件，如文本文档（.txt）
多媒体文件	包括视频和音频文件，如.wav、.mid、.mp3、.asf、.mpg、.rm、.avi 文件等
图像文件	可以处理图像的文件，如.bmp、.jpg、.gif、.png、.psd、.pcx 文件等
网页文件	浏览、制作网页的文件，如.htm、.asp、.jsp、.php 文件等
字体文件	在输入输出时使用的字体文件，如.fon、.ttf 文件等
其他文件	数据库文件、压缩文件、字体文件、帮助文件和临时文件等

注意：文件名是一个整体，各项目之间不允许有空格，全名总长度不超过 255 个字符，文件主名可以是字母、数字、汉字、!、#、@、$、^等字符，但不能是/、|、\、?、*、"、<、>、:等有特殊含义的字符。

（2）文件夹命名规则。文件夹命令规则与文件名相似，但一般不需要加扩展名。双击某个文件夹图标，即可打开文件夹窗口，查看其中的所有文件及子文件夹，如图 2-31 所示。

图 2-31　文件夹窗口

操作系统为每一个磁盘、U 盘和光盘命名一个称为根目录的文件夹。只要磁盘经过格式化，系统自动产生根目录，其表现形式为紧挨着盘符之后的反斜杠（\），根目录不能被删除和改名。在根目录中可以建立文件夹，文件夹中还可以建立下级子文件夹。建立在根文件夹中的文件夹称为一级子目录或主文件夹，建立在主文件夹中的子文件夹称为二级子目录，其下一级目录称为三级子目录，依此类推。

（3）通配符。在查找文件时可以使用通配符*和?。其中，?是"单位通配符"，代替所在位置上的任意一个字符；*是"多位通配符"，代表任意个字符。如，book?.doc 表示文件名主名是以 book 开头且不超过 5 个字符，扩展名是.doc 的文件；*.doc 则表示扩展名为.doc 的任意命名文件。

3．文件（夹）的显示方式

文件和文件夹的显示方式有超大图标、大图标、中等图标、小图标、列表、详细信息、平铺和内容。用户可根据实际需要和个人喜好，在"查看"菜单中选择相应的命令来改变文件（夹）的显示方式，如图 2-32 所示。

图 2-32　显示方式设置

4．文件（夹）的排序方式

文件（夹）的排序方式有按名称、修改日期、类型、大小等。默认情况下，文件（夹）是按照文件（夹）名称排序的，用户可根据实际需要和个人喜好进行设置。其方法为：执行"查看"→"排序方式"命令，在弹出菜单中选择相应命令即可改变排序方式，如图 2-33 所示。

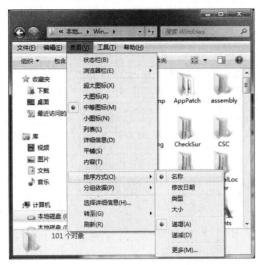

图 2-33　排序方式设置

注意：

（1）"递增"和"递减"是指按指定排序方式的递增或递减顺序排序。

（2）"更多"是指让用户选择要显示的信息，"选择详细信息"对话框如图 2-34 所示。

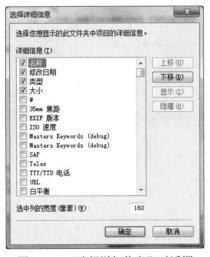

图 2-34　"选择详细信息"对话框

【拓展与提高】

1. 文件系统

文件系统是操作系统提供的，用于明确磁盘分区或在分区上组织文件及存储文件的方法和结构。Windows 提供了 FAT16、FAT32 和 NTFS 三种不同的文件系统。NTFS 文件系统与 FAT32 和 FAT16 相比，其最大的优点在于支持文件加密，另外一个优点就是能够很好地支持大硬盘，且硬盘分配单元非常小，从而减少了磁盘碎片的产生。NTFS、FAT32 和 FAT16 的区别见表 2-2。

表 2-2 NTFS、FAT32 和 FAT16 的区别

NTFS 文件格式	FAT32 文件格式	FAT16 文件格式
支持单个分区大于 2GB	支持单个分区大于 2GB	支持单个分区小于 2GB
支持磁盘配额	不支持磁盘配额	不支持磁盘配额
支持文件压缩（系统）	不支持文件压缩（系统）	不支持文件压缩（系统）
支持 EFS 文件加密系统	不支持 EFS	不支持 EFS
产生的磁盘碎片较少	产生的磁盘碎片适中	产生的磁盘碎片较多
适用于大磁盘分区	适用于中小磁盘分区	适用于小于 2GB 的磁盘分区
支持 Windows NT	支持 Windows 9x，不支持 Windows NT4.0	不支持 Windows 2000，支持 Windows NT、Windows 9x

2．文件夹选项

在"计算机"窗口中，执行"工具"→"文件夹选项"命令，弹出"文件夹选项"对话框，默认显示"常规"选项卡，如图 2-35 所示；单击"查看"标签，弹出"查看"选项卡，如图 2-36 所示。

图 2-35 "文件夹选项"的"常规"选项卡

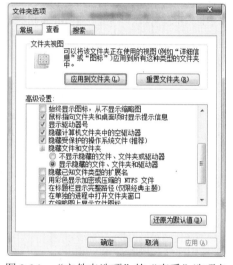

图 2-36 "文件夹选项"的"查看"选项卡

（1）在"常规"选项卡中可以设置浏览文件夹的方式、打开项目的方式和导航窗格的内容显示方式。

注意：

1）在同一窗口中打开每个文件夹：在窗口中打开一个文件夹时，只会出现一个窗口显示当前打开的文件夹。

2）在不同窗口中打开不同的文件夹：在窗口中打开一个文件夹时，就会出现一个相应的窗口，打开多个文件夹时，就会显示多个窗口。

（2）在"查看"选项卡中可以设置文件夹的显示方式：应用到文件夹和重置文件夹。在"高级设置"列表框中可以对文件和文件夹进行高级设置，如选中"显示隐藏的文件、文件夹

和驱动器"单选按钮,将会显示属性为隐藏的文件、文件夹或驱动器;如取消勾选"隐藏已知文件类型的扩展名"复选框,则会显示所有文件的扩展名。

3. 文件打开方式

文件打开方式又称为文件类型关联方式,即双击一个文件图标时,Windows 将调用关联的应用程序打开该文件。如双击扩展名为.txt 的文件,就会启动记事本打开该文件。当系统遇到故障或没有安装与之对应的应用程序,Windows 不确定该用哪个应用程序来打开文件时,双击该文件会弹出 Windows 对话框,如图 2-37 所示,选中"从已安装程序列表中选择程序"单选按钮,单击"确定"按钮,打开如图 2-38 所示的"打开方式"对话框,从"程序"列表框中选择与该文件关联的程序,即可用所选程序打开该文件。

图 2-37　Windows 对话框　　　　　　图 2-38　"打开方式"对话框

任务 4　组织与管理文件

【任务描述】

计算机系统中存储着大量文档、数据、程序、图片与图像等文件,Windows 7 主要采用"计算机"和"资源管理器"来查看和管理这些文件。在 Windows 7 中,文件的存储、组织与管理通过文件夹来实现。用户除了创建、打开、修改文件和文件夹,还常常对文件或文件夹进行移动、复制、发送、搜索、删除、还原和重命名等操作。本任务旨在使读者通过案例掌握文件或文件夹的基本操作,进而掌握对磁盘文件或文件夹进行分类组织和管理的操作。

【案例】使用"计算机"查看 D 盘中文件的扩展名,如图 2-39 和图 2-40 所示。

图 2-39　未显示扩展名　　　　　　　　图 2-40　显示扩展名

【方法与步骤】

（1）在桌面上双击"计算机"，打开"计算机"窗口，找到 D 盘，如图 2-41 所示。

（2）双击 D 盘，打开文件夹窗口，执行"工具"→"文件夹选项"命令，如图 2-42 所示。

图 2-41　"计算机"窗口　　　　　　　图 2-42　"文件夹选项"命令

（3）弹出的"文件夹选项"的"常规"选项卡如图 2-35 所示。

（4）单击"查看"标签，弹出"查看"选项卡，拖动垂直滚动条，直到出现"隐藏已知文件类型的扩展名"选项，如图 2-36 所示，然后去掉该选项前的"√"标记即可。

【基础与常识】

1. 选定文件（夹）

Windows 的操作风格是先选定操作对象，后执行操作命令。对文件（夹）进行操作前，首先必须选定要操作的文件（夹）[被选中的文件（夹）呈深蓝色]，选择方法有如下几种。

（1）选定单个文件（夹）：直接单击该文件（夹）。

（2）选定多个连续文件（夹）：单击第一个文件（夹），再按住 Shift 键，单击最后一个文件（夹）。

（3）选定多个不连续文件（夹）：单击第一个文件（夹），再按住 Ctrl 键，逐个单击其他要选择的文件（夹）。

（4）选定全部文件（夹）：执行"编辑"→"全部选定"命令或用组合键 Ctrl+A，则选定全部文件。如果执行"编辑"→"反向选择"命令，则将选中除已选定文件之外的所有文件。

2. 创建新文件夹

可以在磁盘根目录或其他文件夹中创建文件夹，也可以在桌面上创建新文件夹。打开要创建新文件夹的文件夹，执行"文件"→"新建"→"文件夹"命令（图 2-43），或者右击文件夹窗口（桌面）的空白处，在快捷菜单中选择"新建"→"文件夹"命令，在出现的新文件夹图标下输入新文件夹名，然后按 Enter 键确认或单击其他位置。

3. 创建新文件

创建新文件有两种方法。

（1）使用应用程序创建新文件：如执行"开始"→"所有程序"→"附件"→"记事本"命令，打开记事本应用程序窗口的同时建立一个新文件。

（2）直接创建新文件：打开目标文件夹，执行"文件"→"新建"命令，或者右击文件夹窗口（桌面）的空白处，在快捷菜单中选择"新建"命令，然后选择文件类型，如文本文档（图 2-44），单击，释放后创建一个新文件，然后输入新文件名并按 Enter 键确认即可。

图 2-43 "文件-新建-文件夹"命令

图 2-44 "新建-文件夹"命令

4. 移动文件（夹）

移动文件（夹）的方法有下述三种。

（1）左键拖放法：用鼠标左键直接将源文件（夹）拖动到目标文件夹。

注意：

1）在同一磁盘分区的不同文件夹之间拖动是移动，按住 Ctrl 键的同时拖动则为复制。

2）在不同磁盘分区的文件夹之间拖动是复制，按住 Shift 键的同时拖动则为移动。

（2）右键拖放法：用鼠标右键直接将源文件（夹）拖动到目标文件夹处，在弹出的快捷菜单中选择"移动"或"复制"命令。

（3）剪切粘贴法：选定文件（夹），执行"编辑"→"剪切"命令或单击"剪切"按钮或按组合键 Ctrl+X；打开目标文件夹，执行"编辑"→"粘贴"命令或单击"粘贴"按钮或按组合键 Ctrl+V。

5. 复制文件（夹）

复制文件（夹）方法与移动文件（夹）方法相同，只是用"复制"命令替代"剪切"命令。

6. 重命名文件（夹）

选定要更名的文件（夹），执行"文件"→"重命名"命令，或右击，在弹出的快捷菜单中选择"重命名"命令，此时，文件名被加上方框，并且进入编辑状态，输入新名称即可。

7. 删除文件（夹）

选定要删除的文件（夹），执行"文件"→"删除"命令，或直接按 Delete 键，或右击，在弹出的快捷菜单中选择"删除"命令，弹出"删除文件"对话框，单击"是"按钮即可，如图 2-45 所示。或者直接将选定文件（夹）拖入到"回收站"。

图 2-45 "删除文件"对话框

【拓展与提高】

1. 搜索文件（夹）

如果用户不知道文件或文件夹的具体存储位置，可以使用"搜索"功能来快速搜索和定位特定文件（夹）。具体操作方法如下。

（1）在"开始"菜单的"搜索程序和文件"文本框中输入要搜索的文件信息，这里输入 *.docx，Windows 7 自动将搜索结果显示在高频使用区域，如图 2-46 所示，单击目标文件（夹）的超链接，即可直接跳转至目标文件（夹）。

图 2-46 "开始"菜单的"搜索程序和文件"文本框

注意：使用"开始"菜单搜索时，搜索结果中仅显示已建立索引的文件。

（2）单击"查看更多结果"按钮，弹出"搜索结果"窗口，如有需要，用户可以在搜索助理窗格"添加搜索筛选器"中选择"种类、修改日期、类型、大小、名称"等选项来设置搜索条件，以便于缩小搜索范围，如图 2-47 所示。

2. 资源管理器的使用

资源管理器是 Windows 操作系统中一个重要的文件管理工具，不仅可以管理本地资源，还可以管理网络资源，如图 2-48 所示。在 Windows 7 中，资源管理器通过左侧的"导航窗格"实现对资源的管理，并增加了收藏夹、库、计算机、网络等树形目录。

图 2-47 "搜索结果"窗口

图 2-48 "资源管理器"窗口

注意：用户打开"资源管理器"窗口后，优先显示的是库及库中所包含的类别文件夹。

启动资源管理器的方法有很多，执行"开始"→"所有程序"→"Windows 资源管理器"命令，或右击"开始"菜单，在弹出的快捷菜单中选择"打开 Windows 资源管理器"命令，即可打开"资源管理器"窗口。用户可以利用资源管理器对文件（夹）进行浏览、复制、移动、删除、重命名以及搜索等操作。

3. 库的使用

库是用来管理文件的一种位置索引或虚拟视图，其作用是收集不同位置的常用文件夹。用户可以通过库来直接访问文件，而不需要通过定位文件的方式来访问文件。Windows 7 系统默认有视频、图片、音乐和文档 4 个库，分别用来管理相应类型的文件。另外，用户也可以根据需要新建库，如图 3-49 所示。在使用库时，可以将其他位置的常用文件夹包含进来。

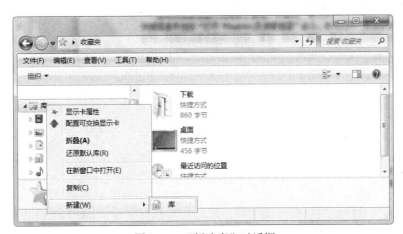

图 2-49 "新建库"对话框

【思考与实训】

1. 新建几种文档，观察各种文档的扩展名。
2. 查看文件的文件夹树和路径。
3. 修改文件的属性，然后在其中增加或删除信息，观察结果。
4. 熟练掌握文件的复制、移动、删除等基本操作。
5. 使用查找功能查找目标文件。

2.3　Windows 7 系统应用

任务 5　附件程序应用与管理

【任务描述】

Windows 7 为各种应用提供了一个基础工作环境，负责完成程序和硬件之间的通信、内存管理等基本功能。本任务旨在使读者通过案例来学习系统"附件"程序的应用方法。

【案例】使用"计算器"将十进制数据 101 转换成二进制数据。

【方法与步骤】

（1）执行"开始"→"附件"→"计算器"命令，弹出"计算器"窗口，然后在其菜单栏选择"查看"→"程序员"选项，输入数据 101，如图 2-50 所示。

（2）选中"二进制"单选按钮，结果如图 2-51 所示。

图 2-50　"计算器"窗口 1

图 2-51　"计算器"窗口 2

【基础与常识】

1. 启动程序

程序是能够实现特定功能的一类文件，通常为可执行文件（.exe）。运行一个程序通常有多种方法。

（1）使用快捷方式启动程序。如果在"开始"菜单中，或者在某一个文件夹（主要是桌面）上创建了某程序的快捷方式，那么只要启动该程序的快捷方式即可运行该程序。

如启动写字板程序，则执行"开始"→"所有程序"→"附件"→"写字板"命令，弹出的"写字板"窗口如图 2-52 所示。

（2）通过"计算机"或"Windows 资源管理器"启动程序。并不是所有程序都建立了快捷方式，运行这些程序的一个有效方法是使用"计算机"或"Windows 资源管理器"浏览驱动器和文件夹，找到应用程序（mspaint.exe），如图 2-53 所示，然后双击，打开"画图"窗口，如图 2-54 所示。

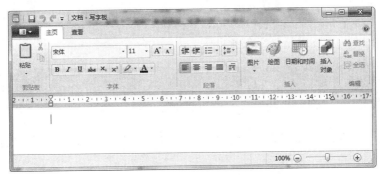

图 2-52　"写字板"窗口

图 2-53　"资源管理器"窗口

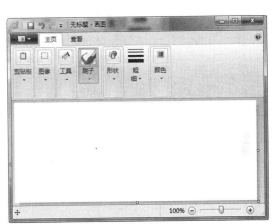

图 2-54　"画图"窗口

（3）使用"运行"命令启动程序。当应用程序没有列在"所有程序"菜单中时，可以使用"运行"命令来启动它。以启动记事本程序为例，执行"开始"→"运行"命令，弹出"运行"对话框，输入记事本程序的路径（C:\WINDOWS\system32\notepad.exe），如图 2-55 所示，最后单击"确定"按钮打开记事本程序。

图 2-55　"运行"对话框

2. 任务管理器

任务管理器是 Windows 的系统管理工具。使用任务管理器可以强行中止程序、显示程序的进程或调整进程的优先级等。

（1）按下组合键 Ctrl+Shift+Esc，或者右击任务栏空白处，在弹出的快捷菜单中选择"启动任务管理器"命令，则弹出"Windows 任务管理器"窗口的"应用程序"选项卡，如图 2-56 所示。在"应用程序"选项卡的下方列表框中，选择要结束任务的应用程序名，单击"结束任务"按钮，即可将所选任务强制结束。

（2）单击"进程"标签，切换到"进程"选项卡，如图 2-57 所示，选择要结束进程的进程名，单击"结束进程"按钮，即可将所选进程强制结束。

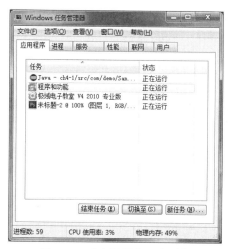
图 2-56　"应用程序"选项卡

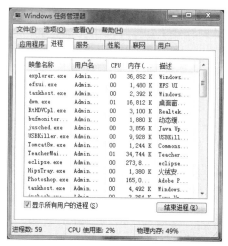
图 2-57　"进程"选项卡

（3）单击"性能"标签，切换到"性能"选项卡，如图 2-58 所示，可查看 CPU 和内存的使用情况，继续单击"资源监视器"按钮，弹出"资源监视器"窗口，如图 2-59 所示，可查看 CPU 使用详情、当前进程的使用详情、当前进程的磁盘使用详情等。

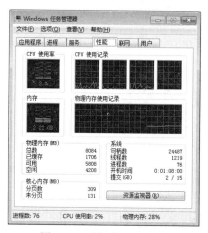
图 2-58　"性能"选项卡

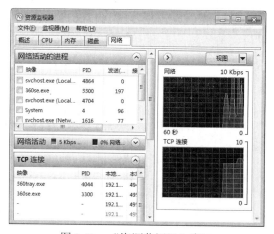
图 2-59　"资源监视器"窗口

【拓展与提高】

1．卸载/更改程序

用户在系统中添加和删除各种应用程序时，都会更改系统的注册表信息。因此不能简单地通过删除文件和文件夹的方法来删除某个应用程序。在 Windows 系统中，添加新的应用程序（组件）或者删除已经安装的应用程序（组件），都可以通过"卸载或更改程序"来完成。

（1）卸载或更改程序。在"控制面板"中单击"程序和功能"图标，打开"程序和功能"窗口，在"卸载或更改程序"列表框中右击要"卸载或更改程序"的程序，弹出快捷菜单，如图 2-60 所示。然后单击"卸载/更改"按钮，根据提示进行操作即可完成卸载或更改程序。

图 2-60　"更改或更改程序"界面

（2）打开或关闭 Windows 功能。单击"打开或关闭 Windows 功能"选项，弹出"Windows 功能"窗口，如图 2-61 所示。要打开 Windows 组件，则勾选相应复选框；要关闭 Windows 组件，则取消勾选复选框。

图 2-61　"打开或关闭 Windows 功能"窗口

2. 打印机驱动程序的安装

文档或电子表格通常都需要打印，为此必须安装打印机。可以通过并行接口（LPT1）或 USB 接口将打印机与计算机直接连接，也可以通过网络共享连接在另一台计算机上的打印机。安装完毕后，打印机会在"打印机"文件夹以及所用程序的"打印机"对话框中列出。

（1）在"控制面板"中单击"设备和打印机"超链接，弹出"设备和打印机"窗口，如图 2-62 所示，单击"添加打印机"按钮，弹出"添加打印机"对话框 1，如图 2-63 所示。

图 2-62　　"设备和打印机"窗口

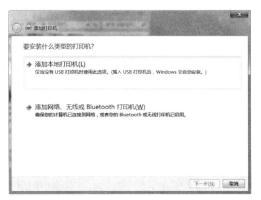

图 2-63　　"添加打印机"对话框 1

（2）选择安装类型（本地打印机或网络打印机），单击"下一步"按钮，弹出"添加打印机"对话框 2，然后进行检测并选择打印机厂商和型号，如图 2-64 所示。

（3）单击"下一步"按钮，弹出"添加打印机"对话框 3，输入打印机名称，如图 2-65 所示。

图 2-64　　"添加打印机"对话框 2

图 2-65　　"添加打印机"对话框 3

（4）单击"下一步"按钮，弹出"添加打印机"对话框 4，设置打印机共享属性，如图 2-66 所示。

（5）单击"下一步"按钮，弹出"添加打印机"对话框 5，打印测试页，单击"完成"按钮，如图 2-67 所示，至此完成打印机驱动程序的安装。

图 2-66　　"添加打印机"对话框 4

图 2-67　　"添加打印机"对话框 5

注意：在开始安装驱动程序之前，应该确认打印机是否与计算机正确连接，同时要明确知道打印机的生产商和型号。如果要通过网络使用共享打印机，应先确认打印机的网络路径，或者在"网上邻居"中浏览打印机，然后双击其图标开始安装。

【思考与实训】

1．掌握附件程序"游戏"的卸载方法。
2．学会运用"运行"命令打开程序。
3．掌握强制结束程序的方法。
4．使用帮助和支持系统查看帮助信息。
5．掌握打印驱动程序的安装与设置方法。

任务 6　系统管理与维护

【任务描述】

控制面板是 Windows 7 的系统环境配置工具。通过控制面板，用户可以根据个人喜好和实际需要更改桌面、显示器、键盘、鼠标、音频、视频和网络等软硬件的设置，以便于更有效地使用这些设备。还可以使用控制面板进行程序的添加和卸载等操作。本任务旨在使读者通过局域网的宽带连接来熟悉控制面板的操作。

【案例】在"控制面板"中使用"网络和共享中心"来设置局域网的无线网络连接。

【方法与步骤】

（1）在"控制面板"窗口（非类别查看方式下）中，单击"网络和共享中心"超链接，将弹出"网络和共享中心"窗口 1，如图 2-68 所示。在该窗口中用户可以管理无线网、更改适配器和进行高级设置。

（2）单击"连接到网络"超链接，弹出"连接到网络"对话框 1，如图 2-69 所示。

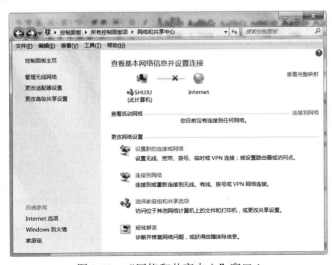

图 2-68　"网络和共享中心"窗口 1　　　　图 2-69　"连接到连接"对话框 1

（3）在无线网络连接列表栏中选择可用的无线网络，弹出"连接"按钮，如图 2-70 所示。

（4）单击"连接"按钮，完成无线网络的连接，然后返回"网络和共享中心"窗口 2，如图 2-71 所示。

图 2-70　"连接到连接"对话框 2

图 2-71　"网络和共享中心"窗口 2

【基础与常识】

1. 用户账户设置

用户账户是用户登录计算机系统的身份标志，不同用户拥有各自独立的工作桌面。在系统中，用户账户分为管理员账户、标准账户和 Guest 账户三种类型，每种账户拥有不同的操作权限。系统初始安装时，Windows 7 内置了一个 Administrator 的超级管理员账户和一个未启用的 Guest 账户。若想增减用户账户和启用或关闭 Guest 账户，用户可以通过控制面板或计算机管理工具来实现。这里以控制面板为例来讲解新用户的添加。

（1）在"控制面板"中单击"用户账户"超链接，弹出 "用户账户"窗口，如图 2-72 所示。

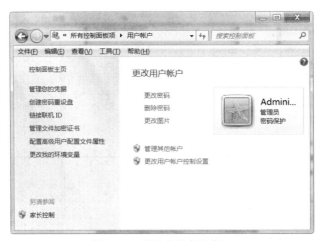

图 2-72　"用户账户"窗口

（2）在"用户账户"窗口中单击"管理其他账户"超链接，弹出"管理账户"窗口，如图 2-73 所示。

图 2-73　"管理账户"窗口

（3）在"管理账户"窗口中单击"创建一个新账户"超链接，弹出"创建新账户"窗口，如图 2-74 所示，用户可以根据需要自行输入新账户名，并选择账户类型，然后单击"创建账户"按钮，完成新账户的创建。

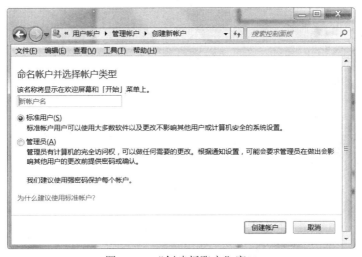

图 2-74　"创建新账户"窗口

2．输入法设置

Windows 7 提供了微软拼音、智能 ABC、全拼等多种中文输入法，用户可以根据个人喜好自行安装和删除。

（1）添加/删除输入法。右击输入法指示器按钮，在弹出的快捷菜单中选择"设置"按钮，如图 2-75 所示。释放后，打开"文本服务和输入语言"对话框的"常规"选项卡，如图 2-76 所示。

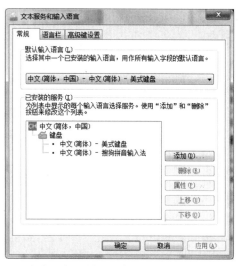

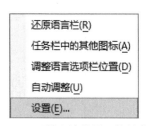

图 2-75　"输入法设置"快捷菜单　　　　　图 2-76　"文本服务和输入语言"对话框的"常规"选项卡

单击"添加"按钮，弹出"添加输入语言"对话框，从"添加输入语言"下拉列表框中选择某一中文输入法，单击"确定"按钮即可完成输入法的安装，如图 2-77 所示。删除输入法的过程更为简单，在"文字服务和输入语言"对话框中的"已安装的服务"列表框中选择要删除的输入法，然后单击"删除"按钮便完成了输入法的删除。

（2）设置语言栏属性。单击"语言栏"标签，弹出"语言栏"选项卡，可对语言栏的属性进行设置，如图 2-78 所示。

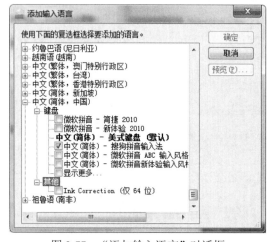

图 2-77　"添加输入语言"对话框　　　　　　图 2-78　"语言栏"选项卡

（3）设置输入语言的热键和按键顺序。单击"高级键设置"标签，弹出"高级键设置"选项卡，可对输入语言的热键等进行设置，如图 2-79 所示。

（4）使用输入法。单击任务栏上的输入法指示器，选择自己熟悉的输入法，如"搜狗拼音输入法"，弹出"输入法"状态栏，如图 2-80 所示。"输入法"状态栏上列出了一些功能按钮，从左到右分别代表自定义状态栏、中/英文切换、全/半角切换、中/英文标点切换、输入方式和工具箱。

图 2-79　"高级键设置"选项卡

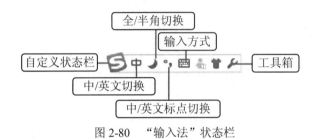

图 2-80　"输入法"状态栏

注意：

1）英文字母、数字字符及其他非控制字符有全角（满月）和半角（半月）之分。全角字符状态下输入一个字符占一个汉字位置（两个字节），半角状态下输入一个字符占一个字节。

2）若要输入中文标点符号，状态栏需在中文标点输入状态下。中文标点符号及其键位说明见表 2-3。

表 2-3　中文标点符号及其键位说明

中文标点符号	对应键盘	中文标点符号	对应键盘
省略号……	Shift+6	破折号 ——	Shift+-
顿号、	\	书名号《》	Shift+,和 Shift+.
连接号—	Shift+7	句号。	.

3）Windows 提供了 13 种软键盘，软键盘可为输入字符和特殊字符提供方便。操作方法是右击"软键盘"按钮，弹出"软键盘"快捷菜单，按需选择即可，如图 2-81 所示。

3. 计算机管理

计算机管理是 Windows 7 系统的管理工具集，执行"控制面板"→"管理工具"→"计算机管理"命令，弹出"计算机管理"窗口，如图 2-82 所示。左窗格中包括系统工具、存储、服务和应用程序三个项目。

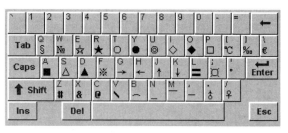

图 2-81　"软键盘"快捷菜单和"特殊字符"软键盘

（1）系统工具：查看系统的硬件资源、配置信息以及软件组织的详细信息；查看、建立和管理共享文件资源，本地用户和组等信息，如图 2-83 所示。

图 2-82　"计算机管理"窗口 1

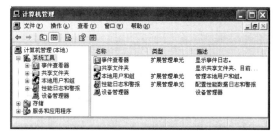

图 2-83　"计算机管理"窗口 2

注意：初次安装 Windows 7 后，系统自动创建一个 Administrator 用户账户，它拥有计算机管理的特权，是 Windows 7 的初始管理账户，为了计算机的安全，建议用户自行修改这个账户的用户名及密码，如图 2-84 所示。

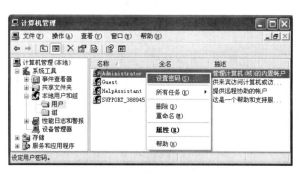

图 2-84　"计算机管理"窗口 3

（2）存储：管理计算机上的存储设备，包括可移动存储、磁盘碎片整理程序及磁盘管理等，如图 2-85 所示。

注意："设备管理器"提供有关计算机的硬件配置信息，其中！标记表示与其他设备有冲突，X 标记表示设备被系统禁用，？标记表示设备驱动程序未安装或安装不正确，如图 2-86 所示。

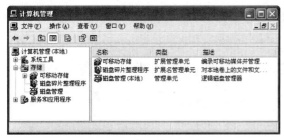

图 2-85 "计算机管理"窗口 4　　　　图 2-86 "计算机管理-设备管理器"窗口

（3）服务和应用程序：管理计算机上的服务和应用程序，如查看和管理"即插即用"服务的属性，如图 2-87 所示。

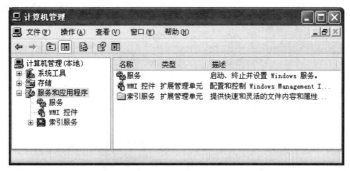

图 2-87 "计算机管理"窗口 5

【拓展与提高】

1. 硬盘分区

一般情况下微型计算机只配置一个物理硬盘，根据硬盘的容量及实际需要，硬盘应该分为主分区和扩展分区，主分区不再细分，扩展分区可以再细分为若干个逻辑分区，主分区及每个逻辑分区都被分配一个盘符，使用时就像有多个硬盘一样。

（1）创建简单卷。在桌面上右击"计算机"图标，在弹出的快捷菜单中选择"管理"命令，弹出"计算机管理"窗口，如图 2-88 所示。

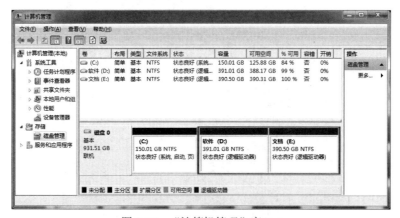

图 2-88 "计算机管理"窗口 6

（2）单击要创建简单卷的动态磁盘上的未分配空间，选择"操作"→"所有任务"→"新建简单卷"命令，如图 2-89 所示。

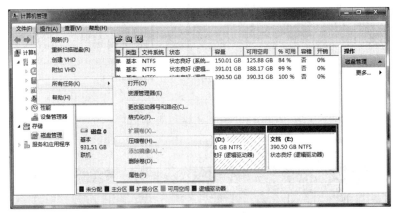

图 2-89　"计算机管理"窗口 7

（3）在弹出的"新建简单卷向导"对话框中，按照向导提示为新建卷执行"指定卷大小""分配驱动器号和路径"和"格式化分区"等操作，如图 2-90 至图 2-92 所示。

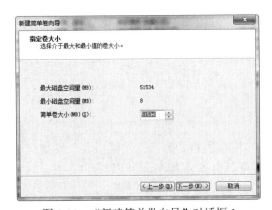

图 2-90　"新建简单卷向导"对话框 1

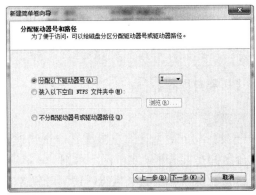

图 2-91　"新建简单卷向导"对话框 2

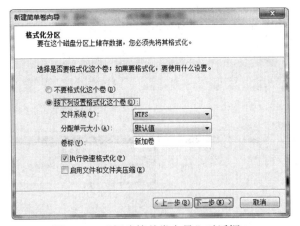

图 2-92　"新建简单卷向导"对话框 3

2．压缩磁盘分区

打开"磁盘管理"窗口，右击要压缩的卷，在弹出的快捷菜单中选择"压缩卷"命令，弹出"压缩 D:"对话框，如图 2-93 所示。在"输入压缩空间量"文本框中输入压缩量，单击"压缩"按钮即可。压缩后的磁盘分区变成"可用空间"。

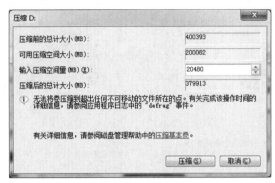

图 2-93　"压缩 D:"对话框

3．扩展磁盘分区

打开"磁盘管理"窗口，右击要扩展的卷，在弹出的快捷菜单中选择"扩展卷"命令，弹出"扩展卷向导"对话框，按照向导提示执行"选择磁盘"和"完成扩展卷向导"操作，如图 2-94 所示。

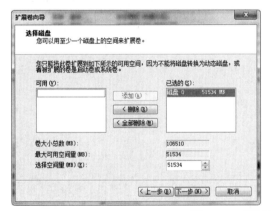 

图 2-94　"扩展卷向导"对话框

注意：磁盘格式化也叫高级格式化，对于硬盘的每一个分区都必须逐个格式化后才能使用。其作用是对磁盘进行磁道及扇区的划分以及建立文件目录区、文件分配表、引导记录等。

4．磁盘属性

在"计算机"或"资源管理器"窗口中，右击磁盘图标，在快捷菜单中选择"属性"命令，弹出如图 2-95 所示的"sys(C:) 属性"对话框，在对话框的"常规"选项卡中，显示出磁盘的卷标名、类型、采用的文件系统、硬盘容量，以及已用空间与可用空间等信息。

计算机工作一段时间后，会产生很多垃圾文件，如已下载的程序文件、Internet 临时文件、删除软件后留下的 DLL 文件或强行关机时产生的错误文件等。单击"磁盘清理"按钮，弹出"sys(C:)的磁盘清理"对话框，如图 2-96 所示，可以在相应的对话框中清理这些垃圾文件。

图 2-95 "sys(C:) 属性"对话框

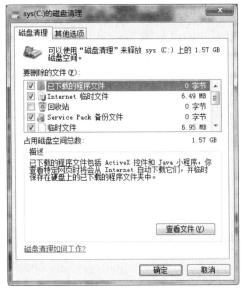

图 2-96 "sys(C:)的磁盘清理"对话框

5．磁盘整理

用户在使用计算机的过程中，经常进行文件的读写和删除操作，这样会留下一个一个的"空"，分散在磁盘上，使得剩余扇区变得不连续，从而使新文件的存储也分散在"空"位置，读写文件时，计算机会多花费时间，降低了运行效率。磁盘碎片整理程序可以重组磁盘上的文件，把碎片文件放在一起，加快文件的读取速度。

【思考与实训】

1．了解桌面基本图标。
2．掌握磁盘清理操作方法。
3．掌握搜狗输入法的安装和卸载方法。
4．掌握计算机用户的创建及其密码设置方法。
5．掌握磁盘分区格式的调整方法。

习题二

一、填空题

1．绝对路径是从_____开始的。
2．文件名的通配符有？和_____两种，分别代表任意一个字符和多个字符。
3．在 Windows 7 中，回收站是_____中的一块区域。
4．在 Windows 7 中，剪贴板是_____中临时存放交换信息的一块区域。
5．在 Windows 7 中，右击对象可以弹出_____菜单。
6．在 Windows 7 中，文件（夹）的属性可以设置存档、只读和_____三种。

7．为了显示具有隐藏属性的文件（夹），应执行文件夹窗口菜单栏上_____菜单中的"文件夹选项"命令，打开"文件夹选项"对话框。

8．如果记不清文件的具体位置，可以通过"开始"菜单的_____命令来查找指定文件名的文件。

9．要使用"卸载或更改程序"功能，必须打开_____窗口。

10．在 Windows 7 的对话框中，方形框表示_____，圆形框表示单选按钮。

11．Windows 7 支持长文件名，一个文件名的最大长度可达_____个字符。

12．Windows 7 启动后，第一个屏幕称为_____。

13．Windows 7 附件程序"画图"软件编辑的文件是位图文件，其扩展名一般是_____。

14．Windows 7 附件程序"记事本"软件编辑的文件是文本文件，其扩展名一般是_____。

15．单击 Windows 7 下拉菜单中带有三角形标记的项目时会出现_____。

二、选择题

1．操作系统是计算机系统不可缺少的组成部分，它负责管理计算机的（　　）。
   A．程序　　　　　　B．功能　　　　　　C．资源　　　　　　D．进程

2．下列文件名中（　　）是错误的。
   A．合肥.doc　　　B．abc.com　　　　C．A-B.C　　　　　D．<A?

3．A*.?可以代表的文件名是（　　）。
   A．AA.EXE　　　B．A.C　　　　　　C．EA.C　　　　　　D．ABCD.COM

4．Windows 7 中，用以隔开主文件名和扩展名的符号是（　　）。
   A．反斜杠　　　　B．圆点　　　　　　C．下斜线　　　　　D．破折号

5．关于根目录（即根文件夹）的说法，（　　）是不正确的。
   A．根目录名为\　　　　　　　　B．根目录可以删除
   C．一个盘只有一个根目录　　　　D．格式化后自动建立根目录

6．关于文件结构的叙述，（　　）是错误的。
   A．每个文件夹都有一个"父文件夹"，或上一级文件夹
   B．每个文件夹都可以包含若干子文件夹和文件
   C．每个文件夹都有一个唯一的名字
   D．所有文件夹都不能同名

7．桌面上的图标"网上邻居"是（　　）。
   A．用来管理局域网的资源的　　　　B．用来管理互联网的资源的
   C．用来存储本地软件资源的　　　　D．用来管理本地硬件资源的

8．Windows 7 操作系统中的"回收站"实际是（　　）中的一块存储区域。
   A．内存　　　　　B．硬盘　　　　　　C．软盘　　　　　　D．高速缓存

9．以下有关 Windows 7 删除操作的说法，（　　）是不正确的。
   A．光盘上的文件删除后不能被恢复
   B．软盘上的文件删除后不能被恢复
   C．超过回收站存储容量的文件不能被恢复
   D．直接将硬盘上的文件用鼠标拖到回收站后不能被恢复

10．在 Windows 7 操作系统中的"活动窗口"是指（　　）。

A．整个屏幕　　　　　　　　　　　B．当前正在对其操作的窗口

C．能看见的窗口　　　　　　　　　D．标题将变灰的窗口

11．当一个应用程序窗口被最小化后，该应用程序将（　　）。

A．被终止执行　　　　　　　　　　B．被关闭

C．转入后台执行　　　　　　　　　D．被暂停执行

12．在 Windows 7 操作系统中，（　　）说法是不正确的。

A．只能有一个活动窗口　　　　　　B．只能打开一个窗口

C．可同时显示多个窗口　　　　　　D．可同时打开多个窗口

13．在 Windows 7 操作系统中，要关闭应用程序，可以通过（　　）操作实现。

A．双击应用程序窗口的控制菜单图标

B．按 Ctrl+F4 组合键

C．双击应用程序窗口的标题栏

D．按 Shift+F4 组合键

14．在 Windows 7 操作系统中，关于对话框的说法正确的是（　　）。

A．可以改变大小，也可以移动位置

B．只能改变大小，不能移动位置

C．不能改变大小，只能移动位置

D．既不能移动位置，也不能改变大小

15．使用 Windows 7 操作系统时，如果先后两次向剪贴板复制了不同内容之后突然断电，重启后计算机剪贴板中的内容是（　　）。

A．保存有第一次复制的内容　　　　B．保存有第二次复制的内容

C．保存有两次复制的内容　　　　　D．没有任何内容

16．在 Windows 7 操作系统中，将剪贴板中的内容粘贴到文本编辑区的组合键是（　　）。

A．Ctrl+A　　　　　　　　　　　　B．Ctrl+S

C．Ctrl+V　　　　　　　　　　　　D．Ctrl+X

17．在 Windows 7 操作系统中，要将当前窗口的内容存入剪贴板，应该使用（　　）。

A．Alt+PrintScreen 组合键　　　　　B．Ctrl+PrintScreen 组合键

C．Shift+PrintScreen 组合键　　　　 D．PrintScreen 键

18．将整个屏幕的全部信息复制到剪贴板的组合键是（　　）。

A．Ctrl+Ins　　　　B．Alt+Ins　　　　C．PrintScreen　　　　D．Alt+PrintScreen

19．在 Windows 7 操作系统中，菜单命令前面带有符号√，表示该命令（　　）。

A．执行时有对话框　　　　　　　　B．已经被选中

C．有若干子命令　　　　　　　　　D．不能被执行

20．在 Windows 7 操作系统中，菜单命令末尾带有省略号（…），表示（　　）。

A．该菜单命令暂时不能被执行

B．该菜单命令正在执行

C．执行菜单命令将弹出下一级菜单

D．执行该菜单命令将弹出一个对话框

21．Windows 7 的许多子菜单中，通常会出现灰色的菜单项，这表示（　　）。

  A．错误单击了其主菜单   B．双击灰色的菜单项才能执行

  C．在当前状态下，无此功能   D．选择它右击即可对菜单进行操作

22．在桌面上有某应用程序的快捷方式图标，要运行该程序，一般应（　　）。

  A．用鼠标左键单击该图标   B．用鼠标右键单击该图标

  C．用鼠标左键双击该图标   D．用鼠标右键双击该图标

23．更改文件名的正确操作是（　　）。

  A．将光标指向文件名，直接输入新的文件名后再按 Enter 键

  B．用鼠标左键单击文件名，直接输入新的文件名

  C．用鼠标左键单击文件名，直接输入新的文件名后再单击"确定"按钮

  D．用鼠标右键单击文件名，在弹出的快捷菜单中选择"重命名"选项，修改后在空

   白处单击

24．实现同一驱动器中文件或文件夹的快速移动时，（　　）是不正确的操作。

  A．用鼠标左键拖动文件或文件夹到目的文件夹上

  B．用鼠标右键单击该文件名，然后在弹出的菜单中选择"移动"到当前位置

  C．按住 Ctrl 键，然后用鼠标左键拖动文件或文件夹到目的位置上

  D．使用组合键 Ctrl+X 和 Ctrl+V

25．在 Windows 7 操作系统中，（　　）上的文件被删除时可以送入回收站。

  A．软盘   B．硬盘   C．U 盘   D．光盘

26．进行复制移动时，用鼠标左键将硬盘上的某一文件拖动到 U 盘，则结果是（　　）。

  A．删除文件   B．复制文件   C．移动文件   D．没有结果

27．在"资源管理器"窗口中，文件夹图标左侧的（　　）符号表示该文件夹包含的下一级文件夹已经展开。

  A．*   B．+   C．-   D．无任何符号

28．关于 Windows 7 的叙述，（　　）是正确的。

  A．用户不能重新排列桌面上的图标

  B．只有对活动窗口才能进行移动、改变大小等操作

  C．回收站与剪贴板一样，是内存中的一块区域

  D．屏幕保护程序开始运行，屏幕上的当前窗口就被关闭了

29．利用 Windows 7 的任务栏，不可以（　　）。

  A．快捷启动应用程序

  B．切换当前应用程序

  C．改变桌面所有窗口的排列方式

  D．在桌面上创建新文件夹

30．在 Windows 7 中，若待复制的对象为文件夹，则该文件夹（既有文件，又有子文件夹）中的（　　）被复制。

  A．所有文件   B．所有子文件夹

  C．所有文件及非空子文件夹   D．所有文件和子文件夹（无论空否）

三、操作题

1．已知考生文件夹下有如下文件夹与文件：

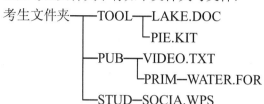

（1）将其中的文件 LAKE.DOC 设置为只读属性，不必考虑其他属性。

（2）将其中的 PIE.KIT 文件删除。

（3）在考生文件夹下 PUB 文件夹中建立一个新文件夹 PRICE。

（4）将其中 PRIM 文件夹中的文件 WATER.FOR 移动到考生文件夹下的 TOOL 文件夹中。

（5）将文件夹 STUD 中的文件 SOCIA.WPS 改为批处理文件 LEGEND.BAT，内容编辑为"AUTORUN"。

2．已知考生文件夹下有如下文件夹与文件：

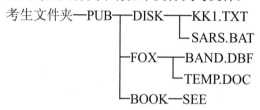

请进行以下操作：

（1）在文件夹 DISK 中建立文件 SPKS.TXT，在 SPKS.TXT 文件中输入内容"一级计算机文化基础无纸化考试"。

（2）将文件夹 FOX 中的文件 TEMP.DOC 删除。

（3）将文件夹 DISK 中的批处理文件 SARS.BAT 改名为 START.BAT。

（4）将文件夹 FOX 中的文件 BAND.DBF 移到子文件夹 BOOK 中。

（5）将文件夹 BOOK 中的文件夹 SEE 删除。

第 3 章　使用 Word 2010

Word 2010 是 Office 2010 组件中的一款文字处理软件，是计算机在办公自动化方面的重要应用。使用 Word 2010 可以很方便地制作各类文档，如论文、简历、信函、书刊及网页文档等。Word 2010 充分利用 Windows 图形化界面，将文字处理和表格、图形处理结合起来，创建图文并茂、赏心悦目的文档，真正实现"所见即所得"的效果。伴随计算机技术的发展，相较于 Word 2003，Word 2010 不仅在功能上有所改进，而且在用户界面上也有了重大改变。

3.1　初步认识 Word 2010

任务 1　文档基本操作

【任务描述】

要进行文字处理工作，首先应启动 Word 2010 并建立一个文件，称为 Word 文档，简称文档。用户可以在文档中输入文字并对其进行文字处理、格式编辑和文档存储等操作。本项任务旨在使读者通过建立一个简单的文档并输入文字来了解 Word 2010 的基本功能和基本操作。

【案例】建立一个名为"中国古诗文集锦"的 Word 文档并输入文字内容，如图 3-1 所示。

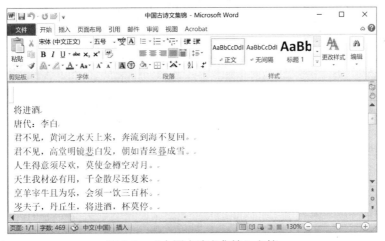

图 3-1　"中国古诗文集锦"文档

注意：使用 Word 处理文档的过程大致分为 3 个步骤：输入内容、格式编排和存档打印。

【方法与步骤】

（1）新建文档。启动 Word 2010 后，将弹出 Word 2010 应用程序窗口，并自动建立一个名为"文档 1"的空白文档窗口。

（2）输入文字。单击"任务栏"右侧的输入法指示器，选择一种自己熟悉的中文输入法，如"搜狗拼音输入法"，依次输入各段各行文本，如图3-2所示。

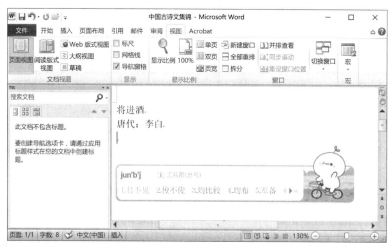

图3-2　输入文字

注意：

1）输入文本时，插入点会伴随着文字增多逐渐右移，当插入点移到最右边时，若继续输入文本，则插入点会自动下移至下一行行首位置。按 Enter 键表示另起一段；按 Shift+ Enter 组合键表示段中换行；按 Delete 键表示删除光标后面的一个字符；按 Backspace 键表示删除光标前面的一个字符。

2）在编辑过程中，Word 文档是否显示滚动条、格式标记等有关信息与软件的"选项"设置有关。执行"文件"→"选项"命令，打开"Word 选项"对话框，在此进行相应的设置，如图3-3和图3-4所示。

图3-3　"Word 选项"对话框的"显示"选项卡

图3-4　"Word 选项"对话框的"高级"选项卡

3）对于长文档的编辑，通常采用多人录入，然后合并成一个 Word 文件的方式。其操作方法为：执行"插入"→"对象"→"文件中的文字"命令，如图3-5所示，打开"插入文件"对话框。然后选择源文件，如图3-6所示，单击"插入"按钮，完成源文件内容的插入。

图 3-5　"插入文件"命令　　　　　　　　　图 3-6　"插入文件"对话框

4）Word 文档提供了"插入"和"改写"两种编辑模式：插入是指输入的文本将追加到插入点所在位置，插入点后的文本依次后移；改写是指输入的文本将一对一地替换插入点所在位置及其后边的文本，其他非替换文本保留位置不变。两种模式的切换可以通过按 Insert 键或单击文档状态栏的"插入"标志来实现。

（3）保存文档。单击"保存"按钮或执行"文件"→"保存"命令，弹出"另存为"对话框，在"文件名"文本框中输入"中国古诗文集锦"，完成 Word 文档的创建。

（4）关闭文档。单击文档窗口右上方的"关闭"按钮或执行"文件"→"退出"命令，即可关闭文档。

注意：如果没有保存文档，关闭文档前系统会弹出对话框询问用户是否保存文档，用户可根据需要进行选择。

【基础与常识】

1. Word 文档工作窗口

文档即 Word 存储并处理文字的文档文件，其扩展名为.docx。当启动 Word 2010 后，系统自动创建一个名为"文档 1"的空白文档。若选择"文件"功能区中的"新建"→"空白文档"命令，则自动建立名为文档 2、文档 3……的空白文档。Word 2010 文档工作窗口的标准布局如图 3-7 所示。

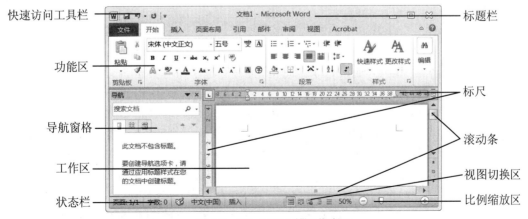

图 3-7　Word 2010 的工作窗口

（1）标题栏。标题栏位于窗口顶部，双击标题栏可以实现窗口的最大化与还原模式的切换。在标题栏最左边的是快速访问工具栏。单击其中的 Word 图标将出现窗口控制菜单，可以控制窗口的还原、移动等操作，双击该图标可关闭 Word 窗口。标题栏最右侧的三个控制按钮依次可以实现窗口的最小化、最大化/还原和关闭。

（2）功能区。Word 2010 取消了传统的菜单操作方式，而代之以各种功能区。功能区位于标题栏下方。每个功能区相当于一个选项卡，包含一系列功能命令。不同的功能区对应不同的工具组和功能命令，可以实现 Word 文档的相关操作。当单击这些名称时并不会打开菜单，而是切换到与之相对应的功能区面板。分为"开始"功能区、"插入"功能区、"页面布局"功能区、"引用"功能区、"邮件"功能区、"审阅"功能区、"视图"功能区和"Acrobat"功能区。每个功能区根据功能的不同又分为若干个组。其中，主要功能区所拥有的功能如下所述。

"开始"功能区中包括剪贴板、字体、段落、样式和编辑五个组，涵盖了 Word 2003 的"编辑"和"段落"菜单部分命令。此功能区主要用于对 Word 2010 文档进行文字编辑和格式设置，是最基本的常用功能区之一。"插入"功能区包括页、表格、插图、链接、页眉和页脚、文本、符号和 Flash 几个组，相当于 Word 2003 中"插入"菜单的部分命令，主要用于在文档中插入各种元素。"页面布局"功能区包括主题、页面设置、稿纸、页面背景、段落、排列几个组，对应 Word 2003 的"页面设置"菜单命令和"段落"菜单中的部分命令，用于设置文档的页面样式。设置 Word 操作窗口的视图类型是由"视图"功能区完成的，包括文档视图、显示、显示比例、窗口和宏几个组。其他几个功能区在后面相应的应用中会有所涉及。

（3）工作区。在功能区下方较大的空白区域是 Word 的"工作区"，在此窗口内主要完成文字的录入、编辑和排版等操作。工作区的右边是垂直滚动条，可以上下查看信息；工作区的下边是水平滚动条，可以左右查看信息。

注意：在窗口最大化模式下，不显示水平滚动条。

（4）导航窗格。在"工作区"左边的为"导航窗格"窗口。对于内容较多的超长文档，Word 文档的导航窗格可以为用户提供精确的导航、定位和查找功能。

注意：在"视图"功能区执行"显示"→"导航窗格"命令可以显示或隐藏导航窗格。

（5）标尺。功能区的下方是水平标尺。水平标尺用来设置或查看段落缩进、制表位、页面左右边界和栏宽等信息。工作区左侧是垂直标尺，垂直标尺用来调整文档上下边界或者调整表格行的上下行高。

注意：在"视图"功能区执行"显示"→"标尺"命令可实现显示或隐藏标尺。

（6）状态栏。在导航窗格下方的为"状态栏"。可以通过"状态栏"了解文件当前位置、文档的总字数等信息，还可以通过单击"插入"标志实现"插入"和"改写"两种编辑模式的快速切换。

（7）其他。"工作区"右下方是"视图切换区"和"比例缩放区"。"视图切换区"主要可以实现 Word 文档"页面视图""阅读版式视图""Web 版式视图""大纲视图"和"草稿"等视图的切换。"比例缩放区"可以方便地调节文档的显示比例。

注意：

1）Word 允许同时打开多个文档，但只有一个活动文档。通过"视图"功能区中"窗口"→"并排查看"命令可实现对两个文档的比较；通过"视图"功能区中"窗口"→"切换窗口"命令可实现切换到其他文档。

2）Word 允许将文档拆分成上下两个窗格，分别显示同一文档中两个不同页面的内容。执行"视图"功能区中"窗口"→"拆分"命令，然后拖动并释放弹出的分割线即可实现窗口分隔，将分割线拖动到文档底部松开即可取消拆分窗口。

2. 输入文本

打开 Word 文档后，用户可以直接在文本编辑区进行文本输入操作，输入的内容显示在光标插入点所在位置。

（1）普通文本输入。单击要输入文本的位置，选择合适的输入法进行输入。

（2）特殊符号输入。若输入符号和特殊符号，可以通过软键盘，也可以在"插入"功能区执行"符号"→"其他符号"命令，通过"符号"对话框输入，如图 3-8 所示。

（3）输入日期和时间。在 Word 文档中，可以直接插入系统日期和时间。具体操作方法如下：

在"插入"功能区执行"文本"→"日期和时间"命令，弹出"日期和时间"对话框，如图 3-9 所示，用户根据需要自行设置有关属性，然后单击"确定"按钮即可。

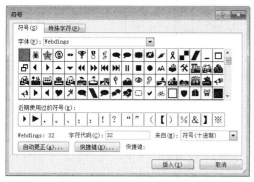

图 3-8　"符号"对话框　　　　　　　图 3-9　"日期和时间"对话框

3. 移动插入点

插入点是文档输入的起点，一般以闪烁的"I"形光标出现。如要编辑文本，首先必须用插入点来定位编辑文本的起始位置。在 Word 文档中，用户可以使用鼠标或键盘来改变光标插入点，也可以用组合键来改变插入点。移动光标的按键及其功能见表 3-1。

表 3-1　移动光标的按键及其功能

按键	功能	按键	功能
↑	向上移动一行或一个单元格	Home	移动到当前行首
↓	向下移动一行或一个单元格	End	移动到当前行尾
←	向左移动一个字符或一个单元格	PgUp	移动到上一屏
→	向右移动一个字符或一个单元格	PgDn	移动到下一屏
Ctrl+↑	向上移动一个段落	Ctrl+Home	移动到文档开头
Ctrl+↓	向下移动一个段落	Ctrl+End	移动到文档结尾
Ctrl+←	向左移动一个单词	Ctrl+PgUp	移动到光标所在页顶部
Ctrl+→	向右移动一个单词	Ctrl+PgDn	移动到光标所在页底部
Shift+F5	移至前一处修订位置		

4. 创建文档

Word 2010 提供多种创建文档的方法，包括创建空白文档和使用模板创建文档等。

（1）创建空白文档。

方法一：执行"文件"功能区的"新建"命令，弹出如图 3-10 所示的界面。在该界面中双击中间列表中的"空白文档"或者选择右侧列表中的"创建"按钮。

图 3-10　创建空白文档

方法二：使用 Ctrl+N 组合键。

（2）使用模板创建文档。模板是一种预先设置好的特殊文档（*.dotx），包含了文档的基本结构和文档样式，如页面设置、字体格式、段落格式，方便重复使用，省去了排版和设置的时间。Word 2010 提供了许多模板，使用模板可以快速创建各类文档，如信函和传真等。模板中包含了特定类型的格式和内容，用户只需根据个人需要稍作修改即可创建一个精美的文档。具体操作方法如下：

1）执行"文件"→"新建"命令，弹出"可用模板"任务窗格，如图 3-11 所示。

图 3-11　"模板"窗口 1

2）根据需要选择相应类型的模板，如"论文和报告"类型的"请假报告表格"模板，如图 3-12 所示。

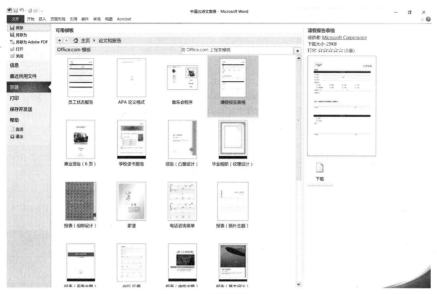

图 3-12　"模板"窗口 2

3）单击"确定"按钮，即创建了一个"请假报告表格"模板的文档，如图 3-13 所示。

图 3-13　"请假报告表格"模板的文档

（3）根据现有内容创建文档。打开一个设置好格式的 Word 文档，执行"文件"功能区的"新建"命令，双击列表中的"根据现有内容新建"即可，如图 3-10 所示。

5. 保存文档

在文本录入和编辑的过程中，为了防止数据丢失，应对文档进行保存操作。文档保存的方法有很多，简述如下。

方法一：执行"文件"功能区的"保存"或"另存为"命令。执行"保存"命令时，在上次保存文档的位置保存文档；选择"另存为"命令时，会弹出"另存为"对话框，选择合适的位置保存文档，如图 3-14 所示。

图 3-14　"另存为"对话框

方法二：单击快速工具栏中的"保存"按钮。

方法三：使用 Ctrl+S 组合键。

注意：除了主动保存外，还可以设置成系统定时自动保存。执行"文件"功能区的"选项"命令，打开"Word 选项"对话框，选择"保存"选项卡，在"保存自动恢复信息时间间隔"设置自动保存时间即可。

6．打开和关闭文档

（1）打开文档。在操作之前要打开文档。Word 2010 打开文档的方法如下。

方法一：双击 Word 2010 文档图标即可启动系统并打开一个新的文档。

方法二：如果 Word 窗口在打开状态下，执行"文件"功能区的"打开"命令，在弹出的对话框中选择要打开的文档，如图 3-15 所示。也可以使用 Ctrl+O 组合键。

图 3-15　"打开"对话框

方法三：Word 窗口在打开状态下时，执行“文件”功能区的“最近所用文件”命令，在弹出的对话框中选择要打开的文档，如图 3-16 所示。

图 3-16　“最近所用文件”命令

（2）关闭文档。结束文档编辑操作，需要关闭文档。关闭文档的常见方法如下所述。

方法一：单击 Word 窗口右上角的“关闭”按钮。

方法二：执行“文件”功能区的“关闭”命令。如果文档尚未保存，将弹出对话框询问在关闭之前是否保存文件。

方法三：执行“文件”功能区的“退出”命令。与方法二的不同之处是，不仅关闭当前文档，也会关闭其他打开的 Word 文档，退出 Word。

【拓展与提高】

1．Word 文档视图

Word 2010 提供了页面、阅读版式、Web 版式、大纲和草稿五种视图模式，便于用户以不同的方式查看和编辑文档内容及其格式。每种视图包含的工作区、功能区和工具略有不同。在任一视图中对文档所做的修改都会自动反映在文档的其他视图中。视图模式的切换可以使用文档状态栏上的视图切换区按钮，如图 3-17 所示；也可以使用“视图”菜单的“文档视图”功能组按钮，如图 3-18 所示。

图 3-17　Word 2010 的视图切换区按钮

图 3-18　“文档视图”功能组按钮

（1）页面视图。页面视图是一种"所见即所得"的视图方式。该方式可以显示整个页面的分布情况和文档中的所有元素，例如正文、图形、表格、图文框、页眉、页脚、脚注、页码等，并能对它们进行编辑。在页面视图方式下，显示的效果反映了打印后的真实效果。

（2）阅读版式视图。阅读版式视图是一种为方便用户阅读文档提供的视图方式。它是自Word 2003 版本以来出现的视图方式，可以改变显示区域尺寸，而不会影响字体大小。如果字数多，它会自动分成多屏，比较适合阅读长文章。在该视图下，Word 将会隐藏除阅读版式和审阅工具栏以外的所有工具，并按照人们的阅读习惯将文档显示为左右两页，看上去像一本翻开的书。

（3）Web 版式视图。Web 版式视图是模仿 Web 浏览器来显示文档的视图方式。它使用了自动缩放功能，使浏览更加方便。该视图优化了布局，使文档具有最佳屏幕外观，并能自动折行以适应窗口大小。

（4）大纲视图。大纲视图是一种能够显示文档结构的视图方式。大纲视图下，文档由两部分组成：多级标题和正文，标题和正文均有大纲符号。在大纲视图下，可以通过折叠或者扩展大纲符号来查看文本、表格和嵌入式图形对象（环绕方式除外）；可以通过拖动标题和文本来调整它们的顺序；此外，还可以"提升"或"降低"正文或标题的级别。大纲视图中的缩进和符号并不影响文档在普通视图中的外观，而且也不会打印出来。

注意：要在大纲中提升、降低大纲级别，可以使用"大纲"工具栏上的各个按钮。

（5）草稿。草稿是 Word 2010 新增加的视图。与大纲视图类似，文档由多级标题和正文两部分组成，但是正文部分没有大纲符号。以草稿形式查看文档，便于快速浏览编辑文本。在此视图下，不会显示部分文档内容，比如页眉和页脚。

2．保护文档

Word 2010 为保护文档提供了标记为最终状态、用密码进行加密、限制编辑、按人员限制权限和添加数字签名等功能。其操作方法为：执行"文件"→"信息"→"保护文档"命令，弹出"保护文档"快捷菜单，如图 3-19 所示。

（1）用密码进行加密。若要禁止未授权用户随意打开或修改文档，可以通过设置"加密文档"的方式来实现对文档的保护，具体操作方法为：在弹出的"保护文档"快捷菜单中选择"用密码进行加密"命令，弹出"加密文档"对话框，如图 3-20 所示，用户可以自行设置密码。

图 3-19　"保护文档"快捷菜单

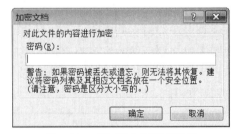

图 3-20　"加密文档"对话框

（2）限制编辑。若要限制未授权用户调整文档格式或允许部分修改文档，可以通过"限制格式和编辑"的方式来实现对文档的格式保护和部分内容的授权修改，具体操作方法为：在弹出的"保护文档"快捷菜单中选择"限制编辑"命令，弹出"限制格式和编辑"对话框，如图 3-21 所示，用户可以根据需要在勾选"格式设置限制"和"编辑限制"两项基础上自行细化设置，如图 3-22 所示。还可以启动强制保护，如图 3-23 所示。

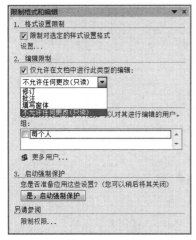

图 3-21　"限制格式和编辑"对话框

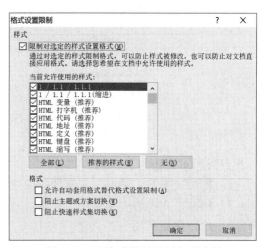

图 3-22　"格式设置限制"对话框

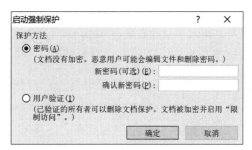

图 3-23　"启动强制保护"对话框

注意： 只有在重新"保存"文档后，相关设置才生效。

【思考与实训】

1. 掌握打开 Word 2010 的方法，认识 Word 2010 窗口的组成。
2. 观察 5 种不同的视图模式，了解功能区和工具栏各自的名称和功能。
3. 掌握符号和特殊符号的输入方式。
4. 尝试重命名一个已打开的文档，然后关闭该文档。
5. 通过设置文档加密来禁止和限制文档的操作。

任务 2　编辑长文档

【任务描述】

文档编辑主要有录入文本，选择、复制和移动文本等操作。为了提高编辑效率，Word 文档不仅提供了查找、替换和定位、撤销或恢复功能，还提供了文档结构、大纲级别以及目录制作等功能。本任务旨在使读者通过案例了解 Word 2010 文档编辑修改的基本操作和有关概念。

【案例】对"画鸟的猎人"文档进行编辑修改，如图 3-24 所示。

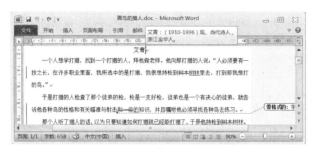

图 3-24　"画鸟的猎人"编辑修改效果

基本要求如下：

（1）将全文中的"树木"文本替换成"树林"文本。

（2）删除第 2 段的"和一些"文本，并输入"的"字。

（3）给作者插入尾注"艾青：（1910—1996）现、当代诗人，浙江金华人"。

【方法与步骤】

（1）选择"开始"功能区选项页面右边的"替换"命令，弹出"查找和替换"对话框。在"查找内容"文本框中输入"树木"文本，在"替换为"文本框中输入"树林"文本，如图 3-25 所示；然后单击"全部替换"按钮，即可完成替换操作。

图 3-25　"查找和替换"对话框

（2）选中第 2 段的"和一些"文本，按键盘上的 Delete 键，完成删除操作，再输入"的"字；或者选中"和一些"文本，直接输入"的"字。

（3）将光标移到"艾青"文本之后，执行"引用"→"插入尾注"命令，此时，文档结尾处出现"尾注"分割线及光标插入点，输入文本即可，如图 3-26 所示。

图 3-26　插入尾注

【基础与常识】

1. 选定文本

在对文本、图形、表格等对象进行格式设置时，首先必须选择该对象，然后才能进行相应的操作。当选定对象是文本时，所选文本反白显示。如果要取消选择，则在选定文本以外的任何地方单击即可。所选文本对象可以是单个字符、一句话、一段文字或整篇文章。Word 2010 提供了多种方式选定文本对象，如用鼠标、用组合键等。

（1）用鼠标选定文本。

1）选定字或句子：当鼠标光标变为 I 形时，双击某个字或词。

2）选定一段：当鼠标光标变为 I 形，在段落的任意位置连续三击。

（2）用组合键选定文本。先将鼠标移到要选定的文本前，然后按相应的组合键。选定文本的常用组合键及其功能见表 3-2。

表 3-2　选定文本的常用组合键及其功能

组合键	功能	组合键	功能
Shift + ↑	向上选定一行或一个单元格	Shift +Home	选定从当前光标处开始至行首的文本
Shift+ ↓	向下选定一行或一个单元格	Shift +End	选定从当前光标处开始至行尾的文本
Shift + ←	向左选定一个字符或一个单元格	Ctrl+Shift+→	向右选定一个词或分隔符或短语
Shift + →	向右选定一个字符或一个单元格	Ctrl+Shift+←	向左选定一个词或分隔符或短语
Ctrl +A	选定整篇文档		

（3）用鼠标和键盘共同选定文本。

1）选定一个句子：先按住 Ctrl 键，然后单击句子的任何地方。

2）选定连续文本块：先将光标定位到开始处，然后按住 Shift 键不放，并单击文本块的结尾，最后释放 Shift 键和鼠标。

3）选定垂直文本块：先按住 Alt 键不放，然后将鼠标指针从开始处拖动至文本块的结尾，最后释放 Alt 键和鼠标。

2. 复制和移动

复制文本是将选定的文本复制到新位置，原位置的文本仍然保持不变。移动文本是将选定的文本移到新位置，原位置的文本不复存在。复制和移动文本不仅可以在同一文档内进行，也可以在不同文档之间进行。复制和移动文本可以通过"开始"功能区下的相应命令或相应按钮实现，也可以右击，通过快捷菜单来实现，具体操作方法类似于 Windows 中文件（夹）的复制和移动，这里不再赘述。

注意：在"开始"中执行"剪贴板"命令，弹出"剪贴板"任务窗格，利用它可以方便快速地实现文本的粘贴操作。

3. 查找、替换和定位

在文档的编辑中，经常要查找某些内容，有时还需要对其进行替换。如果仅凭眼力手工逐字逐句查找或替换，不仅费时费力，也可能会有遗漏。利用 Word 提供的查找或替换功能，可以准确定位，快速替换。除普通文字以外，查找或替换的内容还可以是特殊字符，如段落标记、标注以及分页符等。具体操作方法如下：

（1）查找。

1）执行"开始"→"查找"命令，就可以在"导航窗格"中的搜索框中输入待搜索的值，如在文中搜索"复制"，即可在右侧的编辑区域中看到查找的信息内容。

2）单击"导航"窗口中的下拉按钮，在弹出的选项中选择"高级查找"命令，如图 3-27 所示。

图 3-27　选择"高级查找"命令

3）在弹出的"查找和替换"对话框中单击"查找下一处"按钮逐个地查找，如图 3-28 所示。找到的内容将反白显示，当整个文档查找完毕后，会弹出一个消息框提示已经完成搜索。

图 3-28　实现逐个查找

注意：

1）在 Word 文档中，可以使用通配符实现模糊查找功能，常用的通配符有?、*和[]等。

2）单击"导航"窗口中的下拉按钮，在弹出的菜单中选择"选项"命令，可以在弹出的"'查找'选项"界面实现指定搜索方式，如是否区分大小写，以及查找指定格式和特殊字符等高级查找，如图 3-29 所示。

图 3-29　"'查找'选项"界面

（2）替换。执行"开始"→"替换"命令，可以直接打开"查找和替换"对话框。将查找的内容替换成指定的文本，具体操作方法同"查找"功能，这里不再赘述。

（3）在"查找和替换"对话框中选择"定位"选项卡，可以快速定位到指定的页、行、批注、脚注和尾注等位置，如图 3-30 所示。

图 3-30　"定位"选项卡

4．撤销和恢复

在编辑文档的过程中，总会出现一些误操作，利用"撤销"和"恢复"命令可以恢复以前的操作。撤销是将文档恢复到操作之前的状态，可以在快速访问工具栏中单击"撤销"按钮实现；而恢复是取消刚刚进行的撤销操作。只有执行了撤销操作，才能执行恢复操作，可以在快速访问工具栏中单击"恢复"按钮实现"恢复"功能，如图 3-31 所示。

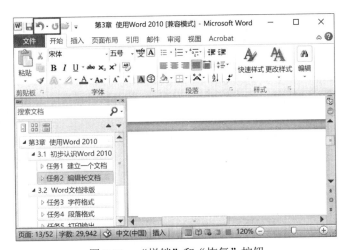

图 3-31　"撤销"和"恢复"按钮

注意：要撤销最近一次操作，可直接按 Ctrl+Z 组合键；要恢复最近一次撤销操作，可直接按 Ctrl+Y 组合键。

【拓展与提高】

1．脚注和尾注

在 Word 文档中，脚注和尾注均是由文档中的注释引用标记和注释文本构成的，其作用是为文档中的文本提供解释、批注以及参考文献。脚注一般置于每一页的下端，用一条直线与正文分隔开；尾注置于文档或节的结尾处，如图 3-32 所示。

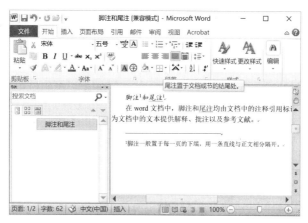

图 3-32　脚注和尾注

注意：通常情况下，用脚注对内容做详细说明，用尾注指出引用资料的来源；脚注的标号是采用每页单独编号的方式，而尾注的标号则采用整个文档统一编号的方式。

2.　分隔符

分隔符用来在文档中插入分页符、分栏符、自动换行符或分节符。在文档中插入分隔符的具体操作方法为：单击要插入分隔符的位置，然后执行"页面布局"→"分隔符"命令，根据需要选择相应分隔符即可，如图 3-33 所示。

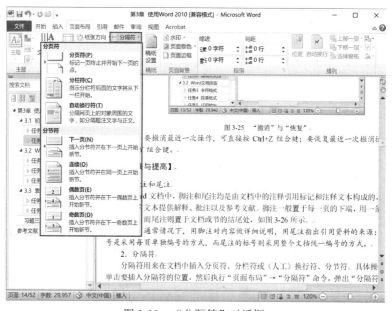

图 3-33　"分隔符"对话框

（1）分页符：与换行符的功能基本相同，只是在插入点位置进行换页而已。当文本或图形等内容填满一页时，Word 会自动分页并开始新的一页。如果要在某个特定位置强制分页，可手动插入"分页符"，这样可以确保章节标题总从新的一页开始。

（2）分栏符：是从插入点处开始进行分栏，具体分成几栏与分栏的设置有关。

（3）自动换行符：是在插入点处将当前一行分成上下两行，又称为软回车符，与 Enter

键换行不同的是，这种方法产生的新行仍将作为当前段落的一部分。通常情况下，文本到达文档页面右边距时，Word 会自动换行。直接按 Shift+Enter 组合键，或者在"分隔符"对话框中选择"自动换行符"，可在插入点位置强制断行，并产生一个自动换行符（↓）。

（4）分节符：在 Word 文档中，节是页面设置（页眉页脚、段落编号或页码）的基本单位。使用分节符可以将文档任意分成几节（确定每个节的开始和结束位置），并分别进行每一节的页面设置。不同的节可以有不同的页面设置。最小的节为一个段落，最大的节为整个文档。分节符包括下一页、连续、偶数页、奇数页 4 种，各选项的含义见表 3-3。

表 3-3　分节符中各选项的含义

选项名称	含义
下一页	在文档中的下一页的顶端插入分节符
连续	在插入点插入分节符，并开始新节。不分页，除非前后两节页面设置不同
偶数页	在文档的下一偶数页插入分节符（一般是左页）
奇数页	在文档的下一奇数页插入分节符（一般是右页）

注意：将插入点定位到分节符上，按 Delete 键即可删除当前分节符。一旦删除了分节符，也就删除了该节的格式，本节格式将套用后面一节格式。

3. 批注

批注不是直接改动文档正文内容，而是审阅了一部分内容后所作的注释。批注是附加到文档上的注释，它不显示在正文中，而是显示在文档的页边距的批注框上，因而不会影响文档的格式，也不会被打印出来。添加批注的具体操作方法如下：

（1）将插入点移到要添加批注的位置。

（2）执行"审阅"→"新建批注"命令，在屏幕右侧弹出"批注"文本框。

（3）在"批注"文本框中输入内容即可。

注意：如果要删除多余的批注，用户可以有选择性地删除单个批注，或者一次性删除所有批注。具体操作方法如下：

（1）删除单个批注的方法：选择"审阅"→"删除"，执行"删除"命令；或者右击要删除的批注，选择快捷菜单中的"删除批注"命令。

（2）删除所有批注的方法：选择"审阅"→"删除"，执行"删除文档中的所有批注"命令。

4. 文档修订

利用 Word 的修订功能，可以跟踪记录审阅者所做的改动，便于作者参考并决定取舍，而且可以选择性地接受修改。"修订"功能非常适合多人协作完成一个文档的场合。

Word 文档进入修订状态时，改动段落左侧带有一条竖线（｜）标记，插入内容以"带红色下划线"表示，删除内容以"带红色删除线"表示。使用"修订"功能的方法如下所述。

（1）执行"审阅"→"修订"命令，Word 文档自动进入修订状态，此后，Word 文档跟踪记录审阅者的修改痕迹，如图 3-34 所示。

（2）再次单击"修订"按钮，取消修订状态。此后，Word 文档进入普通编辑状态，不保留审阅者的修改痕迹。

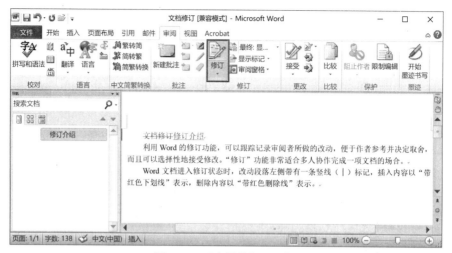

图 3-34　"文档修订"示例

（3）可以通过颜色、线形、作者、线框等个性化方式显示修订内容。具体操作方法如下：执行"审阅"→"修订"→"修订选项"命令，弹出"修订选项"对话框，如图 3-35 所示。

（4）显示修订人的个人信息。具体操作方法如下：执行"审阅"→"修订"→"更改用户名"命令，弹出"Word 选项"对话框，在此对话框内进行相应的操作，如图 3-36 所示。

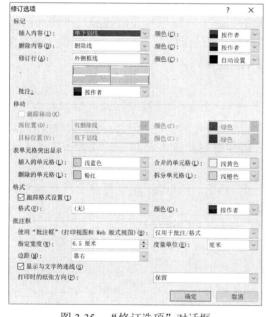

图 3-35　"修订选项"对话框

图 3-36　"Word 选项"对话框

5. 邮件合并

在日常文字处理工作中，经常会出现这样的情况，即所需要处理的文件主要内容基本都是相同的，只是某些具体数据有变化而已。这时，可以使用 Word 邮件合并功能快速生成这样的文档，即文档内的大量格式相同，只需修改少数相关内容，其他文档内容不变。Word 邮件合并功能不仅操作简单，而且还可以设置各种格式，满足不同客户不同的需求。Word 2010 的邮件合并涉及一个主文档与一个数据源文件，由此生成一系列输出文档。其中，主文档是指包含固定不变内容的文档，数据源文件是保存变化信息的文档。Word 2010 邮件合并的主要操作步骤如下：

（1）先建立主文档。创建主文档的方法和创建普通文档的方法相似。

（2）选择数据源。可以选择多种格式的数据源文件，比如 Access 数据库、Microsoft Outlook 中的联系人列表、Excel 以及 Word 中的表格等文件。

（3）邮件合并操作。在主文档中插入变化的信息，合成后的文件可以保存为 Word 文档，可以打印出来，也可以以邮件形式发出去。邮件合并有两种方法：一是利用邮件合并向导；二是利用功能区的"邮件"的"开始邮件合并"完成操作。

1）邮件合并向导。执行"邮件"→"开始邮件合并"命令，单击"开始邮件合并"右侧的下三角按钮，如图 3-37 所示。在打开的菜单中选择"邮件合并分布向导"，激活向导模式创建邮件合并。邮件合并向导共有 6 步。

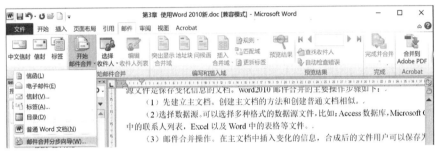

图 3-37　"邮件"选项卡

第 1 步：选择主文档类型，如图 3-38 所示。单击"下一步"进入向导的第 3 步。

第 2 步：选择开始文档，如图 3-38 所示。"使用当前文档"是选择当前已编写好的处于打开状态的主文档。"从现有文档开始"是从当前打开的多个文档中选择一个作为这次邮件合并的主文档。单击"上一步"返回上一步重新修改，单击"下一步"进入向导的第 3 步。

第 3 步：连接到数据源文件并选择工作表，如图 3-38 所示。选择"使用现有列表"可弹出"选取数据源"对话框，选择已有的数据源文件。选择"键入新列表"命令可弹出"新建地址列表"对话框，按照系统默认的字段名建立数据，也可以自定义字段名称新建数据源文件。单击"上一步"返回上一步重新修改，单击"下一步"进入向导的第 4 步。

第 4 步：向主文档插入合并域，如图 3-39 所示。先将光标定位在需要插入合并域的位置上，单击"其他项目"，可选择数据源中的字段名，并单击"插入"按钮将数据源相应内容插入当前光标处，重复以上操作，直至将所需插入的合并域全部完成为止，单击"关闭"完成此步骤。单击"上一步"返回上一步重新修改，单击"下一步"进入向导的第 5 步。

注意：对于照片的处理要分两步进行：①在照片区域选择"插入"→"文档部件"→"域"（类型选 IncludePicture，并命名为"照片"）命令。②选中信息表中的"照片"（按 Alt+F9 组合键可切换成源代码方式），再选择"插入合并域"→"照片"命令建立联系。

第 5 步：预览合并效果，如图 3-39 所示。单击"收件人"前后的按钮可以批量浏览生成的其他信函。"排除此收件人"可以使最终生成的文档中不含有当前的收件人数据行。单击"上一步"返回上一步重新修改，单击"下一步"进入向导的第 6 步。

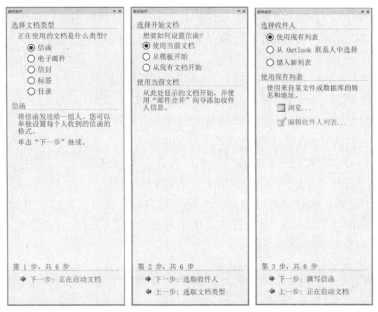

图 3-38　"邮件合并"向导 1～3 步

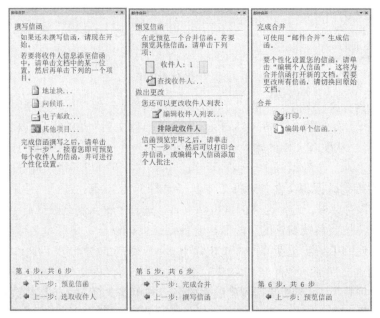

图 3-39　"邮件合并"向导 4～6 步

第 6 步：完成合并，如图 3-39 所示。"打印"是将合并后的文档直接发送打印机打印，若单击"编辑单个信函"按钮即打开"合并到新文档"界面，将合并后的文档存储到文件中即可。单击"上一步"返回上一步重新修改。

2）利用功能区完成邮件合并。除了用向导完成邮件合并之外，也可以利用"邮件"功能区完成此操作。执行"邮件"→"开始邮件合并"命令，通过"编写和插入域"以及"预览结果"等选项组，可以实现邮件合并，如图 3-37 所示。各个选项功能如下所述。

- 开始邮件合并：相当于向导中的第 1 步。
- 选择收件人：相当于向导中的第 2 步。
- 编辑收件人列表：相当于向导中的第 3 步。
- "编写和插入域"选项组：相当于向导中的第 4 步。
- "预览结果"选项组：相当于向导中的第 5 步。
- "完成"选项组：相当于向导中的第 6 步。

【思考与实训】

1．掌握选定文本的基本操作方法。
2．掌握复制和移动文本的几种方法。
3．掌握查找和替换的操作方法。
4．掌握撤销和恢复的操作要领。
5．熟练掌握分隔符和分节符的使用方法。
6．掌握邮件合并向导操作方法。

3.2　Word 文档排版

任务 3　格式排版

【任务描述】

在 Word 文档中，段落是以段落标记（由 Enter 键产生）作为结束符的文字、图形或其他对象的集合。段落标记不仅标识一个段落的结束，还概括了一段文本的特征格式，如对齐方式、行距、间距以及段落缩进等。如果删除了当前段落标记，则后一段落变成当前段落连续部分，并采用当前段落的段落格式。段落格式设置主要包括段落对齐、段落缩进、行距和间距、段落的修饰等操作。而段落中的字符则可以设置字符格式，字符格式包括字符的字体、字号、字型、颜色、边框、底纹、下划线、字体间距和动态效果等。本任务旨在使读者通过案例来掌握 Word 文档的字符格式和段落格式的基本概念和基本操作方法。

【案例】对"碳与纳米"文档进行基本的字符格式和段落格式设置，如图 3-40 所示。

具体要求如下：

（1）给文档添加标题文本"碳与纳米"，居中对齐，行距为 3。
（2）将标题文本设置为黑体、三号、加粗，分散对齐 6 字符。
（3）将正文第 1 段"军事"文字加上着重号。
（4）为正文第 2 段添加段落边框和字符底纹。
（5）将正文第 3 段分成两栏。
（6）将小标题"不怕生化武器"的格式复制到小标题"轻松避开子弹"上。

注意：执行"文件"→"选项"→"显示"→"始终在屏幕上显示这些格式标记"命令可选择显示或隐藏文档中的段落标记。

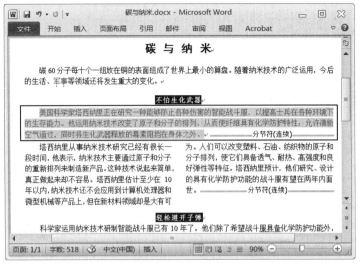

图 3-40　"碳与纳米"的基本格式设置

【方法与步骤】

（1）首先，将插入点光标移到第一行行首，按 Enter 键，产生一空白段落行，插入点光标连同原有文字自动下移一行；然后，移动插入点光标至空白段落行开始处，输入"碳与纳米"文本；最后，在"开始"功能区的"段落"功能组单击"居中对齐"按钮，单击"行和段落间距"下拉按钮，从中选择"3.0"，如图 3-41 所示。

图 3-41　行和段落间距

（2）选择"碳与纳米"文本（不含段落标记），首先，在"字体"功能组单击相应的命令按钮；然后，在"段落"功能组单击"分散对齐"按钮，如图 3-42 所示。

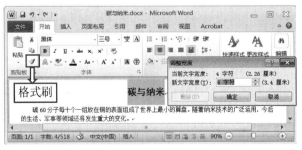

图 3-42　分散对齐

（3）选择第 1 段的"军事"文本，单击"字体"功能组的"字体"，打开"字体"对话框，从"着重号"下拉列表框中选择"着重号"选项。

（4）选择正文第 2 段全部文本（含段落标记），在"段落"功能组中单击"无框线"下拉按钮，在弹出的列表框中选择"外侧框线"命令。在"字体"功能组中单击"底纹"按钮。

（5）选择正文第 3 段全部文本（不含段落标记），执行"页面布局"→"分栏"→"两栏"命令，如图 3-43 所示。

图 3-43　两栏分栏

（6）选择"不怕生化武器"文本，然后在"开始"功能区单击"格式刷"按钮（图 3-42），鼠标变成"刷子"形状，移动鼠标到"轻松避开子弹"文本的起始处，按下鼠标左键并拖动鼠标滑过此文本，将文本"不怕生化武器"格式应用到"轻松避开子弹"文本上。

注意： 若要在多处复制格式，则应该双击"格式刷"按钮，然后在多处刷过文本即可。完成后，再次单击"格式刷"按钮或按 Esc 键，则取消格式刷的复制功能，使鼠标指针恢复正常。

【基础与常识】

1. 字符格式

在 Word 文档中，字符包括空格、字母、数字、汉字、符号（如📖、↩、🖐）和特殊符号（如¶、※、©）。设置字符格式是指对字符的大小、字体、颜色、显示效果等进行设置。

设置字符格式有两种方法：字符格式的简单设置可借助工具栏的命令按钮完成，如可以完成字体、字号、字形、颜色等基本格式设置的操作；复杂设置主要通过"字体"对话框完成。具体操作方法如下：

（1）选择要进行字符格式设置的文本。

（2）在"开始"功能区的"字体"功能组单击"字体"按钮，弹出"字体"对话框，如图 3-44 所示。"字体"界面主要用于设置字体、字形、字号、颜色、着重号和特殊效果。

注意：

1）字体体现字符的形状，分英文字体和中文字体，Word 2010 默认的英文字体是 Times New Roman，中文字体是"宋体"。

2）字号体现字符的大小，Word 2010 默认的字号是"五号"。字号单位有"号"和"磅"，在我国印刷出版行业中，一般采用"号"作为字体大小的衡量单位。

3）字形是指附加于文字的属性，包括粗体、斜体、下划线、加框、底纹、缩放等。

图 3-44 "字体"对话框

（3）单击"高级"标签，弹出"高级"界面。"高级"界面主要用于调整字符的缩放（比例）、间距（标准、加宽、紧缩）、位置（标准、提升和降低）和字间距等属性。

（4）在"高级"界面中单击"文字效果"按钮，在打开的"设置文本效果格式"对话框中可以对文字设置动态效果。这种效果是为了在 Web 版式或用计算机演示文档时增加文档的动感和美感，但动态效果不会打印出来，因而这里不再赘述。

（5）最后单击"确定"按钮，完成字符格式设置。

2. 首字下沉

首字下沉是指将 Word 文档中段首的第一个文字放大，并进行下沉或悬挂设置，以凸显段落或整篇文档的开始位置。有时也可以将一些特殊符号放在段首，以起到标识或醒目作用，从而获得美观的版面效果。具体操作方法如下：

（1）将光标置于要进行首字下沉的段落中；执行"插入"→"文本"→"首字下沉"→"下沉"命令即可，如图 3-45 所示。

（2）执行"插入"→"首字下沉"→"首字下沉选项"命令即可打开"首字下沉"对话框，如图 3-46 所示。也可以将鼠标指针定位在第一个字边框上，右击打开快捷菜单，选择"首字下沉"命令打开对话框。在"首字下沉"对话框中可以单独设置首字的字体、下沉行数、距正文距离等。

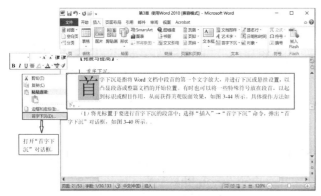

图 3-45 "首字下沉"效果　　　　　　　　图 3-46 "首字下沉"对话框

注意： 如果选择"无"选项，则表示取消首字下沉。

3．段落对齐

段落对齐方式指的是段落在水平方向上的对齐方式，包括两端对齐、左对齐、居中对齐、右对齐、分散对齐。可用"段落"工具栏中的对齐按钮对段落进行设置，也可在"段落"对话框中"缩进和间距"选项卡中设置对齐方式，如图 3-47 所示。

（1）左对齐：可使整个段落在页面上靠左对齐排列。

（2）居中对齐：能使整个段落在页面上居中对齐排列。

（3）右对齐：可使整个段落在页面中靠右对齐排列。

（4）两端对齐：是指段落每行的首尾对齐，它是 Word 2010 的默认对齐方式。

（5）分散对齐：可使整个段落的文本分散于两端且均匀分布。

4．大纲级别

大纲级别是为文档中的段落指定等级结构（1～9 级）的段落格式。为文档各段落设置了大纲级别后，就可在大纲视图或文档结构图中按层次处理文档，便于折叠标题和制作目录。可在"段落"对话框"缩进和间距"选项卡中设置大纲级别，如图 3-48 所示。在默认情况下，Word 段落的大纲级别为"正文文本"，即作为普通文本段落，不显示在文档结构图中。

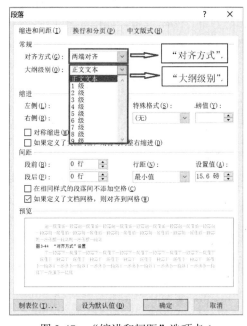
图 3-47　"缩进和间距"选项卡 1

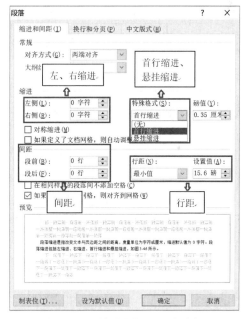
图 3-48　"缩进和间距"选项卡 2

5．段落缩进

段落缩进是指改变文本与页边距之间的距离，度量单位为字符或厘米，默认情况下没有段落缩进，值为 0 字符。段落缩进包括左缩进、右缩进、首行缩进和悬挂缩进。

（1）左缩进：指段落左边至页面左边界的距离。

（2）右缩进：指段落右边至页面右边界的距离。

（3）首行缩进：指每段第一行第一个字符的起始位置。

（4）悬挂缩进：指段落中除第一行以外的各行的左缩进，使之悬挂于第一行之下。

注意：利用"缩进"选项可以设置左缩进和右缩进，利用"特殊格式"下拉列表框可以设置首行缩进和悬挂缩进，如图 3-48 所示。

6. 间距和行距

在 Word 文档中，段落与段落之间、行与行之间也有一定的距离。

间距有段前间距和段后间距之分。段前间距是指上一段的最后一行与当前段落的第一行之间的距离；段后间距指的是当前段落的最后一行与下一段落的第一行之间的距离。

行距是指段落中各行之间的距离。行距取值有单倍行距、1.5 倍行距、2 倍行距、最小值、最大值、多倍行距之分，可在"缩进和间距"选项卡中设置间距和行距，如图 3-48 所示。

在默认情况下，行距采用单倍行距，段前和段后间距设置为 0 行。

7. 项目符号和编号

为了说明某个问题，会列举一些项目或条款，并加上一些项目符号（无序信息）和编号（有序信息），从而使文档简洁明了，清晰有条理。项目符号和编号属于段落属性，一般先输入段落文本，再设置项目符号和编号。

（1）设置项目符号。将光标移至需要设置项目符号的段落，选择"开始"→"段落"命令，单击"项目符号"右侧的下三角按钮，按需要选择一种项目符号即可，如图 3-49 所示。选择"定义新项目符号"命令，弹出"定义新项目符号"对话框。在"符号""图片"中可以选择其他的符号或图片作为项目标记，在"字体"中可以对项目符号进行格式设置，如图 3-50 所示。

图 3-49　设置项目符号和编号

（2）设置编号。将光标移至需要设置编号的段落，选择"开始"→"段落"命令，单击"编号"右侧的下三角按钮，按需要选择一种编号即可，如图 3-49 所示。选择"定义新编号格式"命令，弹出"定义新编号格式"对话框，如图 3-51 所示。

图 3-50　"定义新项目符号"对话框

图 3-51　"定义新编号格式"对话框

注意：Word 具有自动设置项目符号和编号的功能，只要遵循一定的规则，Word 就会自动添加项目符号和编号。

1）自动设置项目符号：先在行首输入一个星号（*），再输入一个空格，然后输入文字并按回车键，*就会自动转换成项目符号（●）。连续按两次 Enter 键或按 Backspace 键则会结束自动设置项目符号。

2）自动设置编号：先在行首输入一个数字或字母，再跟上一个圆点、顿号或右括号，再加上一个空格，然后输入文字并按 Enter 键，就会自动连续编号。

3）取消自动设置项目符号和编号：执行"文件"→"选项"→"校对"→"自动更正选项"命令，在打开的"自动更正选项"对话框中选择"输入时自动套用格式"选项卡，清除"自动项目符号列表"和"自动编号列表"复选框的勾选。

8. 边框和底纹

边框是指文本、段落或者页面四周的框线。底纹是指为文本、段落填充的背景颜色和图案。在 Word 文档中，可以为文字、段落添加边框或底纹，也可以为页面添加边框，具体操作方法如下：

（1）若为文字设置边框和底纹，则需选定文字；若为段落设置边框和底纹，则单击段落的任意位置；若为页面设置边框和底纹，则不做选择。

（2）执行"开始"→"段落"→"底纹"（"边框"）命令，可以快捷地设置边框和底纹的，如图 3-52 所示。也可以执行"开始"→"段落"→"边框"→"边框和底纹"命令，弹出"边框和底纹"对话框，如图 3-53 所示。在"边框"选项下选择一种边框样式（"自定义"边框样式可通过"预览"框内按钮定制），并设置"样式""颜色"和"宽度"，在"应用于"下拉列表框中选择"文字"或"段落"选项。

图 3-52　设置边框和底纹

（3）单击"底纹"标签，弹出"底纹"选项卡。在"填充"中选择颜色，在"图案"中选择样式或颜色，在"应用于"下拉列表框中选择"文字"或"段落"选项，如图 3-54 所示。

（4）取消边框和底纹设置。先选定文本，在"边框"选项卡的"设置"中，选择"无"即取消边框的设置；在"底纹"选项卡的"填充"中，选择"无颜色"即取消底纹的设置。

（5）单击"确定"按钮，完成给文字或段落添加边框和底纹效果。

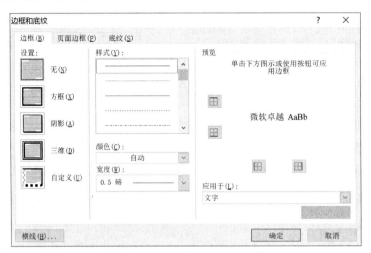

图 3-53 "边框和底纹"对话框

图 3-54 "底纹"选项卡

注意：若要给文档页面添加边框，单击"页面边框"标签，在弹出的"页面边框"选项卡中适当设置边框"样式""颜色"和"宽度"等，其操作方法类似于文字和段落的边框设置方法，这里不再赘述。所不同的是页面边框提供了一种艺术框线型可供选择。

【拓展与提高】

1. 分栏

在 Word 文档中，允许将文档的全部内容或部分内容分成并排的几栏显示，还可以选择将文档分成几个部分，每个部分采用不同的栏数以及设计不同的版面。具体操作方法如下：

（1）选定需要分栏的文档内容（若不选则默认为整个文档分栏），执行"页面布局"→"分栏"命令，选择栏数，如图 3-55 所示。

（2）设定栏数后，进一步的设置可以在"分栏"对话框中完成，如图 3-56 所示。"宽度和间距"自动列出每一栏的宽度和间距（距离下一栏的距离），可以重新输入数据修改栏宽。若勾选"栏宽相等"复选框，则所有栏宽均相等。

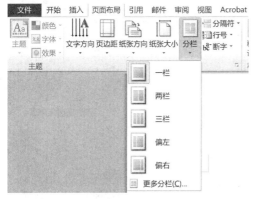

图 3-55　分栏

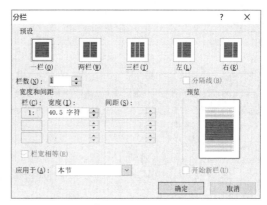

图 3-56　"分栏"对话框

（3）勾选"分隔线"复选框，则在两栏之间加上分隔线。

（4）在"应用于"下拉列表框中可选择整篇文档、插入点之后、所选文档等分栏范围，然后单击"确定"按钮。

注意：单击预设"一栏"或者将"栏数"设定为"1"，则表示取消分栏。

2. 中文版式

中文版的 Word 中提供了专门的中文版式，中文版式根据中文特点增加了拼音指南、带圈文字、纵横混排、合并字符和双行合一等功能，效果如图 3-57 所示。中文版式的操作可以通过执行"字体"和"段落"中的相关命令实现，如图 3-58 所示。

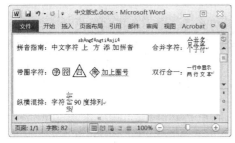

图 3-57　"中文版式"效果

图 3-58　"中文版式"命令按钮

（1）拼音指南是指在中文字符的上方添加相应的拼音字母。选择文本，执行"字体"→"拼音指南"命令，打开"拼音指南"对话框，如图 3-59 所示。设置好后单击"确定"按钮，返回文档窗口，完成中文版式"拼音指南"设置。

（2）带圈字符是指在字符四周加上圈号（○、□、△、◇）。选择文本，执行"字体"→"带圈字符"命令，打开"带圈字符"对话框，如图 3-60 所示。设置好后单击"确定"按钮，返回文档窗口，完成中文版式"带圈字符"设置。

（3）纵横混排是指将字符逆时针 90 度排列。选择文本，选择"段落"→"中文版式"→"纵横混排"命令，打开"纵横混排"对话框。设置好后单击"确定"按钮，返回文档窗口，完成中文版式"纵横混排"设置。

（4）合并字符是指将多个字符（不超过 6 个）合并为一个整体。与"纵横混排"的操作方法类似。

（5）双行合一是指在一行中显示两行文本。与"纵横混排"的操作方法类似。

图 3-59　"拼音指南"对话框

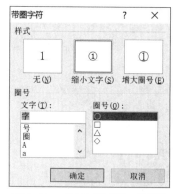

图 3-60　"带圈字符"对话框

3. 制表符

制表符的功能是使一列上下各行数据对齐，使用制表符可以节省输入空格来对齐上下各列的时间。制表符类型有左对齐式制表符、居中式制表符、右对齐式制表符、小数点对齐式制表符和竖线对齐式制表符，执行"视图"→"显示"命令，勾选"标尺"复选框，如图 3-61 所示。

图 3-61　水平标尺上的制表符标记

注意：

（1）单击水平标尺上的"制表符"按钮可以设置制表符。选择不同制表符的操作方法如下：首先移动光标到需要设置制表符的段落中，然后单击水平标尺最左端的制表符切换按钮，直到出现所需的制表符类型。最后，将鼠标移到水平标尺上，在需要设置制表符的位置单击，标尺上立即出现一个制表符。

（2）可以通过拖动制表位标记来调整制表位位置。若单击制表位并拖离水平标尺，则可删除该制表位。

若在一行中设置了多个制表符，当输入文字后，按下 Tab 键，插入点光标将移动到下一个制表符的位置，继续输入下一列文字，完成文字段落的自动对齐。

（1）设置制表符。

1）可以利用水平标尺上的"制表符"按钮设置制表符，也可以通过"制表位"对话框设置。执行"开始"→"段落"命令，在"段落"对话框中单击"制表位"按钮，打开"制表位"对话框。

2）设置"制表位"位置：在"制表位"对话框中，依次在"制表位位置"文本框中输入制表位的位置（2、10、22 字符），在"对齐方式"中选择对齐方式（左对齐、左对齐、左对齐），在"前导符"中选择前导符类型（1 无、1 无、5 ……），并单击"设置"按钮加以确认，如图 3-62 所示。

注意：单击"清除"按钮可以逐个清除制表位，单击"全部清除"按钮清除全部制表位。

3）单击"确定"按钮，返回文档窗口，水平标尺上将出现相应的制表位。

（2）输入文字内容。按 Tab 键，插入点跳到第 1 个制表位，输入"节日"；继续按 Tab

键，插入点跳到第 2 个制表位，输入"放假时间"；继续按 Tab 键，插入点跳到第 3 个制表位，输入"天数"。后续内容输入重复这个步骤，不再赘述，完成的效果如图 3-63 所示。

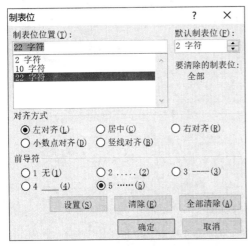

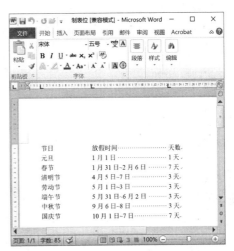

图 3-62　"制表位"参数设置　　　　图 3-63　水平标尺上设置"制表位"

4. 样式

样式是一套特定字符格式和段落格式的组合。使用样式能减少许多重复的操作，提高排版效率。按不同的定义方式，样式可以分为字符样式、段落样式、列表样式和表格样式，也可以分为内置样式和自定义样式。内置样式和自定义样式的使用方式没有任何区别，只是用户无法删除内置样式，而删除了自定义样式后，所有使用该样式的文本将使用"正文"样式。

内置样式中有一类特殊的标题样式：标题 1～9。与其他样式不同的是，标题样式对应于大纲级别 1～9。标题样式主要用于各级标题段落，是构成文档结构图和目录的基础。

文档默认样式和基础样式是"正文"样式，其他样式都是基于"正文"样式的格式改变，修改"正文"样式会影响所有基于"正文"样式的其他样式。

为统一文件风格，相同级别的段落应当具有相同的样式。如果对默认模板中的样式不满意，用户可以修改现有样式，也可以新建自定义样式。具体操作方法如下。

（1）应用样式：若要应用样式，单击要应用样式的段落的任意位置或选定要应用样式的文本。在"开始"功能区的"样式"组中，单击"其他"按钮，如图 3-64 所示，弹出"样式"下拉列表框，如图 3-65 所示。在"样式"下拉列表框中，单击适用的样式名，段落或选定的文本即可套用当前样式。

图 3-64　"样式"窗口　　　　　　　图 3-65　"样式"下拉列表框

注意：也可继续选择"应用样式"命令，打开"应用样式"对话框，如图 3-66 所示。在"样式名"下拉列表框中，选择适用的样式名，段落或选定文本即可应用该样式。或者在"开始"功能区的"样式"组中，单击"样式启动器"按钮，弹出"样式"任务窗格，如图 3-67 所示。其中列出了当前文档应用的样式，选择适用的样式名，段落或选定文本即可应用该样式。

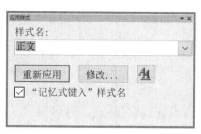

图 3-66　"应用样式"对话框

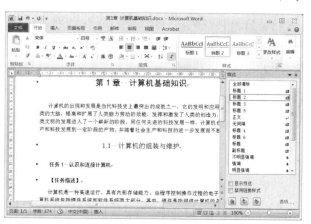

图 3-67　"样式"任务窗格

（2）修改样式：若要修改样式，在"开始"功能区的"样式"功能组中或在"样式"任务窗格中，右击要修改的样式名称，在弹出的快捷菜单中选择"修改"命令，弹出"修改样式"对话框，如图 3-68 所示。自行修改段落格式、字符格式，然后单击"确定"按钮完成修改。

（3）新建样式：若要新建样式，在"样式"任务窗格中，单击"新建样式"按钮，弹出"根据格式设置创建新样式"对话框，如图 3-69 所示。用户在设置好样式名、样式类型（段落或字符）、基准样式、后续段落样式等选项后，相关格式会自行修改。

图 3-68　"修改样式"对话框

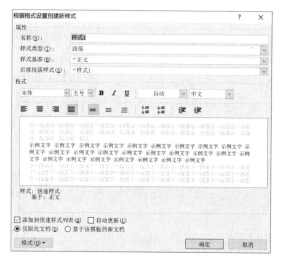

图 3-69　"根据格式设置创建新样式"对话框

5．域

域是 Word 中的一种特殊命令，Word 域分为域代码和域结果。域代码是由域特征字符、域类型、域指令和开关组成的字符串；域结果是域代码所代表的信息。域结果根据文档的变动或相应因素的变化而自动更新。域特征字符是指包围域代码的大括号"{}"，它不是从键盘上直接输入的，按 Ctrl+F9 组合键可插入这对域特征字符。域类型就是 Word 域的名称，域指令和开关是设定域类型如何工作的指令或开关。

Word 域的应用非常广，例如：用于脚注、尾注的号码、自动编页码、插入日期和时间；自动创建目录、关键词索引、图表目录；创建数学公式；实现邮件的自动合并与打印；调整文字位置等。在用 Word 处理文档时若能巧妙应用域，会给我们的生活和工作带来极大的方便。

（1）插入域。把鼠标放在要插入域的位置，执行"插入"→"文本"→"文档部件"命令，如图 3-70 所示，在弹出的下拉列表中选择"域"命令，弹出"域"对话框。

图 3-70　插入域

域名是按英文字母排序的。在"域"对话框中有类别设置，当选择某个类别时，则下面列出相应的域名，如图 3-71 所示。

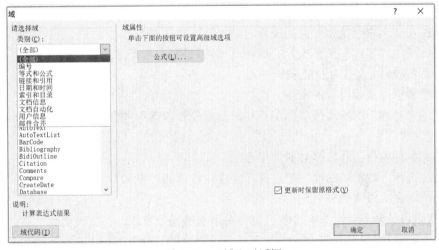

图 3-71　"域"对话框

（2）更新域。当 Word 文档中的域没有显示出最新信息时，用户应采取以下措施进行更新，以获得新域结果。单击需要更新的域或域结果，然后按下 F9 键。

注意：打印前更新域是 Word 的一种打印选项，如果当前需要打印的 Word 文档中含有域，并且对域进行了修改，为了能够打印出更新后的域内容，则用户可以设置打印前更新域功能。步骤如下：执行"文件"→"选项"命令，在打开的"Word 选项"对话框中切换到"显示"选项卡。在"打印选项"区域勾选"打印前更新域"复选框，单击"确定"按钮即可，如图 3-72 所示。

图 3-72　打印前更新域

【思考与实训】

1．熟练掌握文本的选择、移动、复制和粘贴等操作方法。

2．掌握在文本中查找或替换的操作方法。

3．熟练使用"字体"工具栏，完成对文本的修饰。

4．熟悉各种常见中文版式的操作方法。

5．熟悉边框和底纹设置的操作方法。

6．熟悉"开始"中的"段落"工具栏，掌握设置段落对齐方式、段落缩进和段落间距等的基本操作方法。

7．熟悉各种项目符号和编号的使用方法。

8．熟练进行"边框和底纹"的设置，完成对段落的边框和背景的设置。

9．熟练掌握对段落的分栏操作方法。

10．认识各种制表符，掌握"制表位"对话框的操作方法。

11．熟练使用格式刷，快速掌握对文本格式进行复制的操作方法。

12．了解域的概念，掌握常见的域操作方法。

任务 4　打印输出

【任务描述】

　　文档的页面设置是针对文档的宏观格式设置的。一个文档要打印到纸上，会有页面如何安排的问题，包括纸张大小、页边框、文本排列方向、行数和列数等，完成上述参数设置后可以进行打印预览，待打印效果满意后，就可以真正进行打印输出了。利用 Word 提供的页面设置与打印功能，用户可以打印输出符合要求的文档。本任务将讨论文档的页面设置、打印预览及打印设置方法。

【案例】对"期刊打印"文档进行页面设置与打印预览操作，如图 3-73 所示。

图 3-73 "打印预览"效果

【方法与步骤】

（1）打开"页面设置"对话框，对文本进行页边距的设置：上、下页边距均为 4 厘米，左、右均为 3.1 厘米，纸张的大小设置为 A4，在"应用于"中选定文档范围为"整篇文档"。

（2）利用"打印预览"先查看一下打印的总体效果，选择 50%显示比例进行预览，并且熟悉"打印预览"工具栏各按钮的功能，然后单击"关闭"按钮，回到文档的页面视图中。

（3）保存文档。

【基础与常识】

1. 页面设置

执行"文件"→"打印"→"页面设置"命令，弹出"页面设置"对话框，如图 3-74 所示。

（1）页边距。页边距是指文本与纸张边缘的距离。在"页边距"选项卡中，可以设置上、下、左、右 4 个方向的距离；在"方向"中选择"纵向"或"横向"的页面方向；如果文档需要装订，还可以在"装订线"和"装订线位置"中分别设置装订线的距离和位置。

（2）纸张。在"纸张"选项卡里设置打印纸张的大小和纸张来源，如图 3-75 所示。在"纸张大小"下拉列表框中列出了常用的纸张规格；在"纸张来源"列表框中列出了纸张来源；在"应用于"下拉列表框中选定设置的范围，选定的文本内容将根据设置参数进行打印。

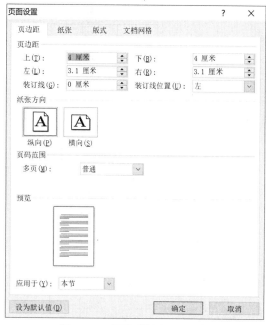

图 3-74 "页面设置"对话框

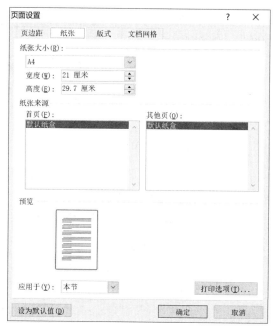

图 3-75 "纸张"选项卡

（3）版式。在"版式"选项卡中可以设置节的起始位置、页眉和页脚的"奇偶页不同"或"首页不同"以及垂直对齐方式，如图 3-76 所示。

（4）文档网格。在"文档网格"选项卡中可以设置每页的行数和每行的字数、文字排列的方式（水平或垂直）。文字排列方式默认为水平方向排列，如图 3-77 所示。

图 3-76 "版式"选项卡

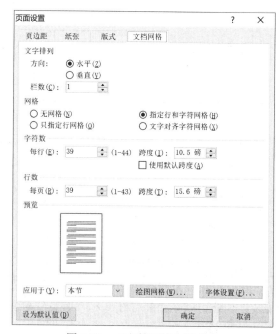

图 3-77 "文档网格"选项卡

2．打印预览

在打印之前可以利用"打印预览"先查看一下打印的总体效果，如果不满意，可以在"打印预览"中调整边界、修改文档等，并在满意之后再打印。具体操作方法如下：

（1）执行"文件"→"打印"命令，即可在窗口右边预览文件打印效果，如图 3-78 所示。

图 3-78　"打印预览"

（2）在预览框的左下方可以查看当前页及总页数，可以选择要预览的页面。

（3）在预览框的右下方"显示比例"中可选择不同的显示比例进行预览。

3．打印

一旦将打印机正确连接到计算机并设置好各项参数，即可打印文档。有时还需要通过"打印"选项界面进行细化设置，具体操作方法如下：

（1）执行"文件"→"打印"命令，在打印文档之前可以进行选择打印机、打印页面和打印方式等的设置。单击"打印所有页"右边的下三角按钮，可以在打开的下拉列表中设置打印的范围，如图 3-79 所示。其中：

● 选择默认的"打印所有页"，则打印全部文档。

● 选择"打印当前页"，则打印光标所在的当前页。

● 选择"打印自定义范围"，则打印选定的页或节。

（2）在"份数"中设置需打印的份数，在"打印机"中选择打印机，如图 3-79 所示。

（3）在"页码范围"可指定打印的部分文档。如要打印文档的 1，2，3，6，9 页的内容，可以设置成"1-3,6,9"，如图 3-80 所示。

（4）单击"单面打印"右边的下三角按钮，打开下拉列表，可以在"单面打印""手动双面打印"两种打印方式中选择，如图 3-80 所示。

（5）单击"A4"右边的下三角按钮，在打开的下拉列表中选择打印的纸张，如图 3-80 所示。

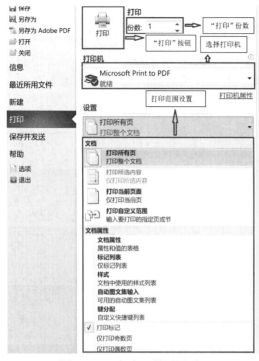

图 3-79　"打印"设置界面 1

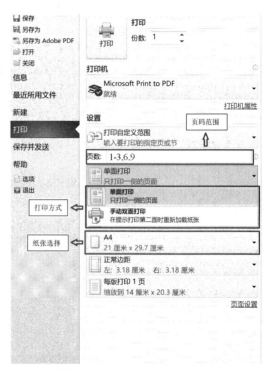

图 3-80　"打印"设置界面 2

（6）单击"打印"按钮可以开始打印。

【拓展与提高】

1. 页码

给文档加上页码，尤其是长文档，既便于阅读，也便于按序装订。页码一般位于页眉或页脚中，当然也可以在其他位置加页码。具体操作方法如下：

（1）执行"插入"→"页码"命令，设置页码的位置和页边距，可以选择"页面顶端""页面底端"或"当前位置"，在每种位置中还可以设置页码的各种样式，如图 3-81 所示。

（2）单击"设置页码格式"按钮，弹出"页码格式"对话框，可在此对话框中设置页码格式的"编号格式"、是否"包含章节号"和"页码编排"起点等，如图 3-82 所示。

图 3-81　插入"页码"

图 3-82　"页码格式"对话框

注意：因为页码是页眉/页脚的一部分，所以也可在页眉/页脚状态下进行操作。

2. 页眉和页脚

页眉位于页面顶端，用来显示文件名称、章节等信息；而页脚位于页面底端，用来显示页码、总页数等信息。页眉和页脚中可以输入文字，也可以插入图形，其存放信息重复出现在每一页上，主要用来说明页与页之间的逻辑关系。插入页眉和页脚的具体操作方法如下：

（1）选择"插入"→"页眉"→"编辑页眉"命令，进入页眉编辑区，同时打开"页眉和页脚"工具栏，如图 3-83 所示。

图 3-83 "页眉和页脚"工具栏

注意：在"页眉和页脚"工具栏中，单击"转至页脚"和"转至页眉"按钮，可以在页眉编辑区和页脚编辑区之间切换。

（2）在页眉或页脚编辑区中可输入文字或插入图形。单击"页眉和页脚"工具栏的相应按钮可以插入页码、页数，设置页码格式，插入日期、时间等。

（3）单击"关闭页眉和页脚"按钮或双击文本区可返回文档正文编辑区。

注意：

1）默认情况下，页眉底部会出现一条单线，如要将单线改为其他线型，则需双击页眉编辑区域，然后执行"开始"→"段落"→"边框"→"边框和底纹"命令，在弹出的"边框和底纹"对话框中可自行设置其他线型。如果想去除页眉线，则在"边框"选项中选择"无框线"选项，或者按下 Ctrl+Shift+N 组合键。

2）默认情况下，设置或修改了当前页页眉/页脚内容，前一页乃至所有页中的页眉/页脚内容都会发生变化。若要在文档的不同部分使用不同的页眉/页脚，使得文档便于阅读、查找和引用，则必须先插入分节符，而后取消"链接到前一个页眉"按钮，从而切断前后节的关系。

3. 目录制作

目录是文档中各级标题的列表（文档结构图中的左侧列表），是检索定位、纲目指引的工具。目录是按照一定次序编排而成的，其依据就是段落的标题级别，图 3-84 所示为一"目录制作"效果图。

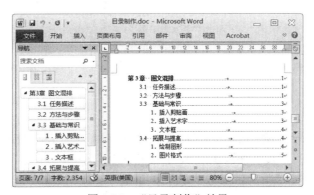

图 3-84 "目录制作"效果

Word 具有自动生成目录的功能，一旦因修改文章而使标题所在页码发生变化，甚至调整了章节结构，Word 目录可以方便地更新，以适应文档的修改。具体操作方法如下：

（1）插入目录：将插入点置于需要插入目录的位置，执行"引用"→"目录"命令，如图 3-85 所示。

图 3-85　插入目录

（2）选择"插入目录"，弹出"目录"对话框，设置"制表符前导符"和目录"格式"及标题"显示级别"等，如图 3-86 所示。最后单击"确定"按钮，完成目录制作。

注意：在创建目录时，有时会弹出"错误！未找到目录项。"信息，这是因为选定段落或文档没有进行标题级别设置（它是 Word 文档生成目录的基础）。设置标题级别有两种方法：标题样式或大纲级别。具体操作方法分别如下：

1）设置标题样式：为文档的各级标题段落指定恰当的标题样式是创建目录最好的方式，因为标题样式包含了大纲级别。具体操作方法详见任务 3【拓展与提高】的"4.样式"部分。

2）设置大纲级别：执行"开始"→"段落"命令，打开"段落"工具栏。将光标分别定位于各标题处，并通过"大纲级别"下拉列表框设置各标题的级别（1~9级），如图 3-87 所示。一般情况下，章设为 1 级，节设为 2 级，依此类推。

图 3-86　"目录"选项卡

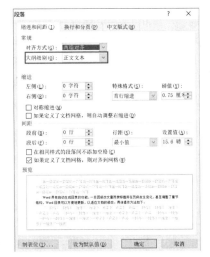

图 3-87　设置大纲级别

【思考与实训】

1．打开"页面设置"对话框，实现对文本的页边距设置、纸张设置和打印预览的操作。

2．学会通过"打印"进行相关设置并打印文件。

3．掌握"页眉/页脚"的设置方法和技巧，了解"奇偶页不同"和"首页不同"的区别。

4．掌握目录制作的技巧和方法。

3.3 表格和图形

任务 5 插入表格

【任务描述】

表格是用于组织数据的最有效工具之一，以行和列的形式直观展现信息。Word 文档提供的表格处理功能不仅可以快速创建表格，还可以在单元格中输入文本和图形信息，而且还能对表格的数据进行排序和简单计算。本任务通过在 Word 文档中插入一个表格来实现有关表格制作与排版。

【案例】对"诗歌欣赏"文档的作者年龄进行计算并保存，如图 3-88 所示。

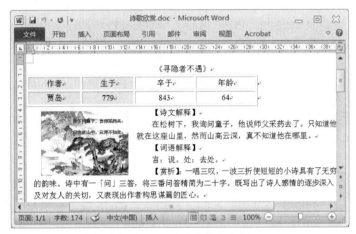

图 3-88 "诗歌欣赏"文档

基本要求如下：
（1）输入"作者、生于、卒于、年龄"和"贾岛、779、843、64"等文本信息。
（2）将第 1 列和第 2 列的宽度修改为 2.5 厘米。
（3）设置表格自动套用格式为"网页型 1"样式。
（4）将第 1 列和第 2 列填充为浅绿色，整个表格的对齐方式为中部居中。
（5）计算出作者年龄。

【方法与步骤】

（1）先输入"《寻隐者不遇》"文本，然后按 Enter 键，选择"插入"→"表格"命令，在新段中插入一个 4×2 的表格，按要求分别输入"作者、生于、卒于、年龄"和"贾岛、779、843"文本。

（2）选择第 1、2 列，执行"布局"→"单元格大小"命令，在"宽度"中将第 1 列和第 2 列的宽度修改为 2.5 厘米，如图 3-89 所示。单击"属性"按钮，打开"表格属性"对话框。在"列"选项卡中也可以进行同样的修改，如图 3-90 所示。

图 3-89　表格"布局"页面

图 3-90　"表格属性"对话框

（3）将鼠标定位在表格中或者选中表格，执行"设计"→"表格样式"命令，打开"表格样式"下拉列表，如图 3-91 所示，在"内置"中选择"网页型 1"样式。

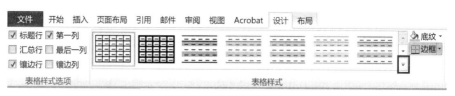

图 3-91　选择表格样式

（4）然后选择整个表格，右击，在快捷菜单中选择"单元格对齐方式"命令，设置对齐方式为水平居中。

（5）单击 D2 单元格，执行"表格"→"公式"命令，在弹出的"公式"对话框的公式文本框中输入"=C2-B2"，然后单击"确定"按钮，计算出作者年龄。

【基础与常识】

1．建立表格

Word 2010 提供了多种创建表格的方法，分别介绍如下。

（1）使用工具按钮插入表格。执行"插入"→"表格"命令，弹出"插入表格"界面，然后向下向右拖动鼠标指针定义表格的行数和列数，如 2 行、4 列的网格，如图 3-92 所示，最后松开鼠标即可完成当前插入点处表格的绘制。

（2）使用"表格"对话框创建表格。执行"插入"→"表格"→"插入表格"命令，弹出"插入表格"对话框，如图 3-93 所示。在"列数"和"行数"框中输入表格的列数和行数。单击"确定"按钮，完成在当前插入点处表格的插入。

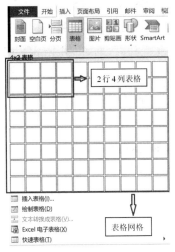

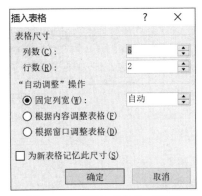

图 3-92　定义表格行数和列数　　　　　　　图 3-93　"插入表格"对话框

（3）手工绘制表格。对一些较复杂的表格可以采用手工绘制，具体操作方法如下：

1）单击要创建表格的位置。

2）执行"插入"→"表格"→"绘制表格"命令，此时鼠标指针变为笔形。在要绘制表格的位置拖动鼠标，然后可在"表格工具-设计"功能区中的"绘图边框"上设置表格线型、粗细、边框颜色等属性，如图 3-94 所示。

图 3-94　"表格工具-设计"功能区

3）先绘制表格的外边框（从起点位置拖动鼠标至其对角线终点），然后绘制表格内的行（水平线）、列（垂直线）和单元格的对角线。

注意：如果要擦除框线，可单击"擦除"按钮，指针变为橡皮擦形状，将其移到要擦除的框线上单击即可将其擦除；再次单击"擦除"按钮或按 Esc 键，则取消"擦除"功能。

4）若要绘制斜线表头，可单击要绘制斜线表头的单元格，执行"设计"→"边框"命令，选择"斜下框线"或者"斜上框线"即可；更多复杂的斜线表头可通过"插入"→"形状"中的直线来绘制。

（4）文本转换成表格。Word 可将规则排列的文本转换成表格，转换时必须指定逗号、制表符、段落标记或其他字符作为文本的分隔符。具体操作方法如下：

1）先选定要转换的文本。

2）执行"插入"→"转换"→"文本转换成表格"命令，弹出"将文字转换成表格"对话框，如图 3-95 所示。

3）在"文字分隔位置"选项区内选定分隔符，分隔符分开的各部分内容将转变为各个单元格的内容，最后单击"确定"按钮，完成转换。

注意：Word 2010 还提供了插入 Excel 电子表格和快速表格的方法，这里不再赘述。

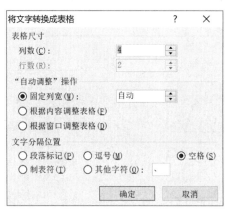

图 3-95　"将文字转换成表格"对话框

2．编辑表格

（1）选定单元格。若需要对表格中的内容进行编辑操作，首先要选中单元格。具体操作方法如下所述。

1）选定单元格：拖动鼠标或者将鼠标指针移到单元格左边，直至鼠标指针变成黑色小箭头（ ↗ ）时，单击即可实现。

2）选定行：拖动鼠标或者将鼠标指针移到行首，直至鼠标指针变成黑色小箭头（ ↗ ）时，双击即可实现；或者将鼠标指针移到行首，直至鼠标指针变成空心白箭头（ ↗ ）时，单击即可实现。

3）选定列：拖动鼠标或者将鼠标指针移到列顶，当鼠标指针变成黑色小箭头（ ↓ ）时，单击即可实现。

4）选定整个表格：拖动鼠标或者将鼠标指针移到表格的左上角，当表格的左上角位置处出现十字交叉的箭头符号（ ⊞ ）时，单击此符号即可。

注意：当光标定位在表格中时，按 Tab 键，选定右邻单元格的文本；按 Shift+Tab 组合键，选定左邻单元格的文本；双击，则选中当前单元格的文本；利用方向键（↑、↓、→、←）也可以实现光标（上、下、左、右）的移动。

（2）移动或复制行、列及单元格。选定要移动或复制的行、列或单元格；将鼠标指针置于选定内容的上方，直至指针变成空心向左箭头（ ↖ ）时，按下鼠标左键拖动至新位置后释放鼠标，完成移动操作。若在拖动过程中，按下 Ctrl 键，则会复制到新位置。

（3）插入或删除行或列、单元格。

1）插入操作：选定要在其旁边进行插入操作的行或列、单元格；右击后，在弹出的快捷菜单中选择"插入"命令，从中选择相应位置即可。

2）删除操作：选定要删除的行或列、单元格；右击后，在弹出的快捷菜单中选择"删除行"或"删除列"或"删除单元格"命令即可。

注意：选定表格中的行、列或单元格，按 Delete 键只能删除选定对象的内容，而表格的单元格和框线仍然存在。

（4）拆分（合并）单元格。在 Word 2010 中，用户不但可以插入一些简单的、固定格式的表格，还可以利用单元格的合并、拆分等功能，制作出一些复杂的、灵活可变的表格。具体操作方法如下所述。

　　1）合并单元格：选定要合并的单元格，右击，在弹出的快捷菜单中选择"合并单元格"命令即可。

　　2）拆分单元格：选定要拆分的单元格，右击，在弹出的快捷菜单中选择"拆分单元格"命令即可。

　　（5）表格转换成文本。将表格转换成文本的过程中，可以指定段落标记、制表符、逗号或其他字符（需输入自定义分隔符）作为区分单元格文本的标记。转换后用段落标记分隔各行，用所选的文字分隔符分隔各单元格内容。具体操作方法如下：

　　1）先选定要转换成文本的表格。

　　2）执行"表格工具"→"布局"→"转换为文本"命令，弹出"表格转换成文本"对话框，如图 3-96 所示。

　　3）在"文字分隔符"选项中选择一种分隔符（段落标记、制表符、逗号或其他字符），然后单击"确定"按钮，完成转换。

　　3. 设置表格属性

　　在 Word 文档中，用户可以通过"表格属性"对话框对表格、行、列或单元格进行相关属性设置，具体操作方法如下：

　　（1）选定表格，右击，在弹出的快捷菜单中选择"表格属性"命令，弹出"表格属性"对话框，如图 3-97 所示。

图 3-96　"表格转换成文本"对话框

图 3-97　"表格属性"对话框

　　在"表格"选项卡中，用户可以对"表格"进行整体调整，包括尺寸、对齐方式、文字环绕方式、边框和底纹、表格选项（边距和间距）等。

　　（2）单击"行"标签，弹出"行"选项卡。在"行"选项卡中，用户可以对"行"进行调整，包括行高、选项设置。单击"上一行"或"下一行"按钮可以对指定行进行个性化调整。

　　（3）单击"列"标签，弹出"列"选项卡。在"列"选项卡中，用户可以对"列"进行调整，包括列宽、选项设置。单击"前一列"或"后一列"按钮可以对指定列进行个性化调整。

　　（4）单击"单元格"标签，弹出"单元格"选项卡。在"单元格"选项卡中，用户可以对"单元格"进行个性化调整，包括指定宽度、垂直对齐方式。

4. 自动套用格式

将鼠标指针定位在表格中或者选中表格，执行"设计"→"表格样式"命令，打开"表格样式"下拉列表，可以将表格设置成系统提供的样式，再进行较少的修改，从而快速地实现表格的设计与排版。

【拓展与提高】

1. 表格计算

在 Word 文档中，可以对表格中数据进行简单运算，见表 3-4。具体操作方法如下：

表 3-4　总分计算表

姓名	学号	数学	语文	英语	总分
王二	1309101	98	85	95	278
张三	1309102	74	83	92	
李四	1309103	88	69	78	

（1）将插入点置于需要进行总分计算的单元格 F2 中。

（2）执行"布局"→"数据"→"公式"命令，弹出"公式"对话框，如图 3-98 所示。

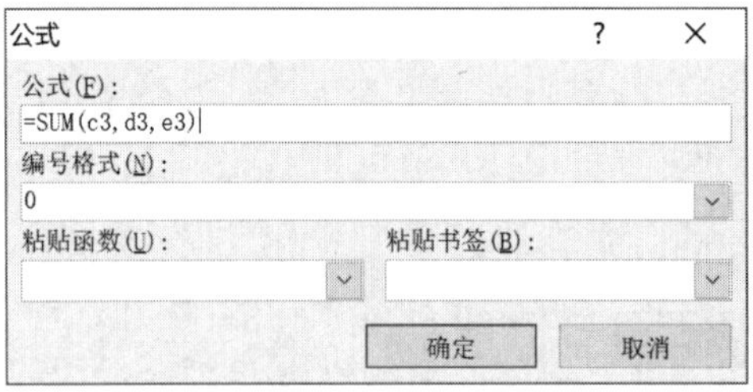

图 3-98　"公式"对话框

（3）在公式栏出现的函数括号中输入单元格名称引用，如 c3,d3,e3，在"编号格式"下拉列表框中选择数字格式。若公式栏函数有误，可在"粘贴函数"下拉列表框中选择所需函数。

注意："粘贴函数"下拉列表框包含很多函数，如 SUM()、AVERAGE()、MAX()等。计算时，需要引用单元格名称，单元格名称以列号行号命名形式出现，其中列号以英文字母 A，B，…形式表示，行号以数字 1，2，…形式表示。如 A2、B7 表示相应的单元格。

（4）单击"确定"按钮，完成 F3 单元格的计算，以类似的方法完成 F4 单元格的计算。

2. 表格排序

Word 2010 也提供了表格的排序功能，可以先把插入点置于要排序的单元格中，具体操作方法如下：

（1）选中表格，将插入点移到表格中。

（2）选择"布局"→"排序"命令，弹出"排序"对话框，如图 3-99 所示。

（3）从"主要关键字"下拉列表框中选择作为第一个排序依据的名称，如总分。

（4）从"类型"下拉列表框中选择排序依据的数据类型。

（5）选中"升序"或"降序"单选按钮，确定排序的方式。

图 3-99　"排序"对话框

（6）当若干数据在第一个排序依据相等时，还可以在"次要关键字"下拉列表框中选择作为第二个排序依据的名称，如：数学。

（7）在"列表"选项区中有两个选项："有标题行"和"无标题行"。这两个选项用于对是否把标题行作为排序范围进行设置。

（8）单击"确定"按钮即可。

【思考与实训】

1．熟悉几种建立表格的方法。
2．熟悉行、列以及单元格的插入和删除操作方法，学会合并或者拆分单元格的方法。
3．熟悉表格和文本相互转换的操作方法。
4．熟练使用表格自动套用格式设置表格的格式。
5．掌握表格的公式计算和排序操作方法。
6．打开"表格属性"对话框，完成对表格的相关设置。

任务 6　图文混排

【任务描述】

图的巧妙运用胜过千言万语，在文档中适当运用一些图片，一方面能为文档增色，另一方面能更好地传递信息。利用 Word 提供的图文混排功能，用户不仅可以在文档中插入图形对象，还可以使用"绘制"工具绘制任意图形，以使文档画面活泼新颖、丰富多彩。本任务通过在 Word 文档插入多种类型的图片来满足文档美观的设计要求。

【案例】为"论辩术"文档插入"刊头"图片和期刊标识文本框，如图 3-100 所示。

图 3-100　图文处理

【方法与步骤】

（1）定位光标插入点。将光标移到首行（标题行）的行首开始处，按 Enter 键后将光标插入点移到空白段落行。

（2）插入"刊头"图片。

1）执行"插入"→"插图"→"图片"命令，弹出"插入图片"对话框，在"查找范围"下拉列表框中选择名为"刊头.gif"的图片，如图 3-101 所示。

图 3-101　"插入图片"对话框

2）单击"插入"按钮，完成图片插入，返回文档。选中图片，选择"格式"，进一步调整图片尺寸大小（高 2.54 厘米、宽不变）和版式（顶端居左，四周型文字环绕），如图 3-102 所示。

图 3-102　"图片"工具栏

（3）插入文本框。执行"插入"→"文本"→"文本框"命令，选择"简单文本框"，在插入的文本框中输入文字（字号小五、居中对齐），在"格式"功能区中选择相应的操作调整文本框尺寸（高 2.54 厘米）和版式（四周型，右对齐），操作方法与图片的格式设置方法类似。

注意：文本框具有图形的属性，对文本框的修饰同图形基本类似。文本框的文字修饰同普通文本类似，这里不再赘述。

（4）插入分割线。执行"开始"→"段落"→"边框"命令，在下拉列表中选择"横线"即可插入一条分割线，如图 3-103 所示；右击"横线"，在弹出的快捷菜单中选择"设置横线格式"命令，弹出"设置横线格式"对话框，如图 3-104 所示。

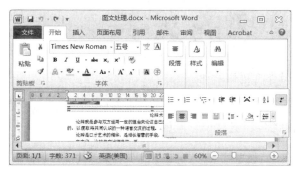

图 3-103　"插入横线"命令

图 3-104　"设置横线格式"对话框

【基础与常识】

在 Word 中的图片可以是剪贴画、图形文件、自选图形、艺术字或图表。插入图片后，可以设置图片的组合、叠放次序、对齐或分布、旋转、文字环绕等相关属性。

1. 插入剪贴画

剪贴画是 Microsoft 提供的矢量格式图片，这种格式的图片可在文档中任意缩放而不失真。插入剪贴画的具体操作方法如下：

（1）将插入点定位于首行开始处。

（2）执行"插入"→"插图"→"剪贴画"命令，弹出"剪贴画"任务窗格，在"搜索文字"文本框输入 board meetings，单击"搜索"按钮，下方列表框出现搜索结果，如图 3-105 所示；选择 board meetings 剪辑画后，完成剪辑画插入操作。

2. 插入艺术字

Word 2010 将艺术字当作图片来处理，艺术字效果均在绘图工具的格式栏下设置，包括形状样式、艺术字样式、文本、排列、大小等效果。插入艺术字的具体操作方法如下：

（1）执行"插入"→"艺术字"命令，弹出"艺术字"样式列表框，如图 3-106 所示；单击一种"艺术字"样式，弹出"艺术字"文本编辑框，如图 3-107 所示。

图 3-105　"剪贴画"任务窗格

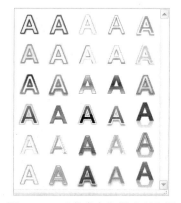

图 3-106　"艺术字"样式列表框

图 3-107　"艺术字"文本编辑框

（2）在"艺术字"文本编辑框中输入文字并设置字体、字号、字形等即可，若要进一步编辑，则可以通过绘图工具的"格式"功能区的按钮进行设置，如图 3-108 所示。

图 3-108　"格式"功能区

3．文本框

在 Word 文档中，文本和图表混排受到一定位置限制，但是若把文字、表格和图形放入到文本框中，拖动文本框就可随意放置到合适位置。对于广告、海报、报纸、期刊杂志等分块排版的文档，非常适合用文本框达到文本和图表混排的目的。具体操作方法如下所述：

执行"插入"→"文本"→"文本框"命令，选择文本框样式，单击后，出现文本框，输入文字即可。可以通过"格式"功能区中的按钮调整文本框的格式。

4．绘制图形

Word 不仅支持"插入"剪贴画、艺术字、图片，还支持绘制各种自选图形（线条、矩形、圆、椭圆、箭头和流程图）和各种流程图等结构化图形。绘制图形的具体操作方法如下。

（1）插入自选图形：执行"插入"→"插图"→"形状"命令，弹出自选图形列表框，按照需要选择图形，如图 3-109 所示。

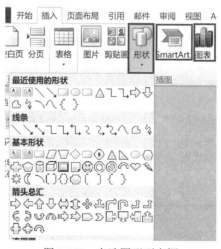

图 3-109　自选图形列表框

（2）插入结构化图形：执行"插入"→"SmartArt"命令，弹出"选择 SmartArt 图形"对话框，如图 3-110 所示，从中选择相关类型，即可绘制流程图等较为复杂的图形。

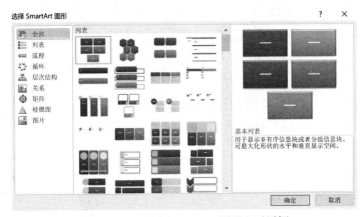

图 3-110　"选择 SmartArt 图形"对话框

【拓展与提高】

1. 插入数学公式

在 Word 2010 文档中，可以非常方便地插入数学公式，具体操作方法如下：

（1）将插入点移到要插入数学公式的位置。

（2）执行"插入"→"符号"→"公式"命令，选择需要的标准公式，如图 3-111 所示。

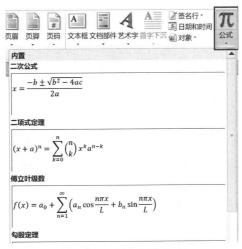

图 3-111　插入标准公式

（3）若要插入自定义公式，单击"插入新公式"按钮，弹出"公式"工具栏，如图 3-112 所示。然后根据"公式"工具栏提示输入相应的数学公式。

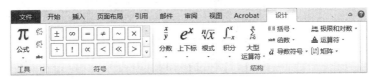

图 3-112　"公式"工具栏

（4）单击"公式编辑框"以外的任意位置，即可完成公式编辑操作。

2．插入超链接

在 Word 文档中插入超链接可以进行联机阅读。通过超链接可以跳到当前文档的某一个位置，也可以跳转至本地计算机中的另一个文档，还可以跳转至 Internet 上的某个网站。插入超链接的具体操作方法如下：

（1）选择要用来建立超链接的文本或图形对象。

（2）执行"插入"→"超链接"命令，弹出"插入超链接"对话框，如图 3-113 所示。

图 3-113　"插入超链接"对话框

（3）直接在"地址"文本框中输入一个目标文件，或者选择一个文件，单击"确定"按钮即可完成超链接的建立。

注意：若要删除超链接，可右击要删除的超链接，在弹出的快捷菜单中选择"取消超链接"命令即可。

3．插入图表

Word 2010 提供了插入图表的功能，具体操作方法如下：

（1）执行"插入"→"图表"命令，弹出"插入图表"对话框，如图 3-114 所示。

图 3-114　"插入图表"对话框

（2）选择一种图表类型，单击"确定"按钮，此时屏幕变成了 Word 和 Excel 两个文档，如图 3-115 所示。用户可以根据需要修改 Excel 表格中的数据。

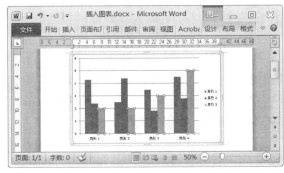
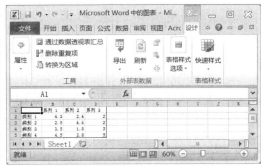

图 3-115　"编辑图表"对话框

（3）如果 Word 文档图表信息与 Excel 文档中数据信息不一致，应双击 Word 文档"图表工具-设计"工作区中的"选择数据"按钮，如图 3-116 所示，Excel 文档中立即弹出"选择数据源"对话框，然后在 Excel 文档中选择数据源即可，如图 3-117 所示。

图 3-116　执行"选择数据"命令　　　图 3-117　"选择数据源"对话框

4. 图片布局

Word 2010 中的文字和图片可以有多种混合排版的格式，具体操作方法如下：

（1）右击图片，在弹出的快捷菜单中选择"大小和位置"命令，弹出"布局"对话框的"大小"界面，可以设置图片的高度、宽度、旋转和缩放等信息，如图 3-118 所示。

（2）单击"文字环绕"标签，弹出"文字环绕"选项卡，默认插入图片的环绕方式为"嵌入型"，用户可以根据需要设置环绕方式，如图 3-119 所示。

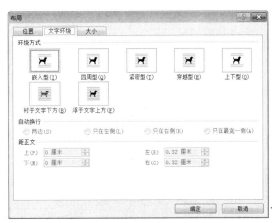

图 3-118　"大小"选项卡　　　图 3-119　"文字环绕"选项卡

【思考与实训】

1．掌握利用菜单插入各种图片的方法。
2．熟悉"插入"→"插图"菜单栏中各种插入图片的操作方法。
3．熟悉"插入"→"文本"菜单栏中各种插入图片的操作方法。
4．熟练使用"设置图片格式"对话框对图片进行编辑，实现图文混排。

习题三

一、填空题

1．Word 2010 文件的扩展名为_____。

2．在 Word 中，若要选中一个句子，应先按住_____键，然后单击句子的任何地方即可。

3．在 Word 中，若要插入一个矩形框，可以通过"文件"→"插图"→"_____"命令，选择矩形框，然后拖动鼠标来完成。

4．要显示 Word 文档的页眉和页脚，应选择的视图是_____。

5．在 Word 中，用户可以通过"文件"→"_____"命令对文档设置"用密码进行加密"。

6．在 Word 的编辑状态，在文档的最后插入注释，应该插入_____。

7．在 Word 中，如果要使文档中页眉和页脚的奇、偶页不同，在"页面设置"对话框中应选择的选项卡是_____。

8．Word 2010 表格由若干行和列组成，行列交叉的地方称为_____。

9．Word 2010 的视图有草稿、页面视图、Web 版式视图、大纲视图和_____5 种视图。

10．用 Word 完成一个文档的编辑排版主要包括输入、_____和保存 3 个步骤。

11．Word 窗口主要由标题栏、快速访问工具栏、菜单栏、导航窗格、_____、滚动条、_____、视图切换区和比例缩放区等组成。

12．Word 2010 提供了插入表格、_____、文本转换成表格、电子表格和_____来创建表格。

13．在 Word 中，选中矩形文本，拖动的同时需要按下_____键。

14．可通过"开始"→"段落"→"_____"命令在文档中添加项目符号。

15．进入 Word 的编辑状态后，进行中、英文输入法切换的组合键是_____。

16．在新建文档时，Word 2010 默认的字体是_____。

17．编辑 Word 2010 文档时，所见即所得的视图是_____。

18．在 Word 的编辑状态，要选取某个自然段，可以将鼠标移到该段选择区，然后执行_____击鼠标操作。

19．在 Word 2010 中，如果要强行分页，应通过"_____"菜单中的插入分隔符操作来实现。

20．在 Word 2010 中，标尺分为_____标尺和垂直标尺。

21．在 Word 2010 中，若要计算表格中某行数值的平均值，可使用的函数是_____。

22．在 Word 2010 中，文本框分为横排文本框和_____文本框。

23．在 Word 2010 中，段落提供的对齐方式有左对齐、右对齐、居中对齐、_____和分散对齐。

24．在 Word 2010 表格中，多个单元格可以_____一个单元格。

25．在 Word 2010 中，_____将表格设置成系统提供的样式，可以快速地实现表格的设计与排版。

二、选择题

1．Word 2010 的模板文件以（　　）作为扩展名。

　　A．.doc　　　　　　B．.dot　　　　　　C．.docx　　　　　　D．.dotx

2．段落中等于每行中最大字符高度两倍的行距被称为（　　）。

　　A．单倍行距　　　B．1.5 倍行距　　　C．2 倍行距　　　　D．固定值

3．在 Word 的编辑状态下为文档设置页码，可以使用（　　）菜单命令。

　　A．文件　　　　　　B．审阅　　　　　　C．视图　　　　　　D．插入

4．Office 办公软件是（　　）公司开发的。

　　A．WPS　　　　　　B．Microsoft　　　　C．Adobe　　　　　　D．IBM

5．在 Word 2010 中，每一页都要出现的内容一般应放在（　　）。

　　A．页眉　　　　　　　　　　　　B．段落开始处

　　C．段落结束处　　　　　　　　　D．都不是

6．要选中连续的一段文字，可以将插入点移至此段文字的开始处，按下（　　）键再单击。

　　A．Shift　　　　　　B．Alt　　　　　　C．Tab　　　　　　D．Ctrl

7．Word 文档默认的对齐方式是（　　）对齐。

　　A．左　　　　　　　B．右　　　　　　C．居中　　　　　　D．两端

8．在 Word 2010 中，在选定了整个表格之后，若要删除整个表格，可（　　）。

　　A．按 Delete 键　　　　　　　　B．按 Space 键

　　C．按 Esc 键　　　　　　　　　D．按 Tab 键

9．Word 2010 中显示有标题、最小化按钮、最大化按钮、关闭按钮等信息的是（　　）。

　　A．格式栏　　　　　B．菜单栏　　　　　C．标题栏　　　　　D．状态栏

10．在 Word 2010 表格的单元格内（　　）击鼠标左键，即可选定单元格。

　　A．单　　　　　　　B．双　　　　　　C．三　　　　　　　D．右

11．若要将选中的文本或段落格式重复应用多次，应（　　）。

　　A．拖动"格式刷"　　　　　　　B．右击"格式刷"

　　C．单击"格式刷"　　　　　　　D．双击"格式刷"

12．在 Word 2010 中，用户可根据需要在（　　）菜单中显示或隐藏标尺。

　　A．文件　　　　　　B．页面布局　　　　C．视图　　　　　　D．审阅

13．在中文 Word 2010 中，一般采用（　　）作为字体大小的单位。

　　A．号　　　　　　　B．磅　　　　　　C．个　　　　　　　D．行

14．下列关于"选定 Word 对象操作"的叙述，错误的是（　　）。

　　A．将鼠标指针移动到该行左侧，直到鼠标指针变成一个指向右边的箭头，然后单击，可以选定一行

B．按 Alt 键的同时拖动鼠标左键可以选定一个矩形区域

C．执行"编辑"→"选择"→"全选"命令可以选定整个文档

D．双击文本选定区可以选定一个段落

15．有关 Word 2010 中表格的说法，错误的是（　　　）。

A．可以将文本转换为表格

B．可以手工绘制表格

C．可以更改表格边框的线型

D．当表格行高为固定值时，过大的汉字可以完整显示

16．在 Word 2010 的"页面设置"中，可以设置的内容有（　　　）。

A．打印份数　　　　　　　　　　B．打印的页数

C．打印机属性　　　　　　　　　D．页边距

17．要打印文档第 1 页至第 6 页以及第 10 页的内容，则在"打印"对话框中应输入（　　　）。

A．1,6,10　　　　　　　　　　　B．1-6,10

C．1-6-10　　　　　　　　　　　D．1,6-10

18．（　　　）可用于复制文本或段落的格式。

A．剪切　　　　　　　　　　　　B．复制

C．粘贴　　　　　　　　　　　　D．格式刷

19．当前活动窗口是文档 d1.docx 的窗口，单击该窗口的"最小化"按钮后（　　　）。

A．该窗口和 d1.docx 文档都被关闭

B．关闭 d1.docx 文档但该窗口并未关闭

C．d1.docx 文档未关闭，且继续显示其内容

D．不显示 d1.docx 文档内容，但 d1.docx 文档并未关闭

20．在 Word 中，关于剪贴板说法正确的是（　　　）。

A．通过剪贴板不可以复制最近选中的内容

B．通过剪贴板可以复制文字，但不可以复制表格

C．通过剪贴板可以复制文字，但不可以复制图片

D．通过剪贴板可以复制文字，也可以复制表格或图片

21．下列关于分栏的说法正确的是（　　　）。

A．分栏后也可以取消分栏　　　　B．各栏的宽度必须相同

C．各栏的宽度可以不同　　　　　D．最多可以设 3 栏

22．若要将字符间距设置成自动调整中文与数字的间距，应当选择"开始"菜单中的（　　　）命令。

A．字体　　　　B．段落　　　　C．样式　　　　D．编辑

23．在 Word 2010 中，可以通过（　　　）功能区对不同版本的文档进行比较和合并。

A．页面布局　　B．引用　　　　C．审阅　　　　D．视图

24．在 Word 2010 中，可以通过（　　　）功能区对所选内容添加批注。

A．插入　　　　B．页面布局　　C．引用　　　　D．审阅

25．在 Word 2010 中，要在页面上插入页眉，应使用（　　　）菜单下的"页眉"命令。

A．文件　　　　B．开始　　　　C．插入　　　　D．引用

三、操作题

1．建立一个 Word 文档，输入以下文字并按要求进行排版操作。

长篇小说《碧血黄沙》简介

伊巴涅斯，西班牙伟大的作家和政治家，西班牙民主共和运动的领导人。一八六七年一月二十九日，他出生在一个商人的家庭，青年时代在首都马德里学法律，积极参加各种民众集会，成为一个激进的共和主义者。

在《碧血黄沙》这部长篇小说里，作家以充满同情的叙述笔调，磅礴撼人的气势，描绘了西班牙斗牛士的生活，展示了一幅雄伟生动的西班牙风俗民情的长卷。主人公加拉尔陀从一个孤苦伶仃的小鞋匠成为一个著名的斗牛大师，被贵族妇人所引诱，后来又被抛弃，以至在斗牛场上惨死。作者描写斗牛场面生动紧张，动人心魄，同时论述了斗牛的历史根源、社会基础、政治作用、心理影响，判定这种娱乐是一种时代错误。

在这个以斗牛加恋爱为主要框架的故事里，作者借国家和小羽毛这两个人物表达了政治思想，用他们的言行，剖析了当时整个西班牙严酷的现实生活。这无疑加深了小说的思想性。但是，作者的政治理想仍然是朦胧抽象的，国家的最高政治观点也只是"教育救国"，像小羽毛这样拿起刀枪和反动政府英勇斗争的"革命者"，作者却安排了一个被自己人暗杀的结局，因此，在表现作者共和主义思想方面，远远不如他对于斗牛场面的精湛描绘。

基本操作要求：

（1）标题：居中、楷书、24 号字、加粗、字符缩放 150%。"长篇小说"文本设置为蓝色、位置降低 6 磅，"简介"文本设置红色、位置提升 6 磅；"碧血黄沙"文本改为 BiXueHuangSha、英文圆体（Monotype Corsiva）、海绿色。

（2）页眉输入"作者：伊巴涅斯"文本，并设置字体四号、宋体、居中对齐。

（3）第一段首字下沉（2 行），字符底纹 20%灰度，文字蓝色并加海绿波浪线。

（4）第二段分 2 栏，栏宽相等，两栏间添加一个分隔线。

（5）第三段设置为：楷体、16#、加粗、下划线。

（6）在第三段的后面插入艺术字：西班牙杰出的现实主义作家。

（7）在文中插入动物类剪切画，设置四周型环绕。

2．在绘制表格中输入下列文字后按要求进行设置，见题表 3-1。

题表 3-1　学生参加课外活动情况表

班级号	名称	专业	书法人数	球类人数	其他人数	总人数
091400	09 计本	计算机科学	10	48	22	
091401	09 计应	计算机应用	20	37	10	
091402	09 计网	计算机网络	10	42	6	
091501	09 会计	会计管理	42	65	8	
091502	09 物流	物流管理	20	35	2	
091503	09 信管	信息管理	15	46	0	
091504	09 财管	财务管理	25	20	5	

基本操作要求：

（1）行高为 20 磅，列宽 2cm，表格居中。

（2）表格标题：宋体小五号字，居中，底纹图案样式为 20%浅绿。

（3）表头使用宋体 4 号，水平垂直居中，加底纹 12.5%灰。

（4）表格外边框为蓝色，2 磅，内边框为紫色，1.5 磅。

3．利用制表位制作如题图 3-1 所示的唐诗文档。

静夜思

李白

床前明月光，　　　　　疑是地上霜。

举头望明月，　　　　　低头思故乡。

题图 3-1　唐诗

要求用 3 个制表位：

（1）4 字符，左对齐。

（2）12 字符，居中对齐。

（3）20 字符，右对齐。

4．利用公式编辑器，在文档中输入以下公式：

（1）$X = \overline{(A * \overline{C} + \overline{B})D + \overline{LM}}$

（2）$M = \sum_{n=0}^{\infty} \frac{(2Y)!}{(X!)^3} x^{2n} + Y * \sqrt[3]{X}$

（3）$(X)^S = (\sum KIR^J)_R + \oint_I X$

5．现有某学校毕业实习生去单位实习的介绍信模板文件（介绍信模板.docx）和学生数据源文件（学生数据源.xlsx），利用邮件合并的操作完成介绍信文档的制作。

"介绍信模板.docx"内容如下：

<单位名称>：

现有 18 届<专业>的<同学>来贵单位实习，请予以接纳。

某学校

2018-3-1

"学生数据源.xlsx"内容如下：

学生数据源.xlsx

实习单位名称	专业	姓名
双科信息科技有限公司	信息管理	吴连
网智科技有限公司	信息管理	张陈
上海林源木业有限公司	物流管理	夏阳
宁波科伦机电物资有限公司	财务管理	陈霞
众翔商贸有限公司	工商管理	王丽

第 4 章　使用 Excel 2010

Excel 2010 是 Office 组件中的一款电子表格处理软件，它以直观的表格形式、友好的工作界面供用户编辑操作。Excel 不仅提供数据处理功能，如数据编辑、格式设置、数据计算和图表制作等，还提供数据库管理功能，如数据清单、数据排序、筛选、汇总统计和数据透视等。

4.1　初步认识 Excel 2010

任务 1　认识工作簿

【任务描述】

工作簿是 Excel 存储文件的基本单位，要使用 Excel 编辑和处理数据，就必须启动 Excel 并建立一个工作簿。本任务是通过重命名一个工作簿来了解 Excel 2010 的窗口配置和基本功能。

【案例】打开一个名为"图书.xlsx"的工作簿，将"图书目录"工作表标签颜色设置为红色，然后将 B2:B3 合并居中对齐，最后将工作簿重命名为 "图书推广.xlsx"，如图 4-1 所示。

图 4-1　"图书推广.xlsx"工作簿

【方法与步骤】

（1）启动 Excel 2010，执行"文件"→"打开"命令，弹出"打开"对话框，在"文件名"文本框中输入"D:\ch5\图书.xlsx"，完成工作簿的打开，如图 4-2 所示。

（2）右击"图书目录"工作表标签，在弹出的快捷菜单的级联菜单中选择标准色的"红色"选项，完成工作表标签颜色的设置，如图 4-3 所示。

（3）选择 B2:B3，单击"合并后居中"按钮，完成单元格的合并及居中设置，如图 4-4所示。

图 4-2　Excel 2010 的应用程序窗口

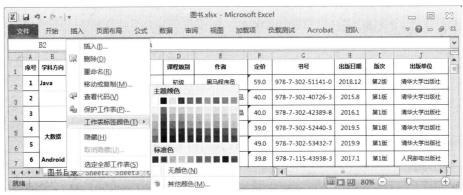

图 4-3　工作表标签颜色的设置

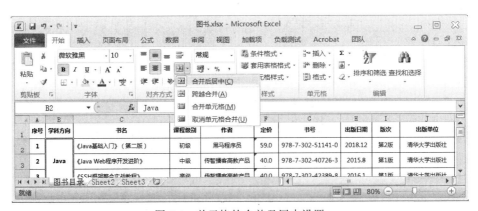

图 4-4　单元格的合并及居中设置

（4）执行"文件"→"另存为"命令，弹出"另存为"对话框，在"文件名"文本框中输入"图书推广"，完成工作簿的重命名。

【基础与常识】

1．Excel 的基本概念

工作簿、工作表和单元格是 Excel 的 3 个基本概念。它们之间的关系是：工作簿由工作表组成，工作表由单元格组成。

（1）工作簿。工作簿是 Excel 用来存储并处理工作表的文档文件，其扩展名为.xlsx。当启动 Excel 后，系统自动创建一个名为"工作簿 1"的空白工作簿，工作簿窗口布局如图 4-5 所示。

图 4-5 工作簿窗口布局

（2）工作表。工作表是工作簿的一部分，是 Excel 用来存储并处理数据的主要容器。一张工作表由 65536 行和 256 列组成，行号由上到下按照数字从 1～65536 编号，列号由左到右按照英文字典顺序从 A～Z，AA～AZ，BA～BZ，……，直到 IV 序号结束。一个工作簿默认包含 3 个工作表，分别命名为 Sheet1、Sheet2、Sheet3。如有需要，用户可以更改工作表名，也可以自行增加或删除工作表，但工作表最多不能超过 255 个，最少不能少于 1 个。

注意：用户总是对当前工作表进行操作。

（3）单元格。单元格是 Excel 用来存储数据和进行运算的最基本单位（行和列的交叉位置），工作表由单元格组成，其中可以输入文本、数字、日期、公式等数据。每个单元格都有一个地址作为它的标识，用"列号行号"形式组成。例如 A1 表示第 A 列和第 1 行交叉处的单元格。为了区分不同工作表的单元格，可在单元格地址前加上工作表表名来区别，标准引用形式为"工作表!单元格地址"，例如 Sheet1!A3 表示工作表 Sheet1 中的 A3 单元格。如果引用的是当前工作表的单元格，则工作表名称和分隔符（!）可以省略。

注意：对单元格进行操作之前，必须选择该单元格。当前选定的单元格称为当前单元格（活动单元格），当前单元格的外边框是一个带有填充柄（右下角的黑点）的黑框。用户总是在当前单元格中输入数据。

2. 单元格的操作

（1）单元格和区域的选定。

1）单元格选定。选择单元格的最简单方法是单击。也可以用键盘上的方向键（↑、↓、→、←）、Tab 键（右移）、Shift+Tab 组合键（左移）、Enter 键（下移）、Shift+Enter 组合键（上移）选择单元格。或者在名称框中输入要选择的单元格名称。例如当前单元格是 A1，在名称框中输入 D4，则当前单元格自动切换为 D4。

2）区域选定。

● 选定单行单列：单击行标题、列标题可以选择行或列。

● 选择连续区域：用鼠标从左上角单元格拖放到右下角单元格释放；或者单击左上角单元格，按住 Shift 键后单击右下角单元格；或者在名称框中输入"左上角单元格地址:右下角单元格地址"来实现连续区域选择；或者在名称框中输入"第 1 行（列）地址:最后一行（列）地址"来实现连续行（列）的选择。

- 选择不连续区域：选择第一个单元格（行、列、区域）后，按住 Ctrl 键后，依次选择第 2、3、……、n 个单元格（行、列、区域）。或者在名称框中输入"第 1 个单元格（区域），第 2 个单元格（行、列、区域），……、第 n 个单元格（行、列、区域）"。
- 选择整个工作表：单击行号与列标交界处（第 1 行和第 A 列的交界处）。

（2）单元格的插入与删除。

1）插入操作。选择一个单元格以确定要插入单元格（行和列）的位置，右击，弹出快捷菜单，从中选择"插入"命令，弹出"插入"对话框，如图 4-6 所示，根据需要选择要插入的选项（单元格、行和列）。

2）删除操作。选择一个单元格确定要删除单元格（行和列）的位置，右击，弹出快捷菜单，从中选择"删除"命令，弹出"删除"对话框，如图 4-7 所示，根据需要选择要删除的选项（单元格、行和列）。

图 4-6　"插入"对话框

图 4-7　"删除"对话框

（3）单元格的复制与移动。在 Excel 中，单元格（区域、行和列）的复制和移动操作方法类似于 Word 中的文本复制和移动方法，同样可以通过菜单、键盘和鼠标或者三者组合操作，这里不再赘述。

（4）行高和列宽的调整。将鼠标指针移到行号（列标）的中缝上，当指针变成双向箭头时，按住鼠标左键上下（左右）拖动可自由调整行高（列宽）；如要同时改变多行行高或多列列宽，先选中这些行或列，然后执行同样的拖动操作；另外双击鼠标相当于执行"开始"→"单元格"→"格式"→"自动调整行高"或"开始"→"单元格"→"格式"→"自动调整列宽"命令。

也可以选中相应的行或列后再选择"格式"→"行高"或者"格式"→"列宽"命令，弹出"行高"和"列宽"对话框，如图 4-8 和图 4-9 所示，在其中输入相应数值即可调整行高或列宽。

图 4-8　"行高"对话框

图 4-9　"列宽"对话框

（5）单元格数据的查找和替换。查找和替换是非常重要的功能，查找是指从当前活动单元格开始查找指定的内容，替换是在查找的基础上再进行对一批数据或公式的修改工作。具体操作方法如下：

执行"开始"→"编辑"→"查找和选择"→"查找"命令，弹出"查找和替换"对话框，如图 4-10 和图 4-11 所示。具体方法与 Word 中的查找和替换方法类似，这里不再赘述。

图 4-10　"查找"选项卡　　　　　　　　图 4-11　"替换"选项卡

（6）清除操作。选择要清除（内容、格式、批注）的单元格（区域、行和列），然后执行"开始"→"编辑"→"清除"→"全部清除"命令，可以清除全部（内容、格式、批注）。

注意：清除不同于删除，删除是删除行、列或单元格等对象，而清除只是清除选中对象中的格式、内容和批注等。

【拓展与提高】

与一般的表格操作类似，对工作表的操作主要包括对工作表的更名、移动与复制工作表、插入工作表、删除工作表等。

1. 工作表更名

选定要重命名的工作表，执行"开始"→"单元格"→"格式"→"重命名工作表"命令后输入名称，或者双击要重命名的工作表标签后输入名称，或者在工作表标签上右击，在弹出的快捷菜单中执行"重命名"命令，然后输入名称。

2. 移动或复制工作表

选定要移动（复制）的工作表的标签，按住鼠标左键拖动工作表标签到目标位置后释放鼠标，即可实现工作表的移动；若在拖动工作表的同时按住 Ctrl 键，则可实现工作表的复制。或者在工作表标签上右击，在弹出的快捷菜单中选择相应的命令也可以实现工作表的移动和复制。

3. 插入工作表

选定原有工作表标签，执行"开始"→"单元格"→"插入"→"插入工作表"命令，系统会在当前工作表左边插入一个新工作表，或者在工作表标签上右击，在弹出的快捷菜单中选择"插入"命令，弹出"插入"对话框，如图 4-12 所示，从中选择要插入的工作表的类型。

图 4-12　"插入"对话框

4．删除工作表

选定要删除的工作表，执行"开始"→"单元格"→"删除"→"删除工作表"命令，或者在工作表标签上右击，在弹出的快捷菜单中选择"删除"命令，然后在弹出的对话框中单击"删除"按钮即可。

5．设置工作表标签颜色

选定要添加颜色的工作表标签，执行"开始"→"单元格"→"格式"→"工作表标签颜色"命令，或者在工作表标签上右击，在弹出的快捷菜单中选择"工作表标签颜色"命令，然后在弹出的"设置工作表标签颜色"对话框中选择颜色即可。

【思考与实训】

1．总结打开 Excel 2010 的方法，认识 Excel 2010 工作簿的组成元素。

2．逐个打开各菜单，了解各菜单的名称与功能。

3．打开任务窗格，使用"本机上的模板……"中的工作簿，并观察结果。

4．如何改变最近打开文件列表中的文件数。

5．任意选定单元格（区域），观察名称框中显示内容与所选单元格（区域）坐标的关系。

任务 2　常规数据处理

【任务描述】

要处理数据，就必须先将数据输入到工作表的单元格中。本任务旨在使读者通过一个简单工作表的建立来了解数据的输入和处理。

【案例】在"销售"工作簿中建立一张简单的"销售业务提成"工作表，见表 4-1。

表 4-1　"销售业务提成"工作表

年月	赵敏	钱锐	孙阳	李丽	周峰	吴英	总提成	排名
2018 年 1 月	300	800	1100	260	100	100		
2018 年 2 月	1200	600	900	1000	300	0		
2018 年 3 月	50	750	1000	300	200	60		
2018 年 4 月	100	900	1000	300	100	80		
2018 年 5 月	150	800	1000	150	200	0		
2018 年 6 月	200	850	1050	200	100	100		
月均提成								

【方法与步骤】

（1）启动 Excel 2010，执行"文件"→"打开"命令，弹出"打开"对话框，双击"销售"工作簿，完成工作簿的打开操作。

（2）单击 Sheet1 工作表中的 A1 单元格，输入数据"XX 公司 2018 年度上半年业务提成明细表"。

（3）逐个单击 A2、B2、······、I2 单元格，并输入表 4-1 中所示的列标题。

（4）在 A3、A4 中分别输入 2018 年 1 月、2018 年 2 月；选择 A3 和 A4，将鼠标指针移到单元格右下方的填充柄（黑色小方块）上，按住鼠标左键向下拖动到 A8，系统会自动填充其余年月信息。

（5）在 A9 单元格输入"月均提成"，并在相应的单元格中依次输入各员工的业务提成数据，完成数据的输入，如图 4-13 所示。

	A	B	C	D	E	F	G	H	I
1	xx公司2018年度上半年业务提成明细表								
2	年月	赵敏	钱锐	孙阳	李丽	周峰	吴英	总提成	排名
3	2018年1月	300	800	1100	260	100	100		
4	2018年2月	1200	600	900	1000	300	0		
5	2018年3月	50	750	1000	300	200	60		
6	2018年4月	100	900	1000	300	100	80		
7	2018年5月	150	800	1000	150	200	0		
8	2018年6月	200	850	1050	200	100	100		
9	月均提成								

图 4-13　在 Excel 中的"销售业务提成"工作表

（6）在工作表中输入数据后，可以根据需要对工作表中的数据进行处理，如计算总提成、排名、月均提成，调整格式和制作图表等，如图 4-14 所示。

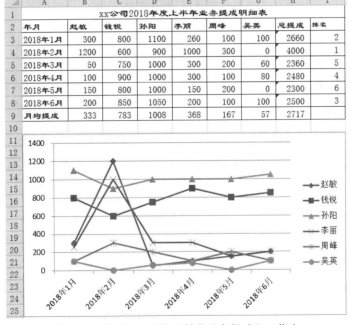

图 4-14　按需处理后的"销售业务提成"工作表

【基础与常识】

在 Excel 中，既可以通过单击单元格直接输入数据（若单元格中已存在数据，则会被整体更换），也可以通过双击单元格在单元格内实现输入光标的插入和定位，从而修改其部分数据。输入数据会同时出现在活动单元格和编辑栏中。

输入数据的时候，需要掌握 Excel 中各数据类型（文本型、数字型、日期时间型、逻辑型和备注型）的特性。

1．文本型数据的输入

文本型数据是指由首字母为字母、汉字或其他符号组成的字符串。默认情况下，文本型数据左对齐显示。若要将数字型数据当作文本型数据输入（如学号、电话号码等），可以通过在数字型数据前面输入单引号（'）来引导数字型数据转换成文本型数据，或者通过输入等号（=）并用双引号（""）将数字型数据括起来的方式来实现。

默认情况下，如果输入的文本数据超过了单元格的宽度，多余文本往往截断隐藏或者向右覆盖相邻单元格显示（右邻单元格空白），用户可以通过 Alt+Enter 组合键强制从光标处换行，或者通过"设置单元格格式"实现自动换行，详细操作参阅 4.2 节的"工作表的格式设置"。

2．数字型数据的输入

数字型数据由数字字符 0～9 和特殊符号组成，特殊字符包括+、-、*、/、.、￥、E、e、%、(、)等。默认情况下，数字型数据右对齐。若输入分数，则应先输入 0 和一个空格，然后输入分数，如 4/5，否则系统会将其当作日期型数据或文本型数据处理；若输入正数，则可以省略正号；若输入负数，则需要先输入负号或者用括号括起数据，如-334、(334)。

当输入的数字型数据超过列宽时，系统自动采用科学计数法表示。例如 2006021100 被自动调整为 2.01E+09 形式显示，如果列宽不够而无法完全显示数据内容，单元格内会填满"#"符号，此时可以通过改变列宽的方式来正常显示数据。

注意：输入的数字中可以包含千位分隔符（,），输入的百分比和货币型小数默认调整为小数点后两位，如 1.777%、1.774%、￥1.7 自动调整为 1.78%、1.77%、￥1.70。

3．日期时间型数据的输入

日期时间型数据是由 0～9、年月日分隔符（/、-）、时间分隔符（:）和日期时间分割符（空格）组成的。日期时间的显示格式由系统自动识别，默认情况下，日期时间型数据在单元格中右对齐。如需要调整日期时间格式可以通过"设置单元格格式"对话框实现，详细操作参阅 4.2 节的"工作表的格式设置"。

注意：输入 Ctrl+;组合键可以直接输入当前日期，输入 Ctrl+Shift+;组合键可以输入当前时间。

4．逻辑型数据的输入

逻辑型数据只有两个值 TRUE（真）和 FALSE（假），默认情况下，逻辑型数据居中对齐。大部分情况下，逻辑型数据是通过比较运算计算得到的，如输入=8>7 时，显示 TRUE。

5．备注型数据的输入

选定单元格，执行"审阅"→"批注"→"新建批注"命令，弹出一个类似文本框的输入框，其中输入的信息即为备注型数据。

注意：在输入数据的过程中，可以按 Backspace 键删除光标之前的字符，也可以按 Delete 键删除光标之后的字符；单击公式编辑栏上的"×"按钮或者按 Esc 键表示取消输入，单击公式编辑栏上的"√"按钮或者按 Enter 键则表示确认输入。

【拓展与提高】

1．填充数据

在 Excel 中，当输入的数据具有一定规律时，如相同、等差、等比或自定义的一组数据序列,用户可以使用填充柄自动填充功能完成这些数据的输入,而不需要一个个地输入这些数据。自动填充方式有以下几种。

（1）使用填充柄自动填充数据。填充柄就是活动单元格粗框线右下角的黑色方块。数据自动填充是根据原始值来决定以后的填充项。填充内容遵循以下规律。

1）当起始值是纯文本,拖动"填充柄"时,数据被复制到拖动经过的单元格中。

2）当起始值是纯数字,拖动"填充柄"时,数据被复制到拖动经过的单元格中;如果同时按住 Ctrl 键向右向下拖动"填充柄",则进行数值递增 1 填充;向左向上拖动"填充柄",则进行数值递减 1 填充。

注意：如果要填充的序列的步长不等于 ±1,则需要输入前后两个数据,然后选择这两个数据,直接拖动"填充柄",就可以输入一列成等差数列的数据。

3）当起始值是日期或时间,拖动"填充柄"时,数据按"日"生成等差数列;如果按住 Ctrl 键拖动"填充柄"进行填充,则相当于数据复制。

4）当起始值是带有数字字符的文本,拖动"填充柄"时,数字部分成等差数列,其他部分不变;如果按住 Ctrl 键拖动"填充柄"进行填充,则相当于数据复制。

（2）使用"序列"对话框填充数据。当输入数据是数字型数据或日期时间型数据时,可以使用"序列"对话框进行序列填充。选择产生序列的初始单元格,执行"开始"→"编辑"→"填充"→"系列"命令,弹出"序列"对话框,如图 4-15 所示。按需设置后单击"确定"按钮,完成数据的序列方式填充。

图 4-15　"序列"对话框

（3）自定义填充序列。Excel 本身提供了 11 种预定义的序列,除此之外,还允许用户添加自定义序列并将其存储起来,供填充时使用。具体操作方法如下:

1）执行"文件"→"选项"→"高级"命令,弹出"Excel 选项"对话框,如图 4-16 所示。

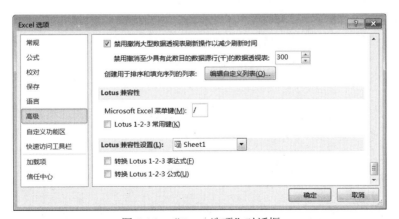

图 4-16　"Excel 选项"对话框

2）单击"编辑自定义列表…"按钮,弹出"自定义序列"对话框,在"输入序列"框中输入各序列文本,各序列以 Enter 键换行或以逗号（,）隔开,如图 4-17 所示。单击"添加"按钮,就会将用户自定义的序列添加到左边的"自定义序列"列表框中。

图 4-17　"自定义序列"对话框

2．选择性粘贴

在 Excel 中，单元格包含很多特性，如公式、数值、格式、批注等，当需要有选择地复制单元格中内容的部分特性时，可以利用"选择性粘贴"功能来实现。此外，复制数据的同时还可以进行算术运算、行列转置（一行数据转换成一列或者反之）等。具体操作方法如下：

（1）选定需要复制的单元格（区域、行和列），执行复制操作。

（2）选定需要粘贴的目标区域的左上角单元格，执行"开始"→"剪贴板"→"粘贴"→"选择性粘贴"命令，打开"选择性粘贴"对话框，如图 4-18 所示。

图 4-18　"选择性粘贴"对话框

（3）在"选择性粘贴"对话框中，选择粘贴方式和运算方式，如果粘贴时需要交换行列值，可勾选"转置"复选框。

【思考与实训】

1．将出生日期用几种不同的格式显示，使用快捷方式输入日期、时间。

2．输入数值带有正负号和含有小数部分、货币、百分号等符号的数，并观察结果。

3．在单元格中输入较多的数据并观察在选择和不选择"自动换行"的情况下的显示结果的不同。

4．自定义序列冠军、亚军、季军、殿军。

5．将表格数据进行转置后再粘贴和操作数据。

4.2　工作表的格式设置

任务 3　美化编辑单元格

【任务描述】

当数据被输入到工作表中时，其显示效果均采用默认格式，如文本左对齐、数字右对齐、边框灰色等。这些格式看起来单调乏味，无法体现内容的主次之分，也不方便阅读和打印输出。工作表格式化就是指通过 Excel 提供的十分丰富的格式化命令来设置工作表数据的显示格式。简单的格式设置可以使用“开始”中的一些格式设置按钮，复杂的格式设置可以使用“设置单元格格式”对话框完成。本任务通过案例来介绍工作表的格式设置和操作方法。

【案例】打开“工资”表，如图 4-19 所示，按要求设置表格格式，最终效果如图 4-20 所示。

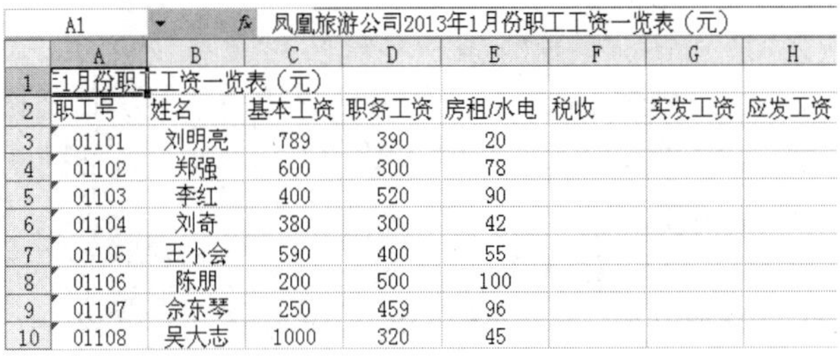

A1　fx　凤凰旅游公司2013年1月份职工工资一览表（元）

	A	B	C	D	E	F	G	H
1	1月份职工工资一览表（元）							
2	职工号	姓名	基本工资	职务工资	房租/水电	税收	实发工资	应发工资
3	01101	刘明亮	789	390	20			
4	01102	郑强	600	300	78			
5	01103	李红	400	520	90			
6	01104	刘奇	380	300	42			
7	01105	王小会	590	400	55			
8	01106	陈朋	200	500	100			
9	01107	余东琴	250	459	96			
10	01108	吴大志	1000	320	45			

图 4-19　原始工作表

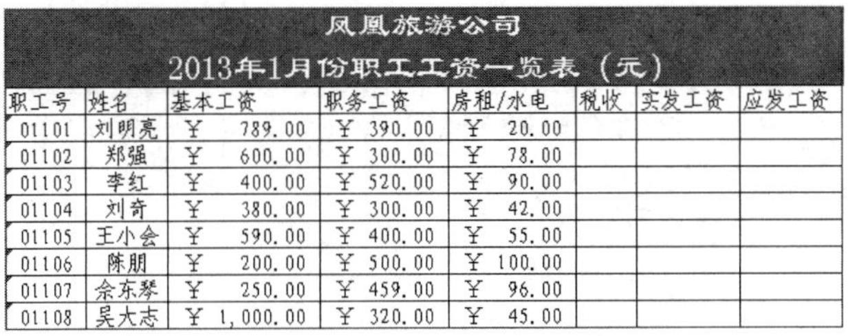

凤凰旅游公司 2013年1月份职工工资一览表（元）							
职工号	姓名	基本工资	职务工资	房租/水电	税收	实发工资	应发工资
01101	刘明亮	¥　789.00	¥ 390.00	¥　20.00			
01102	郑强	¥　600.00	¥ 300.00	¥　78.00			
01103	李红	¥　400.00	¥ 520.00	¥　90.00			
01104	刘奇	¥　380.00	¥ 300.00	¥　42.00			
01105	王小会	¥　590.00	¥ 400.00	¥　55.00			
01106	陈朋	¥　200.00	¥ 500.00	¥ 100.00			
01107	余东琴	¥　250.00	¥ 459.00	¥　96.00			
01108	吴大志	¥ 1,000.00	¥ 320.00	¥　45.00			

图 4-20　格式化后的工作表

要求如下：

（1）标题：合并居中，文字隶书、白色、18 磅，绿色填充，自动换行，行高 40。

（2）表头：居中、文字为楷体。

（3）表体：所有框线，文字宋体、9 磅，全表深红色双线外边框。

（4）数字：单元格数值货币样式，保留 2 位小数。

（5）列宽：最合适的列宽。

【方法与步骤】

（1）选择 A1:H1 单元格区域，单击“合并后居中”按钮合并单元格，在“字体”下拉列表框中选择“隶书”，在“字体颜色”下拉列表框中选择“白色”，在“字号”下拉列表框中选择"18"磅，在"填充颜色"下拉列表框中选择"绿色"；将光标移到"司"字后面，按 Alt+Enter 组合键实现自动换行；执行"开始"→"单元格"→"格式"→"行高"命令，在弹出的"行高"对话框中输入 40。

（2）选中 A2:H2 单元格区域，单击"居中"按钮，在"字体"下拉列表框中选择"楷体"。

（3）选择 A2:H10 单元格区域，单击"边框"下拉列表框中的"所有框线"按钮，在"字号"下拉列表框中选择"9"磅，在"字体"下拉列表框中选择"宋体"；单击"边框"下拉列表框中的"线条颜色"按钮，在下拉列表框中选择"深红"线条颜色，单击"边框"下拉列表框中的"线型"按钮，在下拉列表框中选择"双线"线条样式，此时鼠标变成铅笔图标，从 A1 单元格左上角拖动到 H10 单元格右下角，就可以将外边框变成深红色双线边框。

（4）选中 C3:H10 单元格区域，单击"数字格式"下拉列表框中的"货币"按钮。

（5）选择 A:H 单元格区域，将鼠标指针移动到该区域的任意两列之间，如 A、B 列之间，此时鼠标变成双向箭头，双击，则 A:H 列变为最合适的列宽。

【基础与常识】

1．设置数字格式

在 Excel 中，数字格式包括常规格式、数值格式、货币格式、日期格式、百分比格式、文本格式、会计专用格式等。默认情况下，在输入数值时，Excel 自动判断数值并格式化。用户可以改变数字格式。具体操作如下：

（1）选择要格式化的单元格（行、列、区域）。

（2）执行"开始"→"单元格"→"格式"→"设置单元格格式"命令，弹出"设置单元格格式"对话框。

（3）选择"数字"选项卡，然后选择合适的"分类"，并设置有关格式，如图 4-21 所示。

图 4-21　"设置单元格格式"对话框的"数字"选项卡

注意：同一"分类"下也有多种格式形式，一旦设定某种格式后，不管有没有数据，格式总是存储于单元格（行、列和区域）中，并应用到数据上，如果想取消设定的格式，选择"分类"下的"常规"选项。

2．设置对齐格式

在 Excel 中，对齐格式包括文本对齐方式、文本控制、方向等。设置对齐格式的具体操作方法如下：

（1）选择要格式化的单元格（行、列、区域）。

（2）执行"开始"→"单元格"→"格式"→"设置单元格格式"命令，弹出"设置单元格格式"对话框。

（3）选择"对齐"选项卡，如图 4-22 所示。在其中选择合适的文本对齐方式、文本控制、方向等。

图 4-22　"设置单元格格式"对话框的"对齐"选项卡

3．设置字体格式

设置文本的字体格式包括设置单元格的字体、字号、加粗、倾斜、下划线、颜色等。具体操作方法如下：

（1）选择要格式化的单元格区域。

（2）执行"开始"→"单元格"→"格式"→"设置单元格格式"命令，弹出"设置单元格格式"对话框。

（3）选择"字体"选项卡，在其中选择合适的字体、字形、字号等，如图 4-23 所示。

图 4-23　"设置单元格格式"对话框的"字体"选项卡

4．边框与底纹

在 Excel 中，默认情况下，工作表中显示的表格线是灰色的，而这些灰色的表格线并不会被打印出来。如果想要打印出工作表线，则需要对工作表添加边框。

（1）添加边框。

1）选定单元格或区域。

2）执行"开始"→"单元格"→"格式"→"设置单元格格式"命令，弹出"设置单元格格式"对话框。

3）选择"边框"选项卡，在其中选择合适的边框、样式和颜色等，如图 4-24 所示。

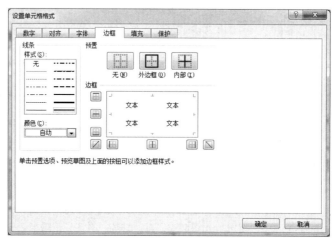

图 4-24　"边框"选项卡

（2）添加底纹。

1）选定单元格或区域。

2）执行"开始"→"单元格"→"格式"→"设置单元格格式"命令，弹出"设置单元格格式"对话框。

3）选择"填充"选项卡，如图 4-25 所示，在其中选择合适的颜色和图案等。

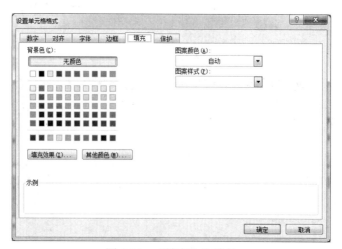

图 4-25　"填充"选项卡

注意：

A．单元格中的数值型、日期时间型和逻辑型数据只能进行整体格式化，不允许进行局部格式化；而字符型数据不仅可以进行整体格式化，而且允许局部格式化部分字符。

B．对于已经格式化的数据区域，如果其他区域也要使用这种格式，则使用"常用"工具栏中的"格式刷"按钮，可实现单元格格式的快速复制。

【拓展与提高】

1．自动套用格式

Excel 2010 预设了 17 种专业型的表格格式，用户可以直接调用这些格式应用于选定的工作表单元格区域。使用自动套用格式是一种快速设置格式的方法，具体操作过程如下：

（1）选定要格式化的单元格区域。

（2）执行"开始"→"样式"→"套用表格格式"命令，将会出现各种自动套用表格的示例效果，如图 4-26 所示。

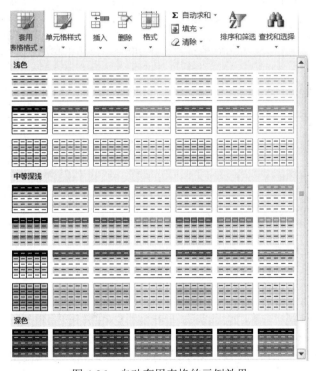

图 4-26　自动套用表格的示例效果

（3）若套用全部格式，则在下拉菜单中选择要套用的格式，如表样式中等深浅 1；若套用部分格式，则套用好格式后，Excel 表格的工具栏将会出现"表格样式选项"选项，可以在"表格样式选项"中通过选择对所选格式的部分效果进行调整。

2．条件格式

条件格式是根据指定的"公式"和"单元格数值"确定搜索条件，将设定格式应用到工作表选定范围中符合搜索条件的单元格上，并突出显示要检查的动态数据。当检索和处理工作表中的某一特定数据时，条件格式非常管用，如突出醒目显示 0 的数据，如图 4-27 所示。

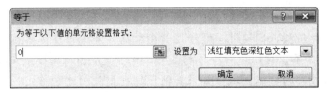

图 4-27　"等于"条件格式对话框

3．数据保护

为了保护数据的安全性，通常需要适当限制用户对数据的访问及操作，以防止修改数据。数据保护可以在不同层次上进行，可以对选定的单元格或区域进行保护，也可以对整个工作表及工作簿进行保护。

（1）单元格或区域的保护。选中要保护的单元格或区域，执行"开始"→"单元格"→"格式"→"设置单元格格式"命令，弹出"设置单元格格式"对话框，选择其中的"保护"选项卡，如图 4-28 所示。

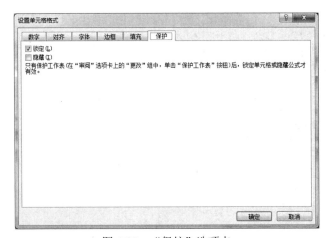

图 4-28　"保护"选项卡

注意：只有在本工作表处于保护的状态下，锁定或隐藏设置才会生效。其中锁定表示不能修改其内容；隐藏表示隐藏公式，使之不显示在编辑栏中，用户只能在单元格中看到公式的计算结果。

（2）工作表的保护。选择"审阅"→"更改"→"保护工作表"命令，会弹出"保护工作表"对话框，如图 4-29 所示。在其"允许此工作表的所有用户进行"列表框中勾选相关选项，这些选项分别对应单元格的对象（如插入行、列等）、内容（如编辑数据）和方案（编辑方案和格式等）。

输入密码后单击"确定"按钮，在弹出的"确认口令"对话框中再次输入同一密码，即完成对"保护工作表"的保护操作。

如果要取消对工作表的保护，可以执行"审阅"→"更改"→"撤销工作表保护"命令，在弹出的对话框中输入密码即可。

（3）工作簿的保护。选择"审阅"→"更改"→"保护工作簿"命令，会弹出"保护结构和窗口"对话框，如图 4-30 所示。可以对工作簿设置密码保护，保护其结构和窗口。如果对工作簿设置了保护，计算机将禁止用户插入、删除和重新命名工作表。受保护的工作簿窗口将使窗口菜单中的某些菜单项呈灰色，禁止使用。用与此类似的方法，也可以取消对工作簿的保护。

图 4-29　"保护工作表"对话框　　　　　　图 4-30　"保护结构和窗口"对话框

（4）文件共享权限密码。选择"文件"→"另存为"命令，弹出"另存为"对话框，如图 4-31 所示，选择"工具"→"常规选项"命令，弹出"常规选项"对话框，如图 4-32 所示。在其中可以设置"打开权限密码"和"修改权限密码"，限制非法用户打开文件和修改文件内容。

图 4-31　"另存为"对话框　　　　　　　图 4-32　"常规选项"对话框

【思考与实训】

1．设置某一列的数值类型，然后在里面输入数字，观察结果。

2．输入一串数字后使用工具栏中的货币样式、百分比样式等按钮，修改日期时间格式，观察结果。

3．在自动套用格式中选择其他的类型，在背景中添加不同的图片并改变图片的大小，观察结果。

4．在单元格格式中设置文本的方向为 45°。

5．给自己建立的工作簿设置密码。

任务4 打印输出工作表

【任务描述】

在创建好工作表之后，为了方便查看和传阅，需要将它打印出来。为了使打印效果更加美观自然，还需要设置打印参数，如设置打印区域和页面等，设置完成之后可通过打印预览查看打印效果，以确定是继续调整还是打印输出。本任务通过案例来了解工作表的页面设置与打印方法。

【案例】 对"销售业务提成"工作表进行打印预览，如图4-33所示。

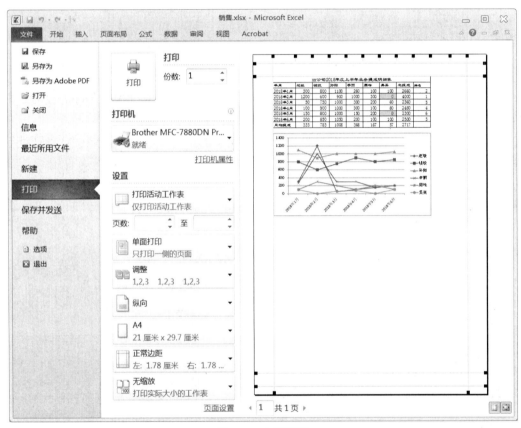

图4-33　打印预览

【方法与步骤】

（1）选定要打印的工作表（若是工作表的一部分，则用鼠标选定打印区域）。

（2）执行"文件"→"打印"命令，此时不用再找"打印预览"按钮，Excel 2010界面右侧即为打印预览区域。该处显示的即为当前表格的打印预览。

（3）如果满意"打印预览"效果，则可以打印；如果不满意，则可以单击最下方的"页面设置"按钮，在打开的"页面设置"对话框中设置，或单击"开始"返回文档继续设置。

（4）在设置栏下还可以进行页数起止、单面打印和双面打印、纵向横向等的设置。

【基础与常识】

1．页面设置

默认情况下，用户可以直接打印工作表。如有特殊要求，单击"页面布局"→"页面设置"下方的 ，弹出"页面设置"对话框，如图 4-34 所示。可以对页面、页边距、页眉/页脚和工作表进行设置。操作方法同 Word 基本相同，这里不再赘述。

图 4-34　"页面设置"对话框

2．设置打印区域

如果只想打印工作表中的部分数据，必须设置数据清单的打印区域，否则，Excel 默认打印全部内容。选择要打印区域的方法是，选择需要打印的数据清单，然后执行"页面布局"→"打印区域"→"设置打印区域"命令，单元格名称区域出现 Print_Area 字样，选定区域的边框同时显示虚线，表示打印区域已经设置好，如图 4-35 所示。

Print_Area		f_x	xx公司2018年度上半年业务提成明细表					
	A	B	C	D	E	F	G	H	I
1	xx公司2018年度上半年业务提成明细表								
2	年月	赵敏	钱锐	孙阳	李顺	周峰	吴英	总提成	排名
3	2018年1月	300	800	1100	260	100	100	2660	2
4	2018年2月	1200	600	900	1000	300	0	4000	1
5	2018年3月	50	750	1000	300	200	60	2360	5
6	2018年4月	100	900	1000	300	100	80	2480	4
7	2018年5月	150	800	1000	150	200	0	2300	6
8	2018年6月	200	850	1050	200	100	100	2500	3
9	月均提成	333	783	1008	368	167	57	2717	

图 4-35　设置打印区域

【思考与实训】

1．掌握数据的打印方法。

2．选择部分区域，在打印预览中观看结果。

3．对页面页脚进行设置，在打印预览中查看结果。

4．自定义页面页脚并查看结果。

5．学会修改打印份数。

4.3 表格数据处理

任务 5 数据计算

【任务描述】

Excel 的核心功能是通过公式和函数实现表格数据的动态计算。在 Excel 中，公式也是一种数据的表现形式，它可存放在表格中，但存放公式的单元格显示的是公式的计算结果，其公式只有当该单元格成为活动单元格时才能在编辑栏中显示出来。本任务通过案例来学习公式、函数的使用方法和地址的引用方法。

【案例】打开“业务采购”表，完成相关数据的计算和格式设置，如图 4-36 所示。

	A	B	C	D	E	F	G	H	I
1	折扣表				价格表				
2	数量	折扣率	说明		类别	单价			
3	0	0%	0～99件的折扣率		衣服	120			
4	100	6%	100～199件的折扣率		裤子	80			
5	200	8%	200～299件的折扣率		鞋子	150			
6	300	10%	300件的折扣率						
7									
8	采购表								
9	类别	采购数量	采购时间	单价	折扣	合计		统计表	
10	衣服	80	2018/1/12	120	0%	9,600.00		统计类别	总采购量
11	裤子	145	2018/1/12	80	6%	10,904.00		衣服	405
12	鞋子	170	2018/1/12	150	6%	23,970.00		裤子	430
13	衣服	325	2018/2/5	120	10%	35,100.00		鞋子	170
14	裤子	285	2018/2/5	80	8%	20,976.00			

图 4-36 进行数据处理后的“业务采购”表

要求如下：

（1）在采购表中使用 VLOOKUP 函数自动将价格表中对应的单价填入单价列。

（2）在采购表中使用 IF 函数自动将折扣表中对应的折扣率填入折扣列，并设置数据为百分比，0 位小数。

（3）在采购表中计算合计，合计=采购数量*单价*(1-折扣)，同时将合计列设置为自动调整列宽。

（4）在统计表中使用 SUMIF 函数计算对应类别的总采购量。

【方法与步骤】

（1）填入单价：选择单元格 D10，输入公式=VLOOKUP(A10,$E$2:$F$5,2,FALSE)，按 Enter 键，填入第 1 款类别（A10）的单价；选择单元格 D10，将鼠标指针移到填充柄位置，等鼠标指针变为十字形，按下鼠标左键向下拖动直到单元格 D14，自动填入其他类别（A11～A14）的单价。

（2）计算折扣和设置百分比格式：

1）选择单元格 E10，输入公式=IF(B10<100,0,IF(B10<200,0.06,IF(B10<300,0.08,0.1)))，按 Enter 键，计算出第 1 款类别（A10）的折扣；选择单元格 E10，将鼠标指针移到填充柄位置，等鼠标指针变为十字形，按下鼠标左键向下拖动直到单元格 E14，自动计算出其他类别（A11～A14）的折扣。

2）选择单元格 E10～E14，执行"开始"→"数字"→"百分比样式"命令，连续两次单击"减少小数位数"按钮，达到 0 位小数效果。

（3）计算合计：选择单元格 F10，输入公式=B10*D10*(1-E10)，按 Enter 键，填入第 1 款类别（A10）的合计；选择单元格 F10，将鼠标指针移到填充柄位置，等鼠标指针变为十字形，按下鼠标左键向下拖动直到单元格 F14，自动计算出其他类别（F11～F14）的合计。

（4）计算总采购量：选择单元格 I11，输入公式=SUMIF($A$10:$A$14,H11,$B$10:$B$14)，按 Enter 键，计算出衣服的总采购量；选择单元格 I11，将鼠标指针移到填充柄位置，等鼠标指针变为十字形，按下鼠标左键向下拖动直到单元格 I13，自动计算出裤子和鞋子的总采购量。

【基础与常识】

1. 公式

公式是以等号（=）引导并由运算符和操作数（常量、函数和单元格地址）组成的计算表达式。向一个单元格中输入内容时，Excel 总是能够识别出输入的是数字、文本还是公式。公式也有一定格式要求，只有满足公式规则的输入才会被识别为公式。

注意：

（1）如果需要修改计算公式，应先选择公式所在的单元格，然后在编辑栏中进行修改。

（2）只有输入正确的计算公式，并按 Enter 键后，计算结果才能显示在对应的单元格中。

（3）在公式计算时，单元格偶尔出现一些错误信息代码，它们是以符号#开头，以！或?结束的一串字符串，这些错误信息代码及其含义见表 4-2。

表 4-2　错误信息代码及其含义

错误代码	含义	错误代码	含义
#####	单元格不够宽，非错误	#NUM!	与数字有关的错误
#DIV/0!	分母为零	#REF!	单元格地址引用错误
#NULL?	参数之间未使用逗号	#VALUE!	运算符错误

2. 运算符

运算符是为了对公式中的元素进行某种运算而规定的符号，在 Excel 中，运算符包括算术运算符、比较运算符、文本运算符和引用运算符，各运算符及其说明见表 4-3。

表 4-3　各运算符及其说明

运算符类别	运算符说明
算术运算符	%（百分比），^（乘方），*（乘），/（除），+（加），-（减或负号）
文本运算符	&（连接）
比较运算符	=（等于），<（小于），<=（小于等于），>（大于），>=（大于等于），<>（不等于）
引用运算符	:（单元格区域运算符），,（并集运算符），　（空格，交集运算符）

当公式中出现多个运算符号时，运算符按照优先次序从高到低执行。运算符的优先顺序从高到低依次为引用运算符→算术运算符→文本运算符→比较运算符。其中引用运算符是 Excel 特有的运算符，主要用来进行单元格区域引用计算，各运算符含义如下：

（1）冒号（:）——连续区域运算符，对两个引用之间的所有单元格进行引用。如 SUM(A1:B3)，计算 A1 到 B3 的连续 6 个单元格之和。

（2）逗号（,）——并集运算符，可将多个引用合并为一个引用。如 SUM(B1:B5,D1:D5)，计算 B 列、D 列，共 10 个单元格求和。

（3）空格（ ）——交集运算符，引用多个引用的交集，如 SUM(B1:B5 A2:C3)，对 B2 到 B3 单元格求和。

3．函数

（1）函数的格式。

格式：函数名([参数 1],[参数 2],...)

说明：

1）函数名表示函数的功能。

2）函数名与括号之间、括号与参数之间不允许有空格，而参数之间用逗号（,）隔开。

3）参数是函数运算的对象，包括数字、文本、逻辑值、单元格引用或者函数。

（2）函数输入。

1）直接输入：在单元格中输入"=函数名(参数)"，按 Enter 键或者单击公式编辑栏上的"确认"（√）按钮。

2）插入函数：执行"公式"→"插入函数"命令，或单击"公式编辑栏"上的"插入函数"按钮，弹出"插入函数"对话框，如图 4-37 所示；在"或选择类别"下拉列表框中选择函数类别，在"选择函数"列表框中选择具体函数，如 SUM；然后单击"确定"按钮，弹出"函数参数"对话框，如图 4-38 所示；在"参数"文本框中输入参与计算的单元格地址，或者单击"折叠"按钮后，用鼠标选择单元格区域；最后单击"确定"按钮，完成函数输入。

图 4-37　"插入函数"对话框

图 4-38　"函数参数"对话框

注意：若想了解相关函数的功能和应用方法，可单击"函数参数"对话框上"有关该函数的帮助"链接来调用 Excel 帮助示例。

【拓展与提高】

1．单元格引用

在复制或填充公式时，常常需要引用其他单元格中的值。Excel 主要通过引用单元格地址的方式达到引用"值"的效果。单元格地址有相对地址、绝对地址和混合地址 3 种类型。

相对地址的表示方法是将列号、行号作为它的名称，如 A2、F8、E4:G12；绝对地址的表示方法是在列号和行号前面加 "$" 符号作为它的名称，如$A$2、$F$8、$E$4:$G$12；混合地址则是前两种方法的综合，如 F$8、$F8。

当公式被复制或填充到其他单元格时，根据公式中引用单元格地址的类型，相应地将单元格地址引用分为相对引用、绝对引用和混合引用 3 种类型。

（1）相对引用：将公式复制或填入到新位置（其他单元格）时，公式中的单元格地址也会伴随着变化。相对引用的情况下，Excel 始终记住公式所在的单元格地址和公式中被引用单元格地址的相对位置。例如，在 D3 中输入公式 "=A3+B3+C3"，当将 D3 单元格公式填充到 D4 时，公式位置从 D3 变成 D4（列号不变，行号由 3 变成 4），公式中引用单元格地址的行号也会递增 1，由 3 变成 4，从而使得公式变成 "=A4+B4+C4"。

（2）绝对引用：将公式复制或填入到新位置（其他单元格）时，公式中的单元格地址恒定不变。在绝对引用的情况下，公式无论复制或填充到什么位置，公式中引用单元格地址还是原来单元格地址，因而引用数据肯定不变。

注意：在默认情况下，公式使用相对引用，如果转换为绝对引用，则在单元格的列标号和行标号前分别加上 "$" 字符。

（3）混合引用：将公式复制或填入到新位置（其他单元格）时，公式中的单元格地址保持行号或列号不变。在混合引用的情况下，公式无论复制或填充到什么位置，公式中的单元格地址$后的字母或数字始终不变。例如，在 D3 中输入公式 "=A3+B$3+C$3"，将 D3 公式填充到 D4 中，公式位置从 D3 变成 D4（列号不变，行号由 3 变成 4），公式变成了 "=A4+B$3+C$3"，如图 4-39 和图 4-40 所示。

图 4-39 混合引用 1

图 4-40 混合引用 2

注意：在编辑栏中，将光标移至需要改变地址引用方式的单元格地址位置，按 F4 键即可改变单元格地址的引用方式。

2．常用函数

Excel 提供了 300 多个函数，函数包罗万象，涉及财务、日期与时间、数学与三角、统计、查找与引用、数据库函数、文本、逻辑和信息等 12 类函数，可以进行数学、文本、逻辑运算或者检索信息等数据处理。下面介绍常用函数的功能及其使用方法。

（1）求和函数 SUM。

格式：SUM (number1, number2,…)

说明：number1, number2,…代表需要计算的值，可以是具体的数值、引用的单元格、逻辑值等。

（2）求平均值函数 AVERAGE。

格式：AVERAGE(number1, number2,...)

说明：number1,number2,...代表数值或引用的单元格，参数不超过 30 个。

（3）求最大值函数 MAX。

格式：MAX(number1, number2,...)

说明：number1, number2,...代表数值或引用的单元格，参数不超过 30 个。

（4）求最小值函数 MIN。

格式：MIN(number1, number2,...)

说明：number1, number2,...代表数值或引用的单元格，参数不超过 30 个。

（5）取整函数 INT。

格式：INT(number)

说明：number 表示取整数值或包含数值的引用单元格。

（6）求绝对值函数 ABS。

格式：ABS(number)

说明：number 代表需要求绝对的数值或引用的单元格。

举例：在 B1 单元格中输入公式=ABS(A1)，则在 A1 单元格中开始输入"10"并查看结果，然后输入"-10"并查看结果，结果发现 B1 中都是"10"。

（7）四舍五入函数 ROUND。

格式：ROUND(number,num_digits)

说明：number 表示取整数值或包含数值的引用单元格，num_digits 表示需要保留的位数。

（8）字符长度函数 LEN。

格式：字符 LEN(text)

功能：统计文本字符串的数目。

说明：text 表示要统计的文本字符串。

（9）逻辑与函数 AND。

格式：AND(logical1,logical2,logical3,...)

说明：logical1,logical2,logical3,...，表示带测试的条件值或表达式，参数最多有 30 个。

举例：在 C2 单元格中输入公式=AND(A2<10, B2<10)，然后查看 C2 中返回的值，如果是"TURE"，则说明在 A2、B2 中的值都是小于 10 的，如果是"FALSE"，则说明 A2、B2 中的值至少有一个大于 10。

（10）逻辑或函数 OR。

格式：OR(logical1,logical2,logical3,...)

说明：logical1,logical2,logical3,...表示带测试的条件值或表达式，参数最多有 30 个。

应用举例：在 C2 单元格中输入公式=OR(A2<10,B2<10)，然后查看 C2 中返回的值，如果是"FALSE"，则说明在 A2、B2 中的值都是大于 10 的，如果是"TRUE"，则说明 A2、B2 中的值至少有一个小于 10。

（11）计数函数 COUNT。

格式：COUNT(number1, number2,...)

说明：number1,number2,...代表数值或引用的单元格，参数不超过 30 个。

（12）条件函数 IF。

格式：IF(Logical, Value_if_true, Value_if_false)

说明：Logical 代表逻辑判断表达式，Value_if_true 表示逻辑判断条件为"真"时的显示内容，Value_if_false 表示逻辑判断条件为"假"时的显示内容。

（13）条件求和函数 SUMIF。

格式：SUMIF(Range,Criteria,Sum_Range)

说明：Range 代表条件判断的单元格区域，Criteria 表示指定的条件表达式，Sum_Range 代表参与数值计算的单元格区域。

（14）条件计数函数 COUNTIF。

格式：COUNTIF(Range,Criteria)

说明：Range 代表要统计的单元格区域；Criteria 表示指定的条件表达式。

（15）自动排名函数 RANK。

格式：RANK (number,ref,order)

说明：number 代表参与排位的数字；ref 代表排位参照的数值范围，ref 中的非数值型参数将被忽略；order 是一个数字，指明排位的方式，如果 order 为零或省略，则对数字的排位是基于 ref 按照降序排列的列表，如果 order 不为零，则对数字的排位是基于 ref 按照升序排列的列表。

【思考与实训】

1．手动向单元格中输入 Excel 函数，并观察结果。

2．学会算术运算符、文本运算符、比较运算符的使用方法。

3．熟练使用单元格的 3 种引用方法。

4．掌握函数中数据区域的选择方法：直接输入和鼠标拖动。了解常用函数及其使用方法。

5．了解一些常用函数的用法，如 SUM、AVERAGE、ROUND 等的功能与应用。

任务 6　图表制作

【任务描述】

图表是电子数据的一种图形化表现形式，它可以直观形象地描述数据差异、数据关系和变化趋势。在 Excel 中，图表依赖于工作表的数据，工作表数据的变化实时反映为图表的图形变化。本任务通过案例来介绍图表的建立与编辑方法。

【案例】根据创建的"学生成绩表"中的数据，创建姓名及期末、平时和总评成绩的簇状柱形图。效果如图 4-41 所示。

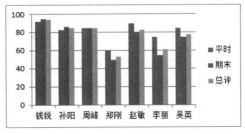

图 4-41　"学生成绩表"图表

【方法与步骤】

（1）选择要用图表表示的数据源区域（B2:B9，F2:F9，G2:G9，H2:H9）。

（2）选择"插入"选项卡，在"图表"中选择"柱形图"命令，在弹出的下拉列表中选择二维柱形图中的簇状柱形图，如图 4-42 所示。

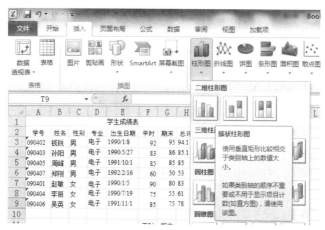

图 4-42　图表类型

注意：图表分为嵌入式图表和工作表图表，其中嵌入式图表是工作表的一个图表对象，与数据源放置在同一个工作表中；工作表图表是独立的图表，单独放置在一个工作表中。

【基础与常识】

1. 编辑图表中的数据系列

如要增加或删除数据系列，可在"选择数据源"对话框中进行操作，如图 4-43 所示。操作方法：右击图表区，在弹出的快捷菜单中选择"选择数据"命令，弹出"选择数据源"对话框，根据需要可以添加或删除相应的系列数据。

图 4-43　修改图表的源数据系列

2. 编辑图表的格式

图表的格式化包括图表标题格式、数据系列格式、图例格式、坐标轴格式等，其目的是使图表美观、重点突出。每个图表包含的对象很多，但对各对象的格式化操作基本类似，都是在"设置图表区格式"对话框中进行。操作方法，右击对象，在弹出的快捷菜单中选择相应命令或双击对象，如双击图表的图案，弹出"设置图表区格式"对话框，如图 4-44 所示。

图 4-44　"设置图表区格式"对话框

【思考与实训】

1．按照图表向导的步骤完成一个图表的创建。
2．修改图表区域的颜色、字体等，观察结果。
3．使用图表选项中的网格线、图例、数据表等选项并观察结果。
4．增加一个学生的信息，观察图表的变化。
5．删除图表中的数据、删除其中某一个数据、删除整列的数据并观察结果。

任务 7　数据库功能

【任务描述】

Excel 不仅具有数据计算和图表制作能力，还具有简单的数据库管理功能。工作表中的数据清单可以像数据库一样进行排序、筛选、汇总和分级显示及导入数据，同时可以利用数据清单建立并编辑数据透视表。本任务旨在使读者通过案例来了解数据清单的功能和操作方法。

【案例】利用记录单功能在"学生成绩"表中找出总评优秀的男生记录，再输入一条记录："090408,王兰,女,电子,1992-1-5,90,90,90,优秀"。

【方法与步骤】

（1）添加记录单按钮。单击"自定义快速访问工具栏"按钮，选择"其他命令"命令，如图 4-45 所示。然后在"从下列位置选择命令"下拉列表框中，选择"所有命令"，下拉滑块，找到"记录单"功能，然后单击"添加"按钮，如图 4-46 所示。单击"确定"按钮，就在"自定义快速访问工具栏"上添加了"记录单"按钮。

图 4-45 "自定义快速访问工具栏"   图 4-46 添加"记录单"按钮

单击"记录单"按钮，弹出"记录单"对话框，如图 4-47 所示。

（2）单击"条件"按钮，显示一条空记录，可在此输入条件，如图 4-48 和图 4-49 所示；单击"下一条"按钮，查找到一条符合条件的记录；再次单击"下一条"按钮，继续显示下一条满足条件的记录，直至所有满足条件的记录显示完。

图 4-47 "记录单"对话框   图 4-48 "输入条件"对话框

（3）单击"新建"按钮，弹出"新建记录"对话框，如图 4-50 所示，输入一条记录"090408,王兰,女,电子,1992-1-5,90,90"。

图 4-49 查找到第 1 条记录   图 4-50 "新建记录"对话框

【基础与常识】

1. 数据清单

如果工作表的数据具有比较规范的组织结构，就可以使用数据清单技术。数据清单是由带标题行的一组相似工作表数据组成的一个二维数据表，又称为工作表数据库。与之相对应，列相当于字段，列标题相当于字段名，清单中的行则相当于数据库中的一条记录。与一般工作表的区别就是数据清单中必须有字段名，且每一列必须是相同数据类型的数据。在工作表中创建数据清单时应该注意以下几点：

（1）一张工作表只建立一个数据列表（数据清单）。

（2）工作表的数据清单与其他数据至少留出一个空行和一个空列。

（3）避免将关键数据放到数据清单的左右两侧，以免在筛选数据清单时会被隐藏。

（4）数据清单中的第 1 行含有列标志，不要用空白行将列标志和第 1 行数据分开。

（5）避免在单元格的开始和结尾处输入空格，否则会影响排序和查找。

（6）在更改数据清单之前，确保隐藏的行或列也被显示。

2. 记录单的使用

单击"记录单"按钮，弹出"记录单"对话框，如图 4-47 所示，其中各按钮含义如下：

（1）工作表通常显示的是首记录，可以通过"上一条"及"下一条"按钮逐条浏览所有记录。如需修改某个数据项的值，可以在找到后直接修改。

（2）单击"新建"按钮，将出现一个空白记录单，输入相应数据实现添加记录；单击"删除"按钮，将删除当前记录。

（3）单击"条件"按钮，界面切换到条件设置状态，"删除"按钮变为"清除"按钮，在相应字段中输入条件，如在"性别"字段中输入"男"，单击"上一条""下一条"或"表单"按钮，数据清单中将只显示满足条件的记录。如果要修改条件或去除条件，可再单击"条件"按钮进行设置。一次可同时设置多个条件。

注意：如果某个字段是根据其他字段的值使用公式计算得来的，则不能被输入或修改。

3. 数据排序

排序就是按某个字段的大小将数字或汉字由小到大进行数据排序。简单的排序可以利用工具栏中的"升序"或"降序"按钮实现。操作方法是单击排序字段中的任一单元格，再单击"排序"按钮。相对复杂的排序必须使用"排序"对话框来实现。

例如：将"学生成绩"表中记录按照专业升序排序，专业相同的按出生日期升序排列。

（1）单击数据区域的任一单元格，执行"数据"→"排序和筛选"→"排序"命令，弹出"排序"对话框。设置"主要关键字"为"专业"，排序依据为"数值"，次序为"升序"；在单击"添加条件"按钮后，设置"次要关键字"为"出生日期"，排序依据为"数值"，次序为"升序"。设置效果如图 4-51 所示。

（2）单击"选项"按钮，弹出"排序选项"对话框，如图 4-52 所示。可设置"排序"选项，包括是否区分大小写、排序的方向和排序的方法。

<table>
<tr><td>图 4-51　"排序"对话框</td><td>图 4-52　"排序选项"对话框</td></tr>
</table>

注意：

1）排序时首先起作用的是主要关键字，只有当主要关键字值相同时，次要关键字才能起作用，依此类推。

2）Excel 规定：数字按照从小到大顺序，文本按照 ASCII 码值顺序，汉字可以按照字母字典顺序，也可以按照笔划顺序，逻辑值按照 FALSE 在前，TRUE 在后，空格排在最后。

3）单击"排序"对话框右上角的"选项"按钮，会弹出"排序选项"对话框。可以对排序的方向和方法进行进一步设置。还可以选择按"自定义排序次序"进行排列。

4. 数据筛选

数据筛选是指把符合给定筛选条件的数据从数据清单中分拣出来，筛选条件由用户针对列设置。Excel 提供了两种筛选方法：自动筛选和高级筛选。使用自动筛选时，对一列设置的筛选条件不能超过两个，而高级筛选允许将满足多重条件的信息筛选并显示出来。

（1）自动筛选。自动筛选结果将在原工作区域中显示。具体操作方法如下：

1）选中数据区域的任一单元格，选择"数据"→"排序和筛选"→"筛选"命令，此时，每个列标题右侧均出现一个下拉箭头，如图 4-53 所示；单击下拉箭头，弹出"筛选"设置项，如图 4-54 所示。

<table>
<tr><td>图 4-53　选择"筛选"命令后的界面</td><td>图 4-54　"筛选"设置项</td></tr>
</table>

2）若勾选"全选"复选框，将取消本字段的筛选设置；若勾选某个具体值的复选框，则将筛选出以该值为字段值的所有记录。

3）如果选择"文本筛选"→"等于"命令，将弹出"自定义自动筛选方式"对话框，如图 4-55 所示。在其中可以定义两个筛选条件及它们之间的关系（"与"或"或"）。

4）再次执行"数据"→"筛选"→"自动筛选"命令，则撤销"自动筛选"功能。

（2）高级筛选。"高级筛选"一般用于条件较复杂的筛选操作，其筛选结果可在原有区域显示，不符合条件的记录被隐藏起来；其筛选结果也可以复制到其他位置，不符合条件的记录仍然予以保留并显示在原有区域中，以便于比对数据的前后变化。

例如：在"学生成绩"表中筛选平时成绩不小于 85，且期末成绩不小于 85 的记录。

1）在与数据区域隔一行或一列的位置设置筛选条件，如图 4-56 所示。

图 4-55　"自定义自动筛选方式"对话框　　　　图 4-56　设置筛选条件

2）单击数据区域内任意单元格，执行"数据"→"排序和筛选"→"高级"命令，弹出如图 4-57 所示的"高级筛选"对话框。

3）在"列表区域"栏中指定列表区域，可以直接输入"$A$2:$I$9"，或者单击右侧的折叠按钮，在数据区通过拖动鼠标左键来选择列表区域。

4）在"条件区域"栏中指定条件区域，可以直接输入"$F$11:$G$12"，或者单击右侧的折叠按钮，在数据区通过拖动鼠标指针来选择条件区域。

5）单击"确定"按钮，返回筛选结果，如图 4-58 所示。

图 4-57　"高级筛选"对话框　　　　　　　　图 4-58　高级筛选结果

注意：

A. 列表区域与条件区域之间一般要求间隔一行或一列以上。

B. 条件区域中的字段名要与数据区域中的字段名保持一致。

C. 条件区域中的条件在同一行上构成"与"关系，在不同行上则构成"或"关系。如将"">=85"输入在 G13 单元格中，则"平时"和"期末"构成"或"的关系。

D. 执行"数据"→"排序和筛选"→"清除"命令，则可取消"高级筛选"。

【拓展与提高】

1. 分类汇总

分类汇总是指以某一字段作为分类依据，对同一类值进行汇总计算，如求和、求平均值、计数、求最大值和求最小值的运算。以"学生成绩"表为例，若要统计男女生平时和期末成绩的平均值，则必须对其进行分类汇总。具体操作方法如下：

（1）确定按"性别"字段进行排序。

注意：在进行分类汇总前，首先必须确定分类字段，并按分类字段进行排序，然后再进行分类汇总。

（2）执行"数据"→"分级显示"→"分类汇总"命令，弹出"分类汇总"对话框，如图 4-59 所示。在"分类字段"中选择"性别"，在"汇总方式"中选择"平均值"，在"选定汇总项"列表框中选择"期末"和"平时"，其他采用默认设置。

注意：

1）替换当前分类汇总：决定是否将新分类汇总的数据替换原来分类汇总的数据。如果选择这项，将替换原来的分类汇总数据；如果不选择这项，将把原来的分类汇总数据保留下来并插入新的分类汇总中。

2）每组数据分页：决定是否在每个分类汇总数据前插入分页符。

3）汇总结果显示在数据下方：如果选择该项，分类汇总和总计结果显示在数据下方，默认选择该项；如果不选该项，分类汇总结果将显示在数据的上方。

（3）单击"确定"按钮，按"性别"分类并汇总计算各课程的平均值，如图 4-60 所示。

图 4-59 "分类汇总"对话框

图 4-60 "分类汇总"结果

注意：

1）分类汇总的结果自动分级（默认为三级）显示，并在窗口左侧的分级显示区提供分级显示符号，通过分级显示符号可以快速隐藏或显示明细数据。单击"1"按钮，显示数据表格中的列标题和汇总结果；单击"2"按钮，显示列标题、分类汇总结果和汇总结果；单击"3"按钮，显示所有的详细数据；单击"+"按钮，表示高一级向低一级展开显示；单击"-"按钮，表示低一级折叠为高一级数据显示。

2）若用户修改了相关数据，分类汇总结果自动重新计算；若要取消分类汇总，只要在"分类汇总"对话框中单击"全部删除"按钮即可。

3）如果希望将汇总结果（明细数据除外）复制到其他工作表中，则单击汇总表左侧的二级数据按钮"2"，按 F5 键调出"定位"对话框，单击其中的"定位条件"按钮，在弹出的"定位条件"对话框中选择"可见单元格"项，单击"确定"按钮，按 Ctrl+C 组合键进行复制，此时选中的区域边框变为波浪状，单击其他工作表的标签，再单击该工作表中 A1 单元格，按 Ctrl+V 组合键进行粘贴。

2. 数据透视表

数据透视表允许对数据表中的多个字段进行分类汇总，它是大量数据快速汇总的快捷方法。创建数据透视表的源数据不仅可以是工作表的数据清单，也可以来自其他外部数据源，如数据库、文本文件等。数据透视表可以将排序、筛选和分类汇总 3 项操作结合在一起，对数据进行分析和汇总。

创建了数据透视表，可以旋转行和列，建立交叉式表格，以便于从不同角度去观察数据源的不同汇总结果和显示区域的明细数据。下面举例说明数据库透视表的创建步骤。

例如，建立一个按商品统计的各公司总销售额列表，如图 4-61 所示。

（1）将光标定位在销售额表的任一单元格中，执行"插入"→"表格"→"数据透视表"命令，弹出"创建数据透视表"对话框，如图 4-62 所示。按照需要输入或选取要建立数据透视表的数据源区域。本例如图 4-62 所示，按照默认选择第一项："选择一个表或区域"。在下方的"选择放置数据透视表的位置"中选择"现有工作表"。

图 4-61　各公司销售额表

图 4-62　"创建数据透视表"对话框

注意：在建立数据透视表之前，必须将所有筛选和分类汇总的结果取消。

（2）单击"确定"按钮，出现如图 4-63 所示的效果。可以看出，该版式设计界面包括一个浮动的数据透视表工具栏、一个浮动的数据透视表字段列表对话框以及一个用来放置数据透视表的占位区。将"商品"拖动到"列标签"区域，将"公司"拖动到"行标签"区域，将"总金额"拖动到"数值"区域，就可以建立如图 4-64 所示的数据透视表。

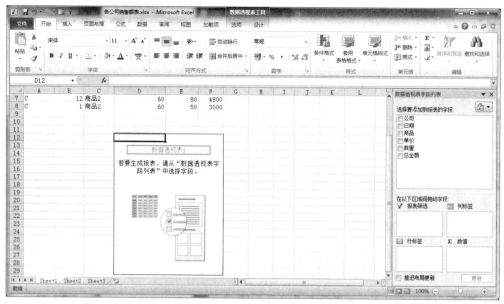

图 4-63　"数据透视表"的版式设计界面

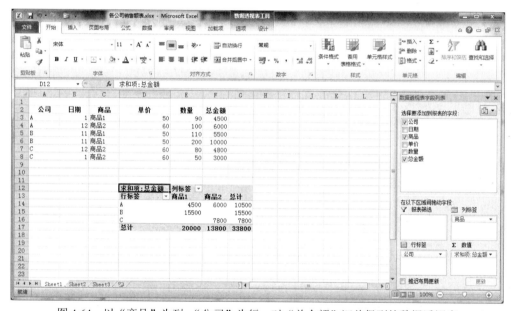

图 4-64　以"商品"为列，"公司"为行，对"总金额"汇总得到的数据透视表

【思考与实训】

1．学会使用记录单添加、删除和查找记录。

2．熟练使用数据排序功能。

3．熟练使用数据的自动筛选和高级筛选功能。

4．熟练使用构造条件，掌握条件的与、或关系。

5．对表格区域数据按最大值、最小值汇总。

习题四

一、填空题

1. 在 Excel 中，一个工作簿代表着一个文件，其文件的扩展名是_____。
2. 在 Excel 中的某一单元格中输入 01/02/13，系统自动认为它的数据类型是_____。
3. 单元格的引用分为绝对引用、相对引用和_____3 种。
4. 引用运算符有空格、冒号（:）和逗号（,），其中标志单元格区域的分隔符是_____。
5. Excel 中只能保留_____位的数字精度，超过部分数字将显示为 0。
6. 输入负数时，应在前面加上一个减号或用_____括起来。
7. 在 Excel 2010 中，对几个数值求平均值，常选用_____函数。
8. 在 Excel 中，当按住_____键并同时单击，即可选择不连续的单元格或区域。
9. 在 Excel 中，公式是以等号（=）引导的表达式，而表达式由_____和操作数构成。
10. 选中初始值（数字）后，按住_____键，拖动填充柄可实现数值递增 1 或递减 1。
11. 在 Excel 中，强制换行的方法是在需要换行的位置按_____组合键。
12. 在 Excel 2010 中，输入到单元格的文本通常是_____对齐。
13. 在 Excel 2010 中，默认条件下，每一工作簿包含_____个工作表。
14. 在 Excel 2010 中，每张工作表最多可以包含_____行和 256 列。
15. 在 Excel 2010 中，每个单元格最多可以输入_____个字符。
16. 输入分数时（如 3/4），必须先输入一个_____和一个空格，然后输入 3/4。
17. 输入日期时，必须使用_____或连字符（-）作为年、月、日的分隔符。
18. Excel 2010 的每个工作表有_____列和_____行。
19. 当选定单元格或单元格区域时，选定框右下角的小黑块称为_____。
20. 如果输入当前系统日期，则可按快捷键_____实现。

二、单选题

1. 在 Excel 2010 中，使用（　　　）菜单中的"分类汇总"命令对数据进行统计分析。
   A．格式　　　　　　B．编辑　　　　　　C．工具　　　　　　D．数据
2. 在 Excel 2010 中，在对一个数据清单进行分类汇总前，必须先做的操作是（　　　）。
   A．排序　　　　　　B．筛选　　　　　　C．合并计算　　　　D．选定区域
3. 在降序排序时，在序列中空白的单元格行（　　　）。
   A．放置在排序数据清单的最前面　　　B．被放置在排序数据清单的最后面
   C．不被排序　　　　　　　　　　　　D．应重新修改公式
4. 编辑框中显示的是（　　　）。
   A．删除的数据　　　　　　　　　　　B．当前单元格的数据
   C．被复制的数据　　　　　　　　　　D．没有显示
5. 假如单元格 D2 的值为 6，则函数=IF(D2>8,D2/2,D2*2)的结果为（　　　）。
   A．3　　　　　　　　B．6　　　　　　　　C．8　　　　　　　　D．12

6. 下列关于 Excel 图表的说法，正确的是（　　　）。

　　A．图表不能嵌入在当前工作表中，只能作为新工作表保存

　　B．无法从工作表中产生图表

　　C．图表只能嵌入在当前工作表中，不能作为新工作表保存

　　D．图表既可以嵌入在当前工作表中，也能作为新工作表保存

7. 在 Excel 2010 中，B1 单元格中有公式 "=A$7"，将其填充到 F1，则公式为（　　　）。

　　A．=A$7　　　　　B．=E$7　　　　　C．=D$7　　　　　D．=C$7

8. 在 Excel 2010 中，若想在单元格中显示邮政编码字符串 210096，应输入的是（　　　）。

　　A．210096　　　　B．'210096　　　C．210096'　　　D．'210096'

9. 在 Excel 2010 中，已知 A7 中的内容是公式 "=SUM(A2:A6)"，将该公式复制到单元格 E7 中，则 E7 中的公式是（　　　）。

　　A．=SUM(A2:A6)　　　　　　　　B．=SUM(E2:A6)

　　C．=SUM(E2:E6)　　　　　　　　D．=SUM(A2:E6)

10. 在 Excel 中，若在工作表 Sheet2 中相对引用 Sheet1 的 C5 单元格，其表达式是（　　　）。

　　A．C5　　　　　B．Sheet2!C5　　C．$C$5　　　　D．Sheet2!$C$5

11. 单元格中输入大于 0 的数值，显示为 "####"，使用（　　　）操作可以正常显示数据而又不影响该单元格的数据内容。

　　A．加大该单元格的行高　　　　　B．使用复制命令复制数据

　　C．加大该单元格的列宽　　　　　D．重新输入数据

12. 下列说法不正确的是（　　　）。

　　A．"排序"对话框可以选择的排序方式只有递增和递减两种

　　B．单击"数据"选项卡的"排序"按钮，可以实现对工作表数据的排序功能

　　C．对工作表数据进行排序，如果在数据中的第一行包含列标记，可以使该行排除在排序之外

　　D．"排序"对话框只有标题行和无标题行两种选择

13. Excel 中，下面关于分类汇总的叙述，错误的是（　　　）。

　　A．分类汇总前必须按关键字段排序

　　B．汇总方式只能是求和

　　C．分类汇总的关键字段只能有一个

　　D．分类汇总可以被删除，但删除汇总后排序操作不能撤销

14. 在 Excel 工作表中输入 2 又 1/4，应输入（　　　）。

　　A．21/4　　　　　B．1/42　　　　C．2 空格 1/4　　D．1/4 空格 2

15. 将工作表的第 3、第 4 行选定，然后进行插入操作，下面表述正确的是（　　　）。

　　A．在行号 2 和 3 之间插入两个空行　B．在行号 3 和 4 之间插入两个空行

　　C．在行号 4 和 5 之间插入两个空行　D．在行号 3 和 4 之间插入一个空行

16. 如果在工作表的 D 列和 E 列中间插入一列，先选中（　　　），后执行插入操作。

　　A．D 列　　　　　B．E 列　　　　　C．D 和 E 列　　　D．任意列

17. 用 12 小时输入晚上 9 点 10 分，应输入（　　　）。

　　A．9:10 空格 PM　B．9 空格 10　　　C．9:10PM　　　　D．晚上九点 10 分

18．在 Excel 2010 中，单元格地址有 3 种表示方式，其中（　　　）是绝对地址。

　　A．DB　　　　　B．$D5　　　　　C．*A5　　　　　D．D$5

19．下列（　　　）是日期填充的单位。

　　A．以天数填充　　　　　　　　　B．以工作日填充

　　C．以月填充　　　　　　　　　　D．以年填充

20．"排序"对话框中的"递增"和"递减"指的是（　　　）。

　　A．数据的大小　　B．排列次序　　C．单元格的数目　　D．以上都不对

21．在 Excel 2010 中，下列公式错误的是（　　　）。

　　A．A5=C1*D1　　　　　　　　　B．A5=C1/D1

　　C．A5=C1"OR"D1　　　　　　　D．A5=OR(C1,D1)

22．在某一单元格显示的内容是"#VALUE!"，它表示（　　　）。

　　A．在公式中引用了无效的数据　　B．公式的数字有问题

　　C．在公式中使用了错误的参数　　D．使用了错误的名称

23．如果删除了公式中使用的单元格，则该单元格显示（　　　）。

　　A．####　　　　　B．?　　　　　C．#REF!　　　　　D．以上都不对

24．在 Excel 2010 中，"页面设置"组中有按钮（　　　）。

　　A．页面、页边距、打印区域、分隔符

　　B．页边距、打印区域、分隔符、工作表

　　C．页边距、打印区域、分隔符、打印标题

　　D．页边距、打印区域、分隔符、打印预览

25．在 Excel 中，数据可以以图表的形式显示，当修改数据时，图表（　　　）。

　　A．不会更新　　　　　　　　　　B．自动更新

　　C．使用命令才能更新　　　　　　D．必须重新设置数据源区域才更新

26．在 Excel 工作表中，（　　　）被 Excel 识别为字符型数据。

　　A．1999-3-4　　B．$100　　　　C．34%　　　　　D．广州

27．若 A2 数值为 5，B2 数值为 10，其他单元格为空，C1 单元格的公式为=SUM(A2,B2)，将 C1 单元格复制到 C2，则 C2 中的数值为（　　　）。

　　A．5　　　　　B．0　　　　　C．15　　　　　D．10

28．"页面设置"对话框中的页面标签的方向有（　　　）。

　　A．纵向和垂直　　B．纵向和横向　　C．横向和垂直　　D．垂直和平行

29．高级筛选的条件区域在（　　　）范围。

　　A．数据表的前几行　　　　　　　B．数据表的后几行

　　C．数据表中间某单元格　　　　　D．数据表的前几行或后几行

30．利用筛选条件"数学>65 与总分>250"对成绩表筛选后，在筛选结果中是（　　　）。

　　A．数学>65 的记录　　　　　　　B．数学>65 且总分>250 分的记录

　　C．总分>250 分的记录　　　　　　D．数学>65 或总分>250 分的记录

三、多选题

1．在单元格中输入完数据后，如果要确认输入的数据，可以执行（　　　）操作。

A．按 Enter 键   B．按光标移动键

C．单击编辑栏上的"×"按钮   D．单击编辑栏上的"√"按钮

2．对 Excel 工作表，可以进行的操作有（   ）。

A．工作表表名的更改   B．插入工作表

C．工作表的移动   D．删除工作表

3．下列关于 Excel 表格区域的选定方法的说法，正确的是（   ）。

A．按住 Shift 键不放，再单击，可以选定相邻单元格的区域

B．按住 Ctrl 键不放，再单击，可以选定不相邻单元格的区域

C．按 Ctrl+A 组合键可以选定这个表格

D．单击某一行号可以选定整行

4．在"选择性粘贴"对话框中，下面（   ）选项属于"粘贴"选项。

A．批注   B．格式   C．工作表   D．工作簿

5．在 Excel 中有关"删除"和"删除工作表"的说法正确的是（   ）。

A．"删除"是删除工作表中的内容

B．"删除工作表"是删除工作表和其中的内容

C．Delete 键等同于删除命令

D．Delete 键等同于删除工作表命令

6．Excel 单元格可以接受（   ）数据。

A．文字   B．数值   C．图表   D．公式

7．在 Excel 中，单元格的行高调整可以通过（   ）进行。

A．"插入"菜单   B．"工具"菜单

C．"格式"菜单   D．拖拽行号下面的边框线

8．在 Excel 中，单元格中的文本内容可以（   ）。

A．删除   B．旋转   C．缩进   D．跨列居中

9．在 Excel 中，表格边框线的（   ）可以改变。

A．粗细   B．颜色   C．线型   D．形状

10．在 Excel 中，下列说法正确的是（   ）。

A．单元格可以命名   B．单元格区域不可以命名

C．可以为单元格插入批注   D．公式"=1+2"的运算结果是数值 3

11．在 Excel 中，引用运算符包括（   ）。

A．:   B．,   C．空格   D．#

12．在 Excel 中，关于 SUM 函数的说法，不正确的是（   ）。

A．只能对"列"信息进行求和计算

B．可对所选矩形区域的所有内容进行求和计算

C．可对多个矩形区域组成的单元格区域的所有数值数据进行求和计算

D．不能对由多个矩形组成的单元格区域进行求和计算

13．在 Excel 中，执行自动筛选操作的条件是（   ）。

A．在数据的第一行必须有列标记，否则筛选结果不正确

B．需要预先选中被筛选的数据清单中的某一单元格

C. 单击任意单元格

D. 数据的第一列必须有行标记

14. 在 Excel 中，对于排序问题，下列说法正确的是（　　）。

A. 如果只有一个排序关键字，可直接使用工具栏的"升序"或"降序"按钮

B. 可实现按列纵向排序

C. 可实现按行横向排序

D. 只能对列排序，不能对行排序

15. （　　）可以在"页面设置"对话框中进行设置。

A. 页边距　　　　B. 页眉　　　　C. 页脚　　　　D. 居中方式

四、操作题

1. 创建一工作簿，在 Sheet1 工作表中输入数据，并用复制公式的方法计算"实发工资"（实发工资=基本工资-电费），职工情况见题表 4-1。将该工作表所在的工作簿以文件名"工资.xlsx"保存。

题表 4-1　职工情况表

工号	姓名	性别	基本工资	电费	实发工资
09140001	王强	男	4900	40	
09140002	刘三	男	2000	93	
09140003	张英	女	2550	82	
09140004	唐敏	女	8000	55	
09140005	周升	男	2350	35	
合计					

按要求进行如下操作：

（1）设置纸张大小为 B5，方向为纵向，页边距为 2.5 厘米。

（2）设置标题的字号为 20，字体为黑体，颜色为深蓝，合并单元格，垂直、水平居中。

（3）设置各列宽度，A、B 列宽为 10，C、D 列宽为 8，E、F、G 列宽为 6。

（4）设置表头文字的格式：16 号楷体，垂直与水平居中，行高 27，底纹为"灰色-6.25%"。

（5）将基本工资和电费设置为保留一位小数。

（6）把 Sheet1 工作表复制到 Sheet2 工作表，在 Sheet2 工作表中完成如下操作：

1）按"基本工资"进行排序，要求低工资在前。

2）分别计算男、女职工的平均工资。

3）筛选出基本工资大于 3000 的男职工记录。

4）使用函数求出基本工资、电费总和各是多少。

（7）把 Sheet1 工作表复制到 Sheet3 工作表，在 Sheet3 工作表中完成如下操作：

1）在工作表中建立簇状柱形图，横坐标为职工号，纵坐标为实发工资。

2）将图形移动到表的正下方。

3）分别设置图例格式、标题、坐标格式、网格线等。

2. 请在 Excel 工作簿 Sheet1 中建立题表 4-2 所示的表格，然后完成以下操作：

题表 4-2　成绩表

学号	姓名	班级	平时成绩	期末成绩	总分
01001	陈越科	三班	78	87	
01002	马　特	一班	77	76	
01003	买买提	二班	86	90	
01004	马永玲	一班	90	95	
01005	秦　毅	一班	65	87	
01006	王　宏	三班	76	76	
01007	彭晓飞	二班	54	90	
01008	董消寒	一班	55	95	
01009	张　跃	二班	87	87	
01010	张延军	二班	67	76	

（1）采用"自动填充"序列数据的方法输入学号到"01020"。

（2）利用"记录单"对话框来追加一名学生的成绩，内容如下：

01011　　王小虎　　三班　　80　　90

（3）将数据清单区域（A2:F17）按班级升序排序，排序方法为按笔划排序。

（4）用公式计算每个人的总分（请使用公式：总分=平时成绩*30%+期末成绩*70%）。

（5）采用高级筛选功能，找出平时成绩、期末成绩都大于等于 80 分的记录。

（6）为"一班"的单元格添加蓝色底纹，为"二班"的单元格添加浅青色底纹。

（7）将表格边框设置为所有边框。

（8）将"总分"列数字的小数位数保留一位。

（9）分别用函数计算出平时成绩、期末成绩及总分的最高分、最低分。

（10）对成绩做折线图图表，如题图 4-1 所示。

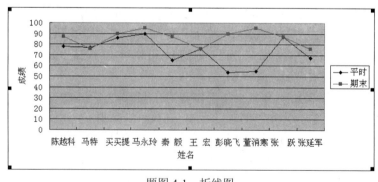

题图 4-1　折线图

（11）先对总分进行计算，然后用"选择性粘贴"命令复制所有数据（只粘贴数值）到 Sheet2 工作表中。

（12）在 Sheet1 工作表中以"期末"为主要关键字，"平时"为次要关键字进行升序排序。

（13）在表中按班级分类汇总出各班的人数。

第 5 章　使用 PowerPoint 2010

PowerPoint 2010 是 Office 组件中的一款演示文稿处理软件，它可以制作出集文字、图形、图像、声音、视频等多媒体对象为一体的演示文稿，把学术交流、辅助教学、广告宣传、产品演示等信息以更轻松、更高效的方式表达出来。使用 PowerPoint 制作的演示文稿可以通过计算机屏幕、投影仪、Web 浏览器等多种途径进行播放。随着办公自动化的普及，PowerPoint 的应用也越来越广。

5.1　初步认识 PowerPoint 2010

任务 1　建立一个演示文稿

【任务描述】

演示文稿是 PowerPoint 所创建的文档，而幻灯片则是演示文稿中的一个个页面，每张幻灯片存储的都是演示文稿中既相互独立又相互联系的内容，这些内容可以是文字、图形、图像以及声音等信息。要使用 PowerPoint 编辑和处理幻灯片，就必须启动 PowerPoint 并建立一个演示文稿。本任务旨在使读者通过创建一个包含几张幻灯片的演示文稿，掌握 PowerPoint 2010 的基本功能和基本操作。

【案例】建立一个名为"诗词欣赏"的演示文稿，如图 5-1 所示。

图 5-1　"诗词欣赏"演示文稿

【方法与步骤】

（1）启动 PowerPoint。启动 PowerPoint 后，系统自动创建一个名为"演示文稿 1"的空白演示文稿，附带一张"标题幻灯片"版式的空白幻灯片，如图 5-2 所示。

图 5-2　PowerPoint 应用程序窗口

注意：

1）继续执行"文件"→"新建"→"空白演示文档"→"创建"命令，则自动建立名为演示文稿 2、演示文稿 3……的空白演示文稿。

2）幻灯片版式是标题、文本、图片、表格等所有对象的整体布局，规定了所有对象的占位位置和排列形式。

（2）制作第 1 张幻灯片。

1）执行"开始"→"幻灯片"→"版式"命令，弹出"幻灯片版式"窗格，如图 5-3 所示，从中单击"空白"版式，完成幻灯片版式转换。

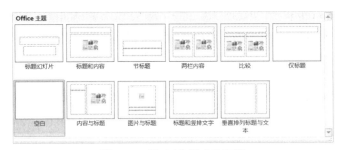

图 5-3　"幻灯片版式"窗格

2）执行"插入"→"图像"→"图片"命令，弹出"插入图片"对话框，从中选择名为"阁.jpg"的图片，如图 5-4 所示。

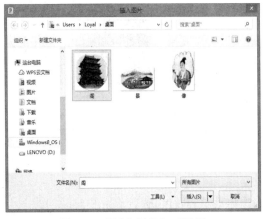

图 5-4　"插入图片"对话框

3）单击"插入"按钮，完成图片的插入。返回演示文稿，调整图片尺寸（90%）及位置（左下角），如图 5-5 所示。

注意：插入图像也可以来源于剪贴画、屏幕截图和相册等资源，如图 5-6 所示。

图 5-5　插入图片

图 5-6　"插入-图像"功能区

4）执行"插入"→"文本"→"横排文本框"命令，出现文本框绘制光标，即可在幻灯片空白处的适当位置绘出文本框，然后输入文本"滕王阁序"和"王勃"，如图 5-7 所示。

图 5-7　插入文本框

（3）制作第 2 张幻灯片。

1）执行"开始"→"幻灯片"→"新建幻灯片"命令，在弹出的"版式"任务窗格中单击"两栏内容"版式，完成新幻灯片的插入，如图 5-8 所示。

图 5-8　"两栏内容"版式

2）单击"标题栏"占位符，直接输入文本"作者简介"；单击"左栏内容"占位符，粘贴诗词欣赏.txt 文件中的文本；双击"右栏内容"占位符中的"插入图片"按钮，插入名为"像.jpg"的图片，如图 5-9 所示。

图 5-9　第 2 张幻灯片

（4）制作第 3 张幻灯片。

1）执行"开始"→"幻灯片"→"新建幻灯片"命令，在弹出的"版式"任务窗格中单击"标题与内容"版式，完成新幻灯片的插入，如图 5-10 所示。

图 5-10　"标题与内容"版式

2）右击"标题栏"占位符，在弹出的"快捷菜单"中选择"剪切"命令（删除标题栏）；新建文本框，粘贴诗词欣赏.txt 文件中的文本；双击"内容"占位符中的"插入图片"按钮，插入名为"景.jpg"的图片；调整两者的位置和大小，最终结果如图 5-11 所示。

图 5-11　第 3 张幻灯片

（5）保存文档。执行"文件"→"保存"命令，弹出"另存为"对话框，在"文件名"文本框中输入"诗词欣赏"，完成演示文稿的创建。

【基础与常识】

1．创建演示文稿

演示文稿是 PowerPoint 2010 用于存储并处理幻灯片的文档文件，其扩展名为.pptx。

PowerPoint 2010 提供了空白演示文稿、样本模板、主题、根据现有内容新建和 Office.com 模板等方式来创建演示文稿，如图 5-12 所示。

图 5-12　"演示文稿"创建方式

（1）空白演示文稿：空白演示文稿是由不带任何样本模板和主题设计，只带有"幻灯片版式"的一组幻灯片组成的演示文稿。空白演示文稿是建立演示文稿时使用频率最多的方式，也是建立新演示文稿的默认方法。

（2）样本模板：样本模板是一种特殊格式的 PPT 文档（*.potx），内置了对象的默认格式、幻灯片的配色方案，以及与主题相关的背景、文字等内容。PowerPoint 为用户提供了都市相册、培训和宣传手册等许多美观的样本模板，用户在设计演示文稿时可以先选择演示文稿的整体风格，然后再进行内容的编辑修改，如图 5-13 所示。

图 5-13　"样本模板"创建方式

（3）主题：主题是一整套关于幻灯片完整配色方案和格式设置的模板。使用主题可以帮助用户快速、简单地设计出美观大方的幻灯片，如图 5-14 所示。PowerPoint 2010 为用户提供了 44 种主题，如图 5-15 所示。

（4）Office.com 模板：除了系统安装时自带的模板以外，用户还可从 Office.com 网站在线下载模板。相关操作用户自行研究，这里不再赘述。

（5）根据现有内容新建：在现有演示文稿中，找一份接近要创建新演示文稿大纲、格式等要求的演示文稿，然后对该演示文稿做一些适当改动，从而构成新的演示文稿。相关操作用户自行研究，这里不再赘述。

图 5-14 "主题"创建方式

图 5-15 主题类型

2. 输入文本

文字和符号是幻灯片中的主要信息载体，幻灯片的文本输入方式主要包括 4 种：在文本占位符中输入文本、在文本框中输入文本、在自选图形中输入文本和输入艺术字文本。

（1）在文本占位符中输入文本。占位符就是一种带有虚线或阴影线的边框（幻灯片版式内置），除"空白"版式幻灯片之外，其他版式幻灯片至少含有一个占位符。占位符中可以放置一些对象，如标题、正文、图表、表格、艺术字、图片等。其中文本占位符框内放置标题和正文等对象。

单击占位符任意位置，框内提示文字消失，出现一个闪烁的光标，即可输入或粘贴文本；输入文本后，单击幻灯片中的任意空白处可结束文本输入，同时占位符消失。

注意：文本占位符有"自动调整"功能，如果输入文本过多，PowerPoint 会自动缩小文本大小并改变行间距以适应占位符区域。

（2）在文本框中输入文本。如果要在文本占位符之外的位置输入文本，可以在幻灯片中插入文本框。文本框是一种可移动、调整大小的文字或图形容器，特性与文本占位符类似。具体操作方法如下：

1）执行"插入"→"文本框"→"横排文本框"或"垂直文本框"命令。

2）在幻灯片上要添加文本的空白位置单击，然后输入或粘贴文本。

（3）在自选图形中输入文本。自选图形是由自选图形工具绘制的封闭图形（如标注、星与旗帜、流程图等）。选择自选图形，右击，在弹出的快捷菜单中选择"添加文字"命令，自选图形中出现光标插入点，即可输入或粘贴文本。

注意：自选图形中的文本是附加到自选图形中的，可以伴随自选图形移动而移动。

（4）输入艺术字文本。艺术字是系统以预设效果创建的特殊文本对象，可以进行伸长、倾斜、弯曲和旋转等变形处理。操作方法类似于 Word 中的操作方法，这里不再赘述。

3．演示文稿视图

PowerPoint 2010 提供了普通视图、幻灯片浏览视图、备注页视图和阅读视图 4 种视图模式，便于用户以不同的方式查看和编辑幻灯片内容及其格式。每种视图包含的工作区、功能区和工具略有不同。在任一视图中对演示文稿所做的修改都会自动反映到演示文稿的其他视图中。

（1）普通视图。普通视图由 3 个窗格组成：大纲/幻灯片、编辑和备注窗格。拖动任何两个窗格中间的分隔线，可以改变每一部分在屏幕上的显示比例。普通视图是 PowerPoint 默认工作模式，幻灯片的所有编辑（输入文字，插入图形、声音、影片等多媒体对象，插入超链接以及定义动画效果）和设计（字体、版式、模板）都在这个视图下进行，是使用频率最高的视图。

（2）幻灯片浏览视图。所有幻灯片以缩略图的形式按顺序显示在窗口中，在该视图模式下，既可以快速查找某张幻灯片，又可以进行幻灯片复制、移动或删除等操作，以及选择幻灯片的切换效果，但不能对幻灯片的具体内容进行编辑，如图 5-16 所示。

图 5-16　"幻灯片浏览"视图

注意：幻灯片的选定、复制、移动和删除与 Windows 中的文件操作类似，这里不再赘述。

（3）备注页视图。该视图方式用来编辑当前幻灯片的备注内容。备注信息一般包括演讲者在讲演时所需的重点提示或注解，其内容并不在幻灯片编辑窗格中显示，播放时也不会显示。

（4）阅读视图。从当前幻灯片开始，以全屏幕方式播放每一张幻灯片直到结束。在该视图模式下，动作按钮和超链接才起作用，演讲者可以改变幻灯片播放顺序，但不能修改幻灯片内容，也不能改变各幻灯片的物理顺序。

【拓展与提高】

1．插入表格

与 Word 相比，PowerPoint 拥有自己的表格模板，可以直接用它制作表格，使制作表格幻灯片变得更加方便、容易。在 PowerPoint 中，添加一个表格的方法有多种：从 Word 中复制表格、从 Excel 中复制表格、自由绘制表格、直接插入表格和使用带表格的版式插入表格。这里只介绍最后一种方法，其他方法与 Word 中添加表格的方法类似，这里不再赘述。

（1）执行"开始"→"幻灯片"→"新建幻灯片"命令，在弹出的"版式"任务窗格中单击"标题和内容"版式，完成新幻灯片的插入，如图 5-17 所示。

（2）单击"表格"按钮，弹出"插入表格"对话框，如图 5-18 所示。

（3）输入列数和行数，单击"确定"按钮，完成表格的创建，如图 5-19 所示。

图 5-17　"标题和内容"版式　　图 5-18　"插入表格"对话框　　图 5-19　"插入表格"幻灯片

2．插入图表

图表比文字更能直观地描述数据，如果需要通过比较一些数据说明产品的优势，或展现数据的变化规律，使用图表可以使人一目了然。PowerPoint 有一个与 Excel 相同的图表模块，专门用来处理图表，利用它可在不退出 PowerPoint 的情况下绘制各种不同类型的图表。

（1）执行"开始"→"幻灯片"→"新建幻灯片"命令，在弹出的"版式"任务窗格中单击"标题和内容"版式，完成新幻灯片的插入，在幻灯片中单击"插入图表"按钮，弹出"插入图表"对话框，如图 5-20 所示。

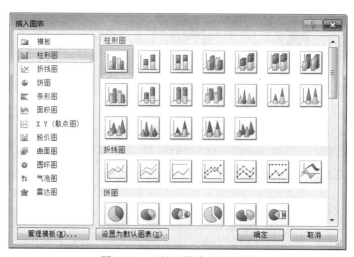

图 5-20　"插入图表"对话框

（2）在"插入图表"对话框中左、右侧分别选中"模板"和子类型，单击"确定"按钮，弹出"图表编辑"对话框，如图 5-21 所示。

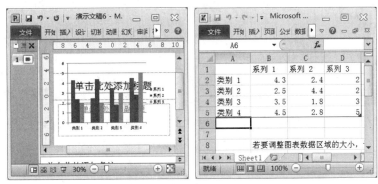

图 5-21　"图表编辑"对话框

（3）在右侧 Excel 中修改表格数据，会看到左侧图表跟随联动变化，最后单击 Excel 的"关闭"按钮，完成图表插入。

注意：

1）单击幻灯片空白处，关闭数据表，完成图表编辑；双击图表，则返回图表编辑状态。

2）在图表编辑状态下，可通过对数据表源数据的修改，实现对图表系列数据的更改。

3. 插入 SmartArt 图形

SmartArt 图形由一系列输入框和连线组成的图形。SmartArt 图形提供了列表、流程、循环、层次结构等模板，使用 SmartArt 简化了创建复杂图形的过程。具体操作方法如下：

（1）在"插入"工作区的"插图"组中单击 SmartArt 按钮，弹出"选择 SmartArt 图形"对话框，如图 5-22 所示。左侧显示 SmartArt 图形分类，中间列出每个分类的子类型，右侧显示子类型的默认效果。

（2）在左侧选择一种分类，在中间选择一种样式，单击"确定"按钮，在当前幻灯片插入所选 SmartArt 图形的默认样式，用户自行添加文本，如图 5-23 所示。

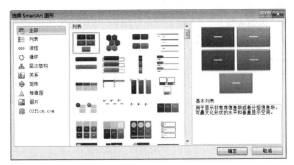

图 5-22　"选择 SmartArt 图形"对话框

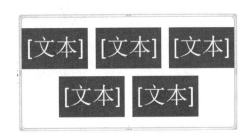

图 5-23　SmartArt 图形的默认样式

4. 插入声音和视频

如果需要音乐和视频来表达演讲内容以激发观众的兴趣，可在幻灯片中插入影片和声音。执行"插入"→"音频"菜单中的相应子命令，即可把剪辑管理或文件中的声音插入到幻灯片中；选择"录制声音"命令可现场录制当前播放的声音并插入，如图 5-24 所示。

注意： 可直接看到插入的视频画面，而声音表现为一个小喇叭图标，可在页面上直接播放和简单编辑，右击后可选择菜单进行音频编辑，如图 5-25 所示。

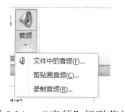

图 5-24　"音频"级联菜单

图 5-25　"声音选项"对话框

【思考与实训】

1．简述演示文稿的版式类型，并尝试是否能在不含剪贴画版式中插入图片和剪贴画。
2．简述演示文稿的 4 种视图模式及其切换方式。
3．简述演示文稿中文本输入方式，并尝试在垂直文本框中输入文本。
4．任意选定一张幻灯片，体验一下插入声音和视频的操作过程。

任务2　美化编辑演示文稿

【任务描述】

幻灯片的格式决定了演示文稿的放映效果。一般说来，在创建演示文稿之前，应该设置统一风格的主题、母版、背景及配色方案；在创建演示文稿之后，还应该根据每一张幻灯片的具体内容及其特点，进一步调整文本和对象格式。本任务通过案例介绍设置幻灯片风格（标题、段落格式）及背景的方法。

【案例】为"体育报道"演示文稿进行美化编辑，如图 5-26 所示。

图 5-26　"演示文稿"美化编辑结果

【方法与步骤】

（1）设置主题：执行"设计"→"主题"→"其他"命令，弹出"设计"窗格，从中单击"暗香扑面"主题，如图 5-27 所示，主题将应用于所有幻灯片。

注意：主题默认应用于所有幻灯片，当右击主题时，则弹出附加菜单，用户可以选择"应用于所有幻灯片"或"应用于选定幻灯片"命令，如图 5-28 所示。

（2）设置背景：单击第 2 张幻灯片，执行"设计"→"背景"→"设置背景格式"命令，弹出"设置背景格式"对话框，如图 5-29 所示；从左到右边，依次执行"填充"→"图片或纹理填充"→"纹理"→"画布"命令，弹出"纹理"窗格，如图 5-30 所示；单击"关闭"按钮，完成当前幻灯片背景设置。

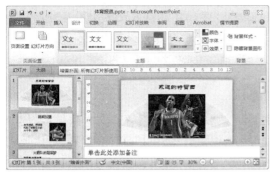

图 5-27 应用"暗香扑面"主题

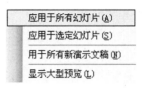

图 5-28 "主题"附加菜单

图 5-29 "设置背景格式"对话框

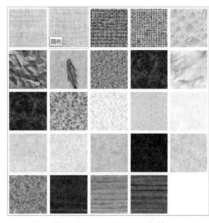

图 5-30 "纹理"窗格

（3）字体设置：单击第 2 张幻灯片，选择占位符中的"文本"并右击，在弹出的快捷菜单中依次单击字体"华文隶书"、字号"36"、字形"加粗"和"阴影"按钮，如图 5-31 所示。

图 5-31 "字体"设置效果

（4）编号设置：单击第 3 张幻灯片，单击"文本"占位符，执行"开始"→"段落"→"编号"命令，结果如图 5-32 所示。

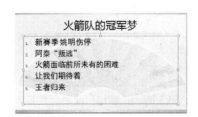

图 5-32 "编号"设置效果

注意：字体设置也可以通过"字体"对话框进行，参阅字体格式设置（图 5-33）；编号设置也可以通过"项目符号和编号"对话框进行，参阅项目符号和编号设置（图 5-36 和图 5-37）。

【基础与常识】

1．字体格式设置

为了使演示文稿更加美观、清晰，通常需要对文本属性进行设置。文本的基本属性包括字体、字形、字号及字体颜色等。在 PowerPoint 2010 中，虽然对幻灯片应用了幻灯片版式后，幻灯片中的文字也具有了预先定义的属性，但在很多情况下，用户仍然需要按照自己的要求对它们进行重新设置。具体操作方法如下：

在"开始"功能区单击"字体"组的"字体"按钮，弹出"字体"对话框，如图 5-33 所示，可对文字的字体、字号、加粗、倾斜、下划线和字体颜色进行设置。

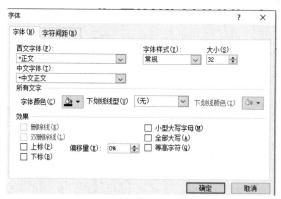

图 5-33 "字体"对话框

2．段落格式设置

在 PowerPoint 2010 中，段落是指文本的末尾带有回车符的文本。项目符号或编号列表中的每个项目也是一个段落，标题或副标题也是段落。通过段落的排版不仅可以增加内容的层次感，还可以使幻灯片更加清晰美观。具体操作方法如下：

（1）设置缩进和间距：在"开始"功能区单击"段落"组的"段落"按钮，弹出"段落"对话框的"缩进和间距"选项卡，如图 5-34 所示，可对段落的对齐方式、缩进、间距进行设置。

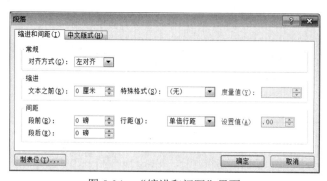

图 5-34 "缩进和间距"界面

注意：段落缩进也可以使用标尺，方法类似于 Word 中的操作方法，这里不再赘述。

（2）设置中文版式：单击"中文版式"标签，弹出"中文版式"选项卡，如图 5-35 所示，可以设置 3 种换行格式。

图 5-35　"中文版式"选项卡

3. 项目符号和编号设置

为了使某些内容更为醒目，经常要用到项目符号和编号。项目符号和编号用于强调一些特别重要的观点或条目，从而使主题更加美观、突出。具体操作方法如下：

在"开始"功能区单击"段落"组的"项目符号"或"编号"按钮右边的"项目符号和编号"按钮，弹出"项目符号和编号"对话框的"项目符号"选项卡，如图 5-36 所示；单击"编号"标签，弹出"编号"选项卡，如图 5-37 所示。根据需要选择相应"项目符号"或"编号"，然后单击"确定"按钮完成设置。

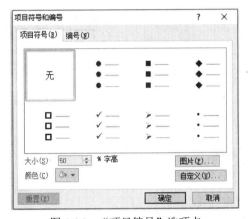

图 5-36　"项目符号"选项卡

图 5-37　"编号"选项卡

4. 对象格式设置

对插入的对象（文本框、占位符、自选图形、艺术字等）也可以进行填充颜色、边框、阴影等格式的设置。这里以文本框为例讲解对象的格式设置。

（1）设置填充颜色。当选中文本框后，弹出的"格式"工作区，然后单击"形状样式"组的"设置形状格式"按钮，弹出"设置文本框格式"对话框的"填充"选项卡，如图 5-38 至图 5-43 所示。用户可以根据需要设置无填充、纯色填充、渐变填充等各种填充效果。

注意：在"渐变填充"界面若选择"颜色"下拉列表框中的"其他颜色"命令，则弹出"颜色"下拉菜单，详细情况参阅图 5-49。后续操作步骤与背景调整类似，这里不再赘述。

图 5-38 "无填充"选项界面

图 5-39 "纯色填充"选项界面

图 5-40 "渐变填充"选项界面

图 5-41 "图片或纹理填充"选项界面

图 5-42 "图案填充"选项界面

图 5-43 "幻灯片背景填充"选项界面

（2）线条颜色。单击"线条颜色"选项，弹出线条颜色界面，默认为"无线条"选项卡界面，其中实线和渐变线界面分别如图 5-44 和图 5-45 所示。

图 5-44　"实线"界面　　　　　　　图 5-45　"渐变线"界面

（3）大小。在弹出"设置形状格式"对话框的"大小"选项卡，用户可以设置文本框的尺寸和旋转、缩放比例、锁定纵横比等内容，如图 5-46 所示。

（4）文本框。在弹出"设置形状格式"对话框的"文本框"选项卡，用户可以设置文字版式、自动调整、内部边距和分栏等内容，如图 5-47 所示。

图 5-46　"大小"选项卡　　　　　　图 5-47　"文本框"选项卡

注意：内部边距实际是设置文本框中对象与文本框四周的距离，左右边框可以理解为左右缩进。

5. 幻灯片背景

新建演示文稿时，幻灯片默认背景为白色，为幻灯片设置背景和填充颜色，能从整体上体现演示文稿的个性特色。幻灯片背景除可设置为所需颜色外，还可设置为底纹、图案、纹理或图片。更改幻灯片背景时，可将更改应用于当前幻灯片或所有幻灯片。具体操作方法如下：

（1）单击"设计"功能区 "背景"组的"背景"按钮，弹出"设置背景格式"对话框的"填充"界面，如图 5-48 所示。

（2）单击"填充颜色"下方的"颜色"选项右边的下三角按钮，弹出"颜色"下拉菜单，如图 5-49 所示。

 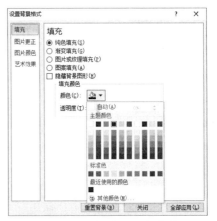

图 5-48   "设置背景格式"对话框　　　　　　图 5-49   "颜色"下拉菜单

（3）单击"其他颜色"选项，弹出"颜色"对话框的"标准"选项卡，如图 5-50 所示。单击"自定义"标签，弹出"颜色"对话框的"自定义"选项卡，如图 5-51 所示。

图 5-50   "颜色"对话框的"标准"选项卡　　　图 5-51   "颜色"对话框的"自定义"选项卡

注意：其他填充效果的设置方法与对象格式的设置方法类似，这里不再赘述。

【拓展与提高】

PowerPoint 2010 中提供了大量的模板预设格式，应用这些格式，可以轻松地制作出具有专业效果的幻灯片演示文稿，以及备注和讲义演示文稿。这些预设格式包括设计模板、主题颜色、幻灯片版式等内容。

1．母版

母版存储有模板信息，这些信息包括字体、占位符的大小和位置、背景设计以及配色方案和页面页脚等元素。所以，用户可以用母版来定义整个演示文稿的外观，对母版的任何更改都将影响基于母版的所有幻灯片。也就是说，母版可以设置整个演示文稿一致版式风格和共性内容。

PowerPoint 2010 提供了 3 种母版：幻灯片母版、讲义母版和备注母版，分别用来设置幻灯片展示、（讲义）打印、幻灯片备注页的显示风格。

（1）幻灯片母版。幻灯片母版是一张包含格式占位符的幻灯片，这些占位符是标题、主要文本、页脚（日期、时间和幻灯片编号）和背景图案等。凡是在幻灯片上可以进行的格式设置，都可以在母版上进行，并且只要是在母版上进行的设置，就会影响所有没有进行专门设置的幻灯片。

用户可以在幻灯片母版上为所有幻灯片设置默认版式风格和共性内容，下面以为"体育报道"演示文稿插入图片（球.gif）为例来说明如何设计母版。具体操作方法如下：

1）打开幻灯片母版：执行"视图"→"母版视图"→"幻灯片母版"命令，弹出幻灯片母版视图，并显示默认样式，如图 5-52 所示。左窗格中第 1 个为当前演示文稿的幻灯片母版，其后跟随若干个关联的幻灯片版式（默认关联系统提供的 11 个版式）。

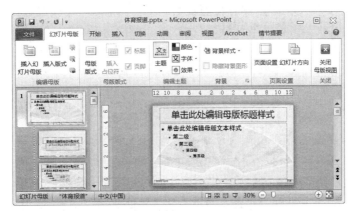

图 5-52　默认样式的幻灯片母版

2）在幻灯片母版中插入图片：执行"插入"→"图像"→"图片"命令，选择并插入图片（球.gif），调整图片大小（2.5cm×2.5cm）和位置（左上角），如图 5-53 所示。

注意：执行"幻灯片母版"→"母版版式"命令，打开"母版版式"对话框，如图 5-54 所示，从中可调出消失的对象占位符。

图 5-53　插入图片后的幻灯片母版

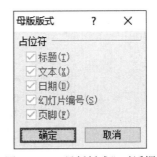

图 5-54　"母版版式"对话框

3）设置页脚：单击"页脚区"占位符内的文本，直接输入文本：姚明时代。

注意：在"页眉和页脚"对话框中也可以设置页眉、页脚等内容，其操作方法是：执行"插入"→"页眉和页脚"命令，弹出"页眉和页脚"对话框，如图 5-55 所示。

图 5-55　"页眉和页脚"对话框

4）确认修改设置：单击"幻灯片母版视图"工具栏上的"关闭母版视图"按钮，完成并退出幻灯片母版编辑状态，返回幻灯片浏览视图，如图 5-56 所示。

图 5-56　完成母版修改后的幻灯片浏览视图

（2）讲义母版。讲义是演示文稿的打印版本，也就是说，讲义母版用于编辑讲义的格式，包括设置页眉/页脚、占位符格式等。如果要把演示文稿打印出来发给听众，并在打印稿上添加一些未在幻灯片上显示的诸如日期、联系方式等信息，应使用讲义母版，如图 5-57 所示。

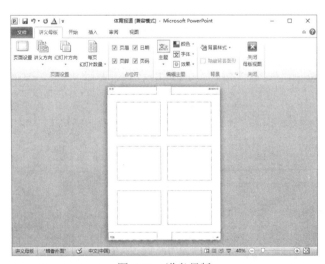

图 5-57　讲义母版

（3）备注母版。备注母版主要控制备注页的格式。利用备注母版，可以控制备注页的备注内容与外观。另外备注母版还可以调整幻灯片的大小和位置，如图 5-58 所示。

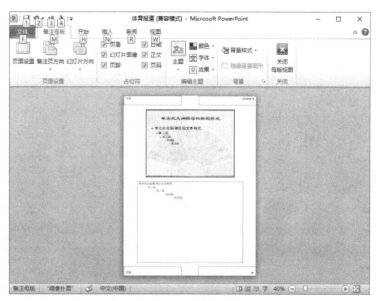

图 5-58 备注母版

2. 用户自定义主题

如果用户有好的或者专用的幻灯片样式，可以将其设置为用户自定义的主题（扩展名为.thmx），以便于以后工作中使用。

（1）执行"文件"→"另存为"命令，弹出"另存为"对话框，设置"保存类型"为"Office Theme"，在"文件名"文本框中输入文件名"体育报道.thmx"，如图 5-59 所示。

（2）单击"保存"按钮，返回"幻灯片设计"窗格，浏览新建的主题，如图 5-60 所示。

图 5-59 "另存为"对话框

图 5-60 新建的主题

3. 用户自定义主题颜色

幻灯片配色方案由 8 种颜色组成，分别用于设置背景、文本、线条、阴影、标题文本、填充、强调和超链接等元素的主题颜色。在进行幻灯片配色方案设计时，我们可以选择系统提供的配色方案（内置 44 种），也可以创建自己的配色方案，并将自定义配色方案添加到系统中。

自定义配色方案的操作方法如下：

（1）执行"设计"→"主题"→"颜色"→"新建主题颜色"命令，弹出"新建主题颜色"对话框，用户可以有选择地对各元素进行主题颜色设置，如图 5-61 所示。在"新建主题颜色"对话框的"名称"文本框中输入名称，如暖色。单击"保存"按钮，返回 PowerPoint 编辑窗口。

（2）再次执行"设计"→"主题"→"颜色"命令，弹出"主题颜色"对话框，如图 5-62 所示，可以自定义列表框下出现"暖色"主题色方案。

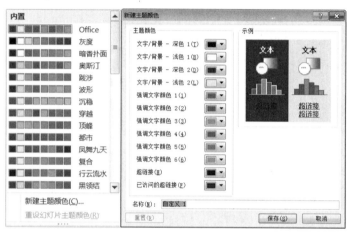
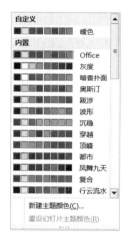

图 5-61　"新建主题颜色"对话框　　　　　　　图 5-62　"主题颜色"对话框

【思考与实训】

1. 比较为幻灯片某对象设置背景和为幻灯片设置背景的异同。
2. 简述母版的种类及适用对象，并观察幻灯片母版和讲义母版修改对演示文稿的影响。
3. 将现有演示文稿模板定义为自定义主题，并在应用设计窗格中浏览所建主题。
4. 简述配色方案中 8 种类别，并尝试新增一种用户自定义主题颜色方案。

5.2　设置演示文稿的播放效果

任务 3　设置动画和超链接

【任务描述】

为了增加幻灯片播放效果，保证演讲过程的成功，还需要控制播放的节奏，增加幻灯片的生动性和灵活性，也就是说，一是为幻灯片及其内容增加动画效果，从而吸引观众的注意力；二是运用超链接和动作设置来实现相关信息内容之间的快速跳转。本任务旨在使读者通过案例学习动画和超链接的设置，从而掌握演示文稿的动画和超链接制作技巧和操作方法。

【案例】 为"散文欣赏"演示文稿设置幻灯片动画和幻灯片切换，如图 5-63 所示。

图 5-63　"散文欣赏"动画效果

【方法与步骤】

（1）制作幻灯片动画。执行"动画"→"高级动画"→"动画窗格"命令，弹出"动画窗格"窗口，如图 5-64 所示。

图 5-64　"动画窗格"窗口

1）选择第一张幻灯片，单击"标题"边框，执行"动画"→"高级动画"→"添加动画"→"劈裂"命令，完成"标题"动画效果制作，设置结果出现在"动画窗格"中，如图 5-65 所示。

图 5-65　"标题"动画效果设置

2）依此类推，为正文添加"回旋"动画效果，为图片添加"菱形"动画效果，结果如图 5-66 所示。

图 5-66　为正文、图片添加动画效果设置

3）按照同样的方法，选择其他幻灯片中各对象，并为各对象设置动画效果。

（2）制作幻灯片切换。执行"切换"→"切换到此幻灯片"命令，如图 5-67 所示。

图 5-67　"切换"功能区

1）选中第一张幻灯片，在"切换到此幻灯片"下拉菜单中单击"形状"切换效果，如图 5-68 所示。

图 5-68　"形状"切换效果设置

注意：在"计时"功能组，"设置自动换片时间"用于设置幻灯片的切换间隔，如 01:05 表示换片间隔为 1 分零 5 秒。单击"全部应用"按钮，则将切换方式应用于整个演示文稿。

2）按照同样的方法，依次选择其他幻灯片，并设置各幻灯片的切换效果。

（3）查看放映效果。单击第一张幻灯片，执行"幻灯片放映"→"从头开始"命令，从第一张开始放映。放映过程中，单击幻灯片的空白位置，切换到下一张幻灯片；单击最后一张幻灯片，结束放映。

注意：放映幻灯片的方法还有以下 3 种：单击窗口右下角的"幻灯片放映"视图切换按钮，或执行"切换"→"预览"命令，或按 F5 键。

【基础与常识】

1. 动画样式

在一些文稿演示和图文说明过程中，动画可以增加演示的视觉效果。要想为幻灯片设置动画效果，增添幻灯片的演示效果，就需要使用动画样式及其附加特效。具体操作方法如下：

（1）设置或更改动画样式。首先选择对象，然后执行"动画"→"动画样式"命令，弹出动画样式下拉菜单，如图 5-69 所示。从中单击动画样式即可设置或更改对象动画样式。如果指向"更多"级联菜单，则会弹出下一级级联菜单，如图 5-70 所示。

图 5-69　"动画样式"下拉菜单　　　　图 5-70　"更多进入效果"级联菜单

注意：动画效果分为进入、强调、退出和动作路径四种形式。各含义如下：

1）进入：进入是指幻灯片上某个对象进入幻灯片的动画效果。

2）强调：强调是指对幻灯片上某个元素进行突出强调。

3）退出：退出是指幻灯片上某个对象退出幻灯片的动画效果。

4）动作路径：动作路径是指幻灯片上对象或文本的运动轨迹。

（2）增加动画样式。首先选择对象，然后执行"动画"→"高级动画"→"添加动画"命令，后续操作同上，这里不再赘述，如图 5-71 所示。

（3）删除动画样式。在"动画窗格"中右击要删除的动画样式，在弹出的快捷菜单中选择"删除"命令即可删除指定的动画样式，如图 5-72 所示。

（4）效果选项。不同对象的效果选项内容可能有所不同，这里以脉冲动画样式为例说明。在"动画窗格"中右击要添加"效果选项"的动画样式，弹出"效果"选项卡，如图 5-73 所示；单击"计时"标签，弹出"计时"选项卡，如图 5-74 所示；单击"正文文本动画"标签，弹出"正文文本动画"选项卡，如图 5-75 所示。

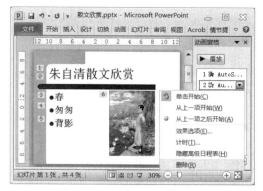

图 5-71　增加"动画样式"　　　　　　　　　图 5-72　删除"动画样式"

图 5-73　"效果"选项卡　　　图 5-74　"计时"选项卡　　　图 5-75　"正文文本动画"选项卡

（5）调整顺序。"动画窗格"中的数字表示动画样式的执行顺序，允许用"重新排序"按钮进行顺序调整。

注意： 在动画列表区域中，也可用鼠标左键拖放的方法直接调整各对象的动画顺序。

2. 幻灯片切换

幻灯片切换是设计一张幻灯片如何从屏幕上消失，以及另一张幻灯片如何在屏幕上显示的方式。幻灯片切换方式可以是简单地以一张幻灯片代替另一张幻灯片，也可以创建一种特殊的效果，使幻灯片以不一样的方式出现在屏幕上。用户既可以为一组幻灯片设置同一种切换方式，也可以为每张幻灯片设置不同的切换方式。同样，针对不同的切换样式，PowerPoint 提供了不同的效果选项，其操作方式类似于动画效果，这里不再赘述。

【拓展与提高】

1. 创建超链接

超链接是一个灵活的跳转工具，可以满足演示文稿与相关信息之间的快速跳转阅读或查看需求。超链接由两部分组成：链接对象和链接目标。其中链接对象可以是文本和各类对象；链接目标可以是现有文件或网页、本文档中的位置、新建文档和电子邮件地址。

（1）选中希望用于代表链接的文本或对象，如第一张幻灯片"标题"占位符边框，执行"插入"→"超链接"命令，如图 5-76 所示。

（2）释放鼠标后，弹出"插入超链接"对话框的"现有文件或网页"界面，在"地址"栏中输入 http://www.baidu.com/s?wd=朱自清，如图 5-77 所示。

（3）单击"确定"按钮，返回演示文稿，完成超链接创建。

图 5-76　"超链接"命令

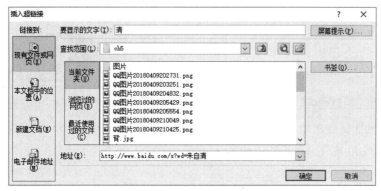

图 5-77　"现有文件或网页"界面

注意："链接到"有 4 种选项，其含义如下：

1）现有文件或网页：用于创建指向其他文件或网页的超链接。

2）本文档中的位置：用于创建指向当前文档中某个幻灯片的超链接，如图 5-78 所示。

图 5-78　"本文档中的位置"界面

3）新建文档：用于创建指向新建文件的超链接。

4）电子邮件地址：用于创建指向电子邮件地址的超链接。

2. 动作按钮

动作按钮是 PowerPoint 中预先设置好的一组带有特定动作的图形按钮，这些按钮被预先设置为指向前一张、后一张、第一张、最后一张幻灯片，播放声音及播放电影等链接，用户可以方便地应用这些预置好的按钮，实现在放映幻灯片时的跳转目的。添加动作按钮具体操作方法如下：

（1）单击要添加"动作按钮"的幻灯片，然后执行"插入"→"插图"→"形状"命令，在弹出的"形状"列表框中拖动垂直滚动条直至底部，如图 5-79 所示。

（2）单击合适的动作按钮，如"动作按钮：第一张"（第 5 个），鼠标变成"十字"形状，在幻灯片右下角按下鼠标并拖拽，绘制出"动作按钮"，如图 5-80 所示。

图 5-79　"动作按钮"级联菜单

图 5-80　绘制出"动作按钮"

（3）释放鼠标，弹出"动作设置"对话框，在"超链接到"下拉列表框中选择需要的选项，如"第一张幻灯片"，如图 5-81 所示。

图 5-81　"动作设置"对话框

注意："动作设置"对话框提供两种方法——单击鼠标和鼠标移过，分别设置单击鼠标发生的动作和鼠标移过发生的动作，两者设置方法一致。

【思考与实训】

1．简述幻灯片动画和幻灯片切换的区别。

2．简述更改幻灯片各对象的动画顺序的方法。

3．简述动作按钮与动作设置的区别。

4．比较为对象边框建立超链接和为超文本建立超链接的异同。

任务 4　演示文稿的放映和输出

【任务描述】

自定义放映是指从一个演示文稿中挑选出若干张幻灯片来构建一个相对独立的子演示文稿（放映分组），以适合特定需求。即将演示文稿中的幻灯片进行重新组合，形成多个放映组，以便于对特定的观众放映演示文稿的特定部分。本任务旨在使读者通过案例学习演示文稿的自定义放映，了解幻灯片放映的技巧和操作方法。

【案例】为"经典故事"演示文稿（图 5-82）构建一个只包含几张幻灯片的"经典精选"子演示文稿。

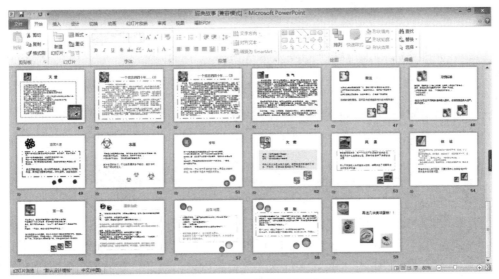

图 5-82　"经典故事"演示文稿

【方法与步骤】

（1）打开"经典故事"演示文稿，执行"幻灯片放映"→"自定义放映"命令，弹出"自定义放映"对话框，如图 5-83 所示。

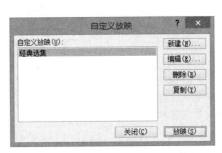

图 5-83　"自定义放映"对话框

（2）单击"新建"按钮，弹出"定义自定义放映"对话框1，如图5-84所示。

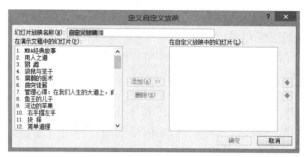

图5-84　"定义自定义放映"对话框1

（3）在"幻灯片放映名称"文本框中输入新建自定义放映的名称，默认为自定义放映1；在"在演示文稿中的幻灯片"列表框中单击需要添加到自定义放映中的幻灯片，然后单击"添加"按钮，完成幻灯片的添加，如图5-85所示。

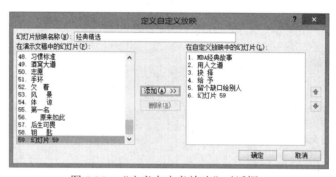

图5-85　"定义自定义放映"对话框2

（4）单击"确定"按钮，完成"自定义放映"设置，如图5-86所示。

（5）执行"幻灯片放映"→"设置幻灯片放映"命令，弹出"设置放映方式"对话框，在"放映幻灯片"选项组选中"自定义放映"单选按钮并选择"经典精选"选项，如图5-87所示。

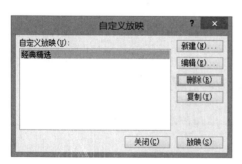

图5-86　完成"自定义放映"设置

图5-87　"设置放映方式"对话框

注意："设置放映方式"对话框中有5个选项组：放映类型、放映幻灯片、放映选项、换片方式、多监视器，它们包含的参数可以交叉设置，但有些是相互屏蔽的。

（6）执行"幻灯片放映"→"观看放映"命令，屏幕将播放自定义子演示文稿。

【基础与常识】

1．设置放映方式

PowerPoint 提供了 3 种放映类型，各类型的含义如下：

（1）演讲者放映（全屏幕）：可以完整地控制放映过程，采用自动或人工放映。这是默认的放映方式。

（2）观众自行浏览（窗口）：可以利用滚动条或浏览菜单显示所需的幻灯片，这种放映方式很容易对当前放映的幻灯片进行复制、打印等操作，还可以同时打开其他程序或浏览其他演示文稿等，如图 5-88 所示。

图 5-88　观众自行浏览放映方式

（3）在展台浏览（全屏幕）：适用于无人管理时放映幻灯片，放映过程不能控制。

2．排练计时

排练计时是指讲演者模拟讲演的过程，系统会将每张幻灯片以及幻灯片中每一个设置对象在放映时的停留时间记录下来，并可以应用在以后的实际幻灯片放映中。

（1）执行"幻灯片放映"→"排练计时"命令，演示文稿自动切换到幻灯片放映状态，用于排练计时。

（2）此时，屏幕左上角显示一个"录制"工具栏，它可以准确记录演示当前幻灯片时所用的时间（工具栏左侧显示的时间），以及从开始放映到目前为止总共使用的时间（工具栏右侧显示的时间），如图 5-89 所示。

（3）排练结束，弹出"Microsoft PowerPoint"对话框显示幻灯片播放的总时间，并询问用户是否保留该排练时间，如图 5-90 所示。

图 5-89　"录制"工具栏

图 5-90　Microsoft PowerPoint 对话框

（4）单击"是"按钮，接受排练计时，返回幻灯片浏览视图，各幻灯片下方出现放映驻留时间。

3. 录制旁白

（1）在菜单栏中选择"幻灯片放映"→"录制幻灯片演示"命令，选择"从头开始录制"，然后弹出"录制幻灯片演示"对话框，单击"开始录制"按钮，如图 5-91 所示，进入幻灯片放映状态，同时开始录制旁白。

图 5-91 "录制幻灯片演示"对话框

（2）录制成功后会自动转换为幻灯片浏览模式，看到每页下方有录制的时间和喇叭后证明录制成功，如图 5-92 所示。

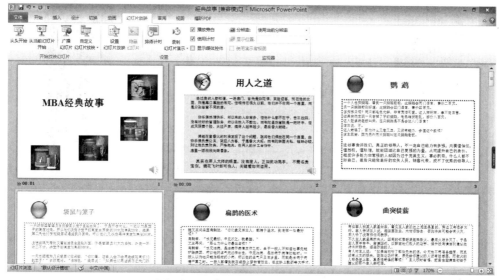

图 5-92 浏览模式下的旁白录制情况

（3）如果不满意某一页的录制只需要修改当前的，不需要从头录制。

4. 控制幻灯片放映

在观看幻灯片放映时，可以控制幻灯片的放映，当以全屏方式放映幻灯片时，右击幻灯片弹出快捷菜单，可通过快捷菜单实现定位、黑屏、擦除和白板写字等效果，如图 5-93 所示。

（1）定位至幻灯片：选择此命令，在弹出的对话框中列出了文稿的所有幻灯片，用户可以快速跳转到任何一张幻灯片。

（2）指针选项：选择此命令，打开一个子菜单，选择"荧光笔"命令，鼠标指针变成笔的形状，可以在演示屏幕上写字。

（3）屏幕：选择此命令，打开一个子菜单，允许用户暂停放映幻灯片、黑屏显示和擦除幻灯片上的笔迹，以及调出演讲者备注的内容。

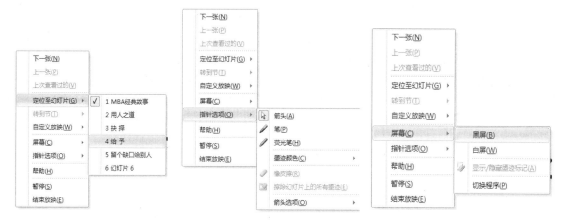

图 5-93　控制幻灯片放映快捷菜单

5. 隐藏幻灯片

当用户通过添加超链接或动作按钮将演示文稿的结构设置得较为复杂时，有时会希望某些幻灯片只在用户单击指向它们的链接时才显示出来。要达到这样的效果，就可以使用幻灯片的隐藏功能。具体操作方法如下所述。

在浏览视图模式下，右击窗口中的幻灯片，在弹出的快捷菜单中选择"隐藏幻灯片"命令，或者执行"幻灯片放映"→"隐藏幻灯片"命令，或者单击"隐藏幻灯片"按钮，将正常显示的幻灯片隐藏，此时幻灯片编号上将显示一个带有斜线的灰色小方框，表示正常放映时不会显示该幻灯片，除非用户单击了指向它的超链接或动作按钮，如图 5-94 所示。

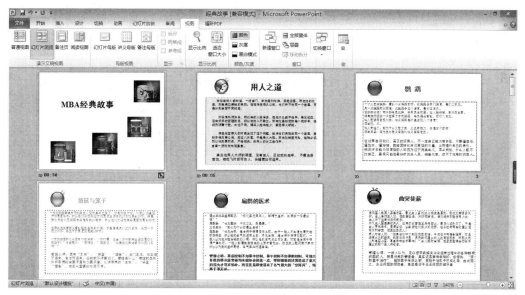

图 5-94　隐藏幻灯片

【拓展与提高】

当制作完演示文稿后，你一定会非常迫切地想观看自己的劳动成果。不过，在放映幻灯片之前，可能还需要进行一些工作，比如设置放映方式和打印演示文稿。

1. 打印

在工作中，用户经常需要将演示文稿打印出来，PowerPoint 为用户提供了按幻灯片、按讲义、按大纲视图及按备注页 4 种形式打印输出演示文稿。在打印演示文稿前，用户可以根据自己的需要对打印页面进行设置，使打印的形式和效果更符合实际需要。

（1）页面设置：执行"设计"→"页面设置"命令，弹出"页面设置"对话框，用户可以设置幻灯片大小、宽度、高度、幻灯片编号起始值和方向，如图 5-95 所示。

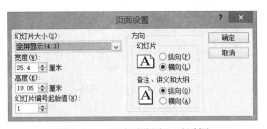

图 5-95　"页面设置"对话框

（2）打印：执行"文件"→"打印"命令，弹出"打印"窗口，用户可以设置打印范围、打印内容（幻灯片、讲义、备注和大纲视图），如图 5-96 所示。

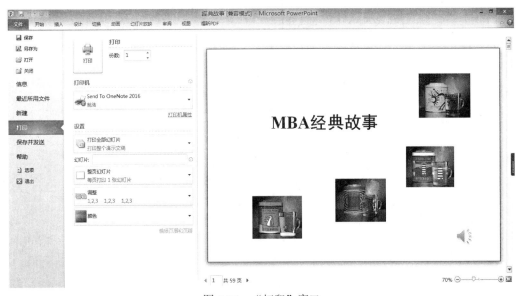

图 5-96　"打印"窗口

2. 输出演示文稿

为满足多用途的需要，用户可以方便地将 PowerPoint 制作的演示文稿输出为其他形式：网页、图形文件、幻灯片放映以及大纲文件。

（1）输出为网页：PowerPoint 支持将演示文稿输出为网页文件，再将网页文件发布到局域网或 Internet 上浏览。

（2）输出为图形文件：PowerPoint 支持将演示文稿中的幻灯片输出为 GIF、JPG、PNG、TIFF、BMP、WMF 及 EMF 等格式的图形文件，有利于在更大范围内交换或共享演示文稿中的内容。

（3）输出为幻灯片放映及大纲：幻灯片放映是将演示文稿保存为总是以幻灯片放映的形式打开演示文稿，每次打开该类型文件（*.pps），PowerPoint 会自动切换到幻灯片放映状态，而不会出现 PowerPoint 编辑窗口。PowerPoint 输出的大纲文件是按照演示文稿中的幻灯片标题及段落级别生成的标准 RTF 文件，可以被其他软件（如 Word 等文字处理软件）打开或编辑。

【思考与实训】

1．简述放映演示文稿的 3 种基本方法及其放映状态下的编辑特征。
2．建立一个自定义放映演示文稿。
3．如何将演示文稿保存为只需播放而无需编辑的幻灯片形式？
4．如何将幻灯片设置为循环播放？
5．如何将幻灯片切换到黑屏，暂停其演示？播放幻灯片时如何隐藏鼠标指针？

习题五

一、填空题

1．PowerPoint 窗口中视图切换按钮有_____个。
2．如果要求幻灯片能在无人操作的条件下自动播放，应该事先对 PowerPoint 演示文稿进行_____操作。
3．在 PowerPoint 中能出现"排练计时"工具按钮的视图是_____。
4．在 PowerPoint 2010 中，可以最方便地移动幻灯片的视图是_____。
5．在磁盘上保存的演示文稿文件的扩展名是_____。
6．PowerPoint 中使用_____统一设置幻灯片中的文字颜色。
7．在 PowerPoint 中，只有在_____视图下，"超链接"功能才起作用。
8．在幻灯片放映中，要回到上一张幻灯片，可以通过按 Backspace 键或_____键实现。
9．如果希望在演示过程中终止幻灯片的演示，则随时可按的终止键是_____。
10．在 PowerPoint 中的普通视图同时显示幻灯片、大纲和_____窗格。
11．打印讲义中每页幻灯片最大数为_____。
12．在大纲视图和_____视图下可以改变幻灯片的顺序。
13．按行列显示并可以直接在幻灯片上修改其格式和内容的对象是_____。
14．艺术字是一种_____对象，它具有图表的属性，不具备文本的属性。
15．设计基本动画的方法是先在_____视图中选择好对象，然后选择"幻灯片放映"菜单中的"动画方案"。
16．利用 PowerPoint 制作出来的整个可以放映的文件叫作演示文稿。演示文稿中的每一页叫作_____，它们在演示文稿中既相互独立又相互联系。
17．_____是一种以特殊格式保存的演示文稿，选用后，幻灯片的背景图片、配色方案等都已经确定，所以套用它可以提高创建演示文稿的效率。
18．在 PowerPoint 中，可以对幻灯片进行移动、删除、复制以及设置动画效果，但不能对单独的幻灯片的内容进行编辑的视图是_____。

19. PowerPoint 的动画类型主要包括进入动画、强调动画、_____动画和路径动画。

20. "自定义动画"任务窗格中的"速度"下拉列表框用于设置动画的播放速度，它包括非常慢、慢速、_____、快速和非常快 5 个选项。

二、选择题

1. 在 PowerPoint 2010 中，幻灯片中插入的声音文件的播放方式是（   ）。

    A. 只能设定为自动播放

    B. 只能设定为手动播放

    C. 可以设为自动播放，也可以设为手动播放

    D. 取决于放映者的放映操作流程

2. 在 PowerPoint 的幻灯片浏览视图下，不能完成的操作是（   ）。

    A. 调整个别幻灯片位置   B. 删除个别幻灯片

    C. 编辑个别幻灯片内容   D. 复制个别幻灯片

3. 在 PowerPoint 中，设置幻灯片放映时的换页效果为"垂直百叶窗"，应使用"幻灯片放映"菜单下的（   ）选项。

    A. 动作按钮   B. 幻灯片切换   C. 预设动画   D. 自定义动画

4. 在 PowerPoint 2010 中，下列对幻灯片的超链接叙述错误的是（   ）。

    A. 可以链接到外部文档

    B. 可以链接到互联网上

    C. 可以在链接点所在文档内部的不同位置进行链接

    D. 一个链接点可以链接两个以上的目标

5. 下列关于 PowerPoint 超链接的叙述中，不正确的是（   ）。

    A. 超链接只能在同一个演示文稿中实现

    B. 超链接可以在不同目录的不同演示文稿之间实现

    C. 放映时，鼠标移到有超链接的部分时变为手形指针

    D. 开发者可通过"插入"菜单实现超链接

6. 在 PowerPoint 2010 中，不能实现的功能为（   ）。

    A. 设置幻灯片的播放次序   B. 在文本框对象中加入图形文件

    C. 设置声音的播放   D. 设置幻灯片的切换效果

7. 在 PowerPoint 应用程序中，先后打开两个演示文稿，下列叙述中正确的是（   ）。

    A. 两个演示文稿都处于打开状态

    B. 打开第二个演示文稿时，第一个会自动关闭

    C. 打开第一个演示文稿后，第二个演示文稿不能打开

    D. 操作非法，PowerPoint 会自动关闭

8. 在 PowerPoint 中，下列关于自定义放映的叙述不正确的是（   ）。

    A. 自定义放映是当前演示文稿的一个分组

    B. 自定义放映可以将部分幻灯片存储为一个单独的文件

    C. 可以在演示文稿中使用"超链接"将其链接到自定义放映

    D. 可以设定演示文稿使用默认的自定义放映

9. 如果关闭演示文稿，但不想退出 PowerPoint，可以（　　）。

    A. 单击 PowerPoint "文件" 菜单的 "关闭" 命令

    B. 单击 PowerPoint "文件" 菜单的 "退出" 命令

    C. 单击 PowerPoint 窗口的 "关闭" 按钮

    D. 双击 PowerPoint 窗口左上角的控制菜单图标

10. 在 PowerPoint 中打开文件，以下叙述正确的是（　　）。

    A. 只能打开一个文件

    B. 最多能打开 4 个文件

    C. 能打开多个文件，但不可以同时将它们打开

    D. 能打开多个文件，可以同时将它们打开

11. 可以看到幻灯片右下角隐藏标记的视图是（　　）。

    A. 幻灯片视图　　　　　　　　　　B. 幻灯片浏览视图

    C. 大纲视图　　　　　　　　　　　D. 备注页视图

12. 在幻灯片的 "动作设置" 对话框中，设置的超链接对象不允许是（　　）。

    A. 下一张幻灯片　　　　　　　　　B. 一个应用程序

    C. 其他的演示文稿　　　　　　　　D. 幻灯片中的某一对象

13. 在制作动画的过程中，文本框中的文字可以设置成按字或按字母方式来实现动画，进行此设置是在（　　）对话框中。

    A. 自定义动画　　　　　　　　　　B. 预设动画

    C. 动作设置　　　　　　　　　　　D. 自定义放映

14. 在 PowerPoint 2010 的 "幻灯片切换" 对话框中，正确的描述是（　　）。

    A. 可以设置幻灯片切换时的视觉效果和听觉效果

    B. 只能设置幻灯片切换时的听觉效果

    C. 只能设置幻灯片切换时的视觉效果

    D. 只能设置幻灯片切换时的定时效果

15. 在现有的幻灯片中加入以前做好并已经存盘的幻灯片，其操作为（　　）。

    A. "插入" → "幻灯片"

    B. "插入" → "图片" → "来自文件"

    C. "插入" → "幻灯片（从大纲）"

    D. "插入" → "幻灯片（从文件）"

16. 若演示文稿文件已经打开，则不能放映它的操作是（　　）。

    A. 选择 "幻灯片放映" 菜单中的 "观看放映" 命令

    B. 选择 "幻灯片放映" 菜单中的 "幻灯片放映" 命令

    C. 选择 "视图" 菜单中的 "幻灯片放映" 命令

    D. 单击 "视图" 工具栏的 "幻灯片放映" 按钮

17. 在 "幻灯片浏览" 视图下若要移动当前幻灯片到第 8 张幻灯片的前面，先剪切当前幻灯片，然后决定插入位置，其操作是（　　）。

    A. 单击第 8 张幻灯片缩略图

    B. 单击第 8 张幻灯片缩略图后面

    C．单击第 7 张幻灯片缩略图前面

    D．单击第 8 张幻灯片缩略图前面

18．要从当前幻灯片开始放映，应（　　）。

    A．选择"视图"菜单中的"观看放映"命令

    B．选择"幻灯片放映"菜单中的"观看放映"命令

    C．选择"视图"菜单中的"幻灯片放映"命令

    D．单击"视图"工具栏的"幻灯片放映"按钮

19．在幻灯片放映时要临时涂写，应该（　　）。

    A．按住右键直接拖曳

    B．右击，选择"指针选项"→"箭头"

    C．右击，选择"指针选项"→"绘图笔颜色"

    D．右击，选择"指针选项"→"屏幕"

20．在演示文稿的放映过程中，代表超链接的文本会（　　），并且显示成系统配色方案指定的颜色。

    A．变为楷体字　　　　　　　　　B．添加双引号

    C．添加下划线　　　　　　　　　D．变为黑体字

21．若幻灯片母版上有日期信息，则仅删除第 8 张幻灯片上的日期信息的方法是（　　）。

    A．单击第 8 张幻灯片，并选择该日期信息，然后按 Delete 键

    B．单击第 8 张幻灯片，并选择该日期信息，然后选择"编辑"菜单的"删除"命令

    C．单击第 8 张幻灯片，选择"格式"菜单的"背景"命令，出现"背景"对话框。在"背景"对话框中勾选"忽略母版的背景图形"复选框，然后单击"应用"按钮

    D．删除幻灯片母版上的日期信息

22．为了改变幻灯片的配色方案，选择（　　）才能出现"配色方案"对话框。

    A．"格式"菜单的"幻灯片配色方案"命令

    B．"格式"菜单的"配色方案"命令

    C．"编辑"菜单的"幻灯片配色方案"命令

    D．"工具"菜单的"配色方案"命令

23．幻灯片声音的播放方式是（　　）。

    A．执行到该幻灯片时自动播放

    B．执行到该幻灯片时不会自动播放，须双击该声音图标才能播放

    C．执行到该幻灯片时不会自动播放，须单击该声音图标才能播放

    D．由插入声音图标时的设定决定播放方式

24．消除幻灯片中对象的动画效果的方法是（　　）。

    A．选择"幻灯片放映"菜单"预设动画"命令的"关闭"命令

    B．选择"编辑"菜单"自定义动画"命令，在出现的对话框的"检查动画幻灯片对象"栏中，单击该对象使其前面的"√"消失

    C．选择"编辑"菜单"预设动画"命令的"关闭"命令

    D．选择"幻灯片放映"菜单"动作设置"命令的"关闭"命令

25. 为了设置幻灯片的切换方式，可以（　　）。
    A．选择"格式"菜单中的"幻灯片切换"命令
    B．选择"编辑"菜单中的"幻灯片切换"命令
    C．选择"幻灯片放映"菜单中的"幻灯片切换"命令
    D．选择"幻灯片放映"菜单中的"切换"命令

26. 采用窗口方式放映文稿的放映类型是（　　）。
    A．在展台浏览　　　　　　　　B．演讲者放映
    C．观众自行浏览　　　　　　　D．循环浏览

27. 设置放映方式的操作是（　　）。
    A．选择"格式"菜单中的"放映方式"命令
    B．选择"编辑"菜单中的"放映方式"命令
    C．选择"幻灯片放映"菜单中的"设置放映方式"命令
    D．选择"放映幻灯片"菜单中的"设置放映方式"命令

28. 在 PowerPoint 2010 中，使所有幻灯片具有统一外观的方法中不包括（　　）。
    A．使用设计模板　　　　　　　B．应用母版
    C．幻灯片设计　　　　　　　　D．使用复制粘贴

29. 在 PowerPoint 中能出现"排练计时"按钮的视图是（　　）。
    A．幻灯片视图　　　　　　　　B．备注页视图
    C．大纲视图　　　　　　　　　D．幻灯片浏览视图

30. 在 PowerPoint 2010 中，若要在选定的幻灯片中的占位符输入文字，只要（　　）。
    A．单击占位符，然后直接输入文字
    B．必须先删除占位符中的文字，然后再输入文字
    C．选中幻灯片，直接输入文字
    D．先删除占位符，然后输入文字

三、操作题

1．新建"个人简介"演示文稿，包括 3 张幻灯片，完成以下操作：

（1）第 1 张幻灯片，采用"标题和文本"版式，标题输入"自我介绍"和姓名，文本处输入个人简历（从小学开始）。

（2）第 2 张幻灯片，采用"标题文本剪贴画"版式，标题输入"个人爱好和特长"，文本处输入个人爱好和特长，插入一张相关的剪贴画或图片。

（3）第 3 张幻灯片，自由选择版式，标题输入"我的大学"，其他内容不限，可以是输入的文本或插入的风光图片和音视频文件，用于简介你就读的大学。

2．打开"文化饮食"演示文稿，完成以下操作：

（1）在第 1 张幻灯片中添加文本"舌尖上的中国"，并设置字体字号为黑体、60 磅、红色，可以使用"颜色"对话框中的"自定义"选项卡，设置 RGB 颜色模式（红色 255，绿色 0，蓝色 0）。

（2）将整个 PowerPoint 文档应用"京剧脸谱"主题。

（3）设置第 1 张幻灯片的背景纹理为"羊皮纸"。

（4）设置第 2 张幻灯片的切换效果为"盒状展开、慢速"。

（5）将第 3 张幻灯片中的图片动画播放效果设置为"垂直百叶窗"，单击时计时延迟 2 秒后播放。

（6）删除第 4 张幻灯片。

3．打开"桥梁雕刻"演示文稿，完成以下操作：

（1）将所有幻灯片应用"Beam"主题。

（2）为第 1 张幻灯片中的文本框添加"自选图形中的文字换行"格式。

（3）设置第 2 张幻灯片中的图片动画播放效果为"水平百叶窗"；为第 2 张幻灯片内的图片添加超链接，链接到网址 www.baidu.com。

（4）设置第 2 张幻灯片文本框的动画效果为：垂直百叶窗，单击时计时延迟 3 秒后播放。

第6章 计算机网络与 Internet 技术

计算机网络是计算机技术和通信技术相结合的产物，它扩大了计算机的应用范围，推动了人类从工业社会走向信息社会。Internet 是全球最大的、开放的、由众多网络相互连接而成的计算机网络，它跨越时空，改变了人们的生活方式，影响了整个社会的发展，已成为信息社会中最重要的基础设施，是构建下一代信息高速公路的雏形。

6.1 认识计算机网络

任务 1 初步认识计算机网络

【任务描述】

20 世纪 90 年代以后，以 Internet 为代表的计算机网络在全世界范围内迅猛发展，逐渐渗透并影响大众媒体、经济贸易、军事指挥、教育科研、办公娱乐等各个领域和社会生活的各个方面。本任务旨在使读者认识计算机网络的组成和分类，掌握计算机网络的概念和常识。

【案例】通过实际观察，认识计算机网络的组成和分类，了解计算机网络的概念和功能。

【方法与步骤】

计算机网络是一个非常复杂的系统，其组成千差万别，根据网络的目的、规模、结构、应用范围以及采用的技术不同而不尽相同。

从逻辑功能上来看，计算机网络是由通信子网和资源子网两部分构成的。通信子网主要由通信控制处理机（CCP）和通信线路组成，实现主机间的数据传送。资源子网主要由主机、终端、软件等组成，实现硬件资源和软件资源的共享。计算机网络的逻辑组成如图 6-1 所示。

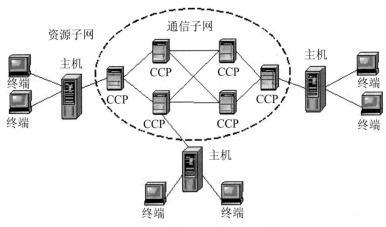

图 6-1 计算机网络的逻辑组成

从物理组成上来看，计算机网络由 3 部分组成：网络硬件、通信线路和网络软件。

1. 计算机网络硬件

计算机网络硬件是计算机网络的物质基础，一个计算机网络就是通过网络设备和通信线路将不同地点的计算机及其外围设备在物理上实现连接。计算机网络硬件主要由可独立工作的计算机（服务器、客户机）、网络互连设备和网卡等组成。

（1）计算机。可独立工作的计算机是计算机网络的核心，根据用途不同又分为服务器和客户机。

1）服务器是提供某种网络服务的计算机，一般由性能强大的计算机担任。通常根据服务器所发挥的功能不同又分为文件服务器、通信服务器、备份服务器和打印服务器等。

2）客户机是供用户使用网络资源的本地计算机，也称工作站、终端机和主机。

（2）网络互连设备。网络设备是构成计算机网络的一些部件，如集线器、交换机、路由器和网关等。

1）集线器（hub）：一个多端口的中继器（OSI 的物理层设备，具有延伸、放大信号的作用），主要用于连接星型拓扑结构。附接端口的计算机共享整个集线器的带宽。

2）交换机（switch）：一种多端口的特殊网桥（OSI 的数据链路层设备，具有存储转发和简单路径选择的功能，适宜连接类型相同、通信协议不同的两个网络），每个端口具有桥接局域网或计算机的功能。附接端口的设备独占各自带宽，不与其他设备共享带宽。

3）路由器（router）：一种多端口设备，可以连接不同传输速率、不同网段的局域网和广域网，它有判断网络地址和选择路径的功能。其主要工作是为经过路由器的报文寻找一条最佳路径，并将数据传送到目的站点。

4）网关（gateway）：用于互联不同体系结构网络的主机（软件）。网关可看作高性能路由器，提供了协议转换、数据格式转换、传输速率协调等功能，其结构和技术比路由器要复杂得多。

（3）网卡：全称网络接口卡（网络适配器），是计算机与传输介质的接口。网卡的工作是双重的：一方面它负责接收网络上传过来的数据包，解包后将数据通过主板上的总线传输给本地计算机；另一方面它将本地计算机上的数据打包后送入网络。

2. 计算机通信线路

在计算机网络中，不同计算机能相互访问对方资源，首先必须有一条链路（通信线路）连接彼此。通信线路是指各种传输介质及其连接部件，包括有线介质（双绞线、同轴电缆和光缆等）和无线介质（地面微波、卫星通信和移动通信）。

（1）光缆：光缆是由一组光导纤维组成的用来传输光束的、细小而柔韧的传输介质。光缆具有传输容量大、传输距离长（网段距离一般为 2km）、体积小、重量轻且不受电磁干扰等优点，是长途通信以及数据传输的主要介质。典型的光缆外观及截面结构如图 6-2 所示。

（2）双绞线：双绞线是由两根具有绝缘保护层的铜导线相互绞合而成的，两根导线按照一定规格以螺旋形式相互绞合，可降低彼此的信号干扰。双绞线在传输距离（每段距离一般为100m）、信道宽度和数据传输速度等方面均受到一定限制，但由于价格低廉、易于安装，是组建以太网的常用传输介质。数据通信使用的双绞线一般都是 4 对 8 芯，如图 6-3 所示。

注意：双绞线有屏蔽双绞线（Shielded Twisted Pair，STP）和非屏蔽双绞线（Unshielded Twisted Pair，UTP）两种，STP 性能优于 UTP。

（3）同轴电缆：同轴电缆也是由两根导线（中心线是信号导线，外导线兼有屏蔽层和导线功能）组成的，与双绞线相比结构略有不同，但传输距离更远。同轴电缆结构如图 6-4 所示。

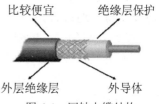

比较便宜　　绝缘层保护

外层绝缘层　　外导体

图 6-2　光缆外观及截面结构　　　　图 6-3　双绞线　　　　图 6-4　同轴电缆结构

（4）无线介质：微波、无线电等无线介质也是常见的网络传输介质。与有线介质相比，无线介质有其独特的优势，特别是在一些无法铺设有线电缆的地方或者一些需要临时接入网络的地方，如比较偏僻的建筑物或者室外会场等。

3．计算机网络软件

网络软件有网络传输协议、网络操作系统、网络管理软件和网络应用软件 4 种类型。

（1）网络传输协议：是指联网计算机必须共同遵守的一组通信规则和约定，它规定了通信时信息必须采用的语法、语义和时序，以保证数据传送与资源共享的顺利完成。常见的网络协议有：TCP/IP 协议、IPX/SPX 协议、NetBEUI 协议等。

1）语法：数据和控制信息的结构或格式。

2）语义：需要发出信息的含义、控制什么、完成何种动作、做出何种响应。

3）时序：事件实现顺序的详细说明。

（2）网络操作系统：是指控制、管理、协调网络上的计算机，使之能方便有效地共享网络上的硬件、软件资源，为网络用户提供所需的各种服务的软件和有关规程的集合。常见的网络操作系统主要有 Windows、UNIX、Linux 和 Netware 等。

（3）网络管理软件：是指对网络中大多数参数进行测量与控制，以保证用户安全、可靠、正常地得到网络服务，使网络性能得到优化。

（4）网络应用软件：是指能够使用户在网络中完成相应功能的一些工具软件。例如实现网络漫游的浏览器软件 IE、实现即时通信的聊天软件 QQ 等。

【基础与常识】

1．计算机网络概念

计算机网络是指通过通信设备和通信线路将地理位置不同、功能独立的计算机连接起来构成一个系统，在通信协议的约束下实现数据通信和资源（硬件、软件）共享。

在理解网络定义的时候，要注意以下 3 点：

（1）自主：计算机之间没有主从关系，所有计算机都是平等的。

（2）互连：计算机之间由通信信道（传输介质）相连，并且相互之间能够交换信息。

（3）集合：网络是计算机的群体。

2．计算机网络功能

计算机网络的功能相当丰富，但归纳起来，可以将其分为数据通信、资源共享、均衡负载和分布式处理 4 种。

（1）数据通信：计算机网络主要提供传真、电子邮件、电子数据交换（EDI）、电子公告牌（BBS）、远程登录和浏览等数据通信服务。

（2）资源共享：指网络中的用户能享受网络中各个计算机系统的全部或部分软件、硬件和数据资源，通过资源共享可以提高资源利用率，避免重复投资，降低成本。

（3）均衡负载：根据网络上计算机的忙碌和空闲状况，合理地对它们进行调整与分配，以达到充分、高效地使用网络资源的目的。通过均衡负载提高了每台计算机的可用性。

（4）分布式处理：通过算法将大型的综合性问题分发给不同的计算机同时进行处理。用户可以根据需要合理选择网络资源，就近快速地进行处理。

3．计算机网络分类

计算机网络种类繁多，性能各不相同，按照不同的分类标准，有多种分类方法，其中最常见的分类方法是按照网络的覆盖面来划分为局域网、城域网和广域网。

（1）局域网（Local Area Network，LAN）。局域网是最常见、应用最广的一种网络，其覆盖范围较小，一般是方圆几米至 10km 内，常指一个房间、一栋建筑物或一个单位内。局域网在计算机数量配置上没有太多的限制，少则只有两台，多则几百台。局域网拓扑结构一般是星型或总线型，传播技术是基于广播的以太网技术，配置比较容易，传输速率高。典型的局域网如图 6-5 所示。

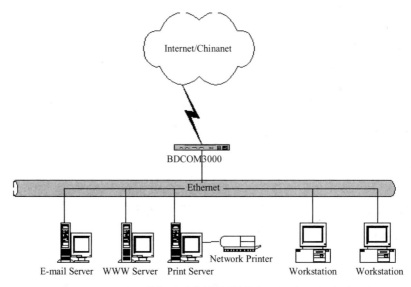

图 6-5　典型的局域网

（2）城域网（Metropolitan Area Network，MAN）。城域网的分布范围介于局域网和广域网之间，这种网络的连接距离可以在 10～100km。MAN 与 LAN 相比扩展距离更长，连接的计算机数量更多，在地理范围上可以说是 LAN 的延伸。在一个大型城市或都市地区，一个MAN 网络通常连接着多个 LAN。

（3）广域网（Wide Area Network，WAN）。也称为远程网，覆盖范围比城域网（MAN）更广，它是不同城市之间的 LAN 或者 MAN 互联，地理范围可从几百千米到几千千米。最典型的广域网是 Internet。广域网实际上是由若干局域网通过广域通信线路连接起来的网络。典型的广域网如图 6-6 所示。

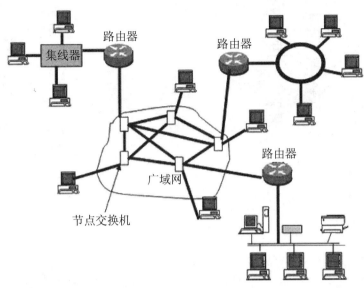

图 6-6　典型的广域网

【拓展与提高】

1. 拓扑结构

拓扑结构是指网络节点的位置和互连的几何布局，即连接到网络上的计算机或设备互连的几何图形。常见的拓扑结构分为总线型、星型、环型、树型、网状、蜂窝等，以下详细介绍总线型、星型、环型。

（1）总线型拓扑：由一条高速公用主干电缆（总线）连接若干个节点构成的网络。网络中所有节点均通过总线进行信息传输，其优点是布线简单、费用低，扩充容易，端用户失效、增删不会影响全网工作。缺点是只允许一个端用户发送数据，其他端用户处于等待状态；节点故障会导致全网瘫痪；监控维护困难，难以查找具体节点故障。总线型拓扑结构如图 6-7 所示。

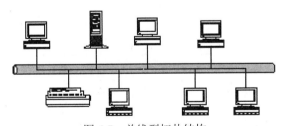

图 6-7　总线型拓扑结构

（2）星型拓扑：各站点通过点到点的链路与中心站（交换机或集线器）相连。其特点是很容易在网络中增加新的站点，数据的安全性和优先级容易控制，但中心节点的故障会导致整个系统的瘫痪。星型拓扑结构如图 6-8 所示。

（3）环型拓扑：各节点通过通信介质首尾相连形成一个闭合环型线路。其特点是结构简单，易于安装和监控，但容量有限，节点过多将导致传输效率低下。环型网络中的信息传送是单向的，即沿一个方向从一个节点传到另一个节点；每个节点需安装中继器，以接收、放大、发送信号。环型拓扑结构如图 6-9 所示。

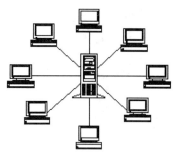

图 6-8　星型拓扑结构

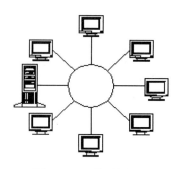

图 6-9　环型拓扑结构

注意：除此以外，还有树型拓扑、网状拓扑和蜂窝拓扑（一种无线局域网，适用于城市网、校园网、企业网）。

2. 体系结构

完备的计算机网络除了具有相应的硬件设备之外，还必须有一整套的网络软件和协议作为支撑。计算机网络协议是按照层次模型来组织的，通常把层次模型与各层协议的集合称为计算机网络体系结构。

（1）OSI/RM 模型。1977 年，国际标准化组织提出了世界范围内各种计算机能够互连成网络的标准框架——开放系统互连参考（OSI/RM）模型，并采用三级抽象［参考模型（体系结构）、服务定义和协议规范（即协议规格说明）］，自上而下逐步求精。OSI/RM 并不是一般的工业标准，而是一个在制定标准时使用的概念性框架。有了这个开放的模型，各网络设备厂商就可以遵照共同的标准来开发网络产品，最终实现彼此兼容。OSI/RM 模型如图 6-10 所示。

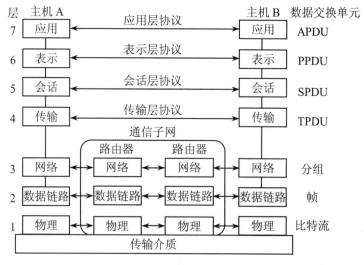

图 6-10　OSI/RM 模型

OSI/RM 模型对各个层次的划分遵循下列原则。

1）网中节点都有相同的层次，相同的层次具有同样的功能。

2）同一节点内相邻层之间通过接口通信。

3）每一层使用下层提供的服务，并向其上层提供服务。

4）不同节点的同等层按照相邻协议实现对等层之间的通信。

（2）TCP/IP 协议。OSI 实际上并非一个实用的网络协议，仅仅是划分网络层次的一种参考模型，为设计真正实用的网络协议提供指导。因特网实际使用的是 TCP/IP 协议，它采用了 OSI 中的若干层，从下往上分别为网络接口层、网际层，传输层和应用层共 4 个层次。TCP/IP 结构与 OSI/RM 模型的对应关系见表 6-1。

表 6-1　TCP/IP 结构对应 OSI/RM 模型

TCP/IP	OSI
应用层	应用层 表示层 会话层
传输层（TCP）	传输层
网际层（IP）	网络层
网络接口层	数据链路层 物理层

TCP/IP 适用范围极广，既适用于局域网，又适用于广域网，是互联网的基础协议。TCP/IP 是以 TCP 和 IP 为核心的一组网络协议，其中 TCP（Transmission Control Protocol，传输控制协议）是面向连接的通信协议，提供的是一种可靠的数据流服务；而 IP（Internet Protocol，网际协议）规定了计算机在因特网上进行通信时应当遵守的规则。任何计算机系统，只要遵守 TCP/IP 协议就可以与因特网互联互通。

【思考与实训】

1．通过百度查询并了解计算机网络的其他分类。
2．了解计算机网络的常用设备和常用介质。
3．正确认知 OSI/RM 模型和 TCP/IP 协议的关联。
4．举例说明计算机网络的主要功能。

任务 2　组建小型局域网

【任务描述】

由于局域网具有通信线路短、故障率低、频带宽的特点而广泛应用于办公自动化、企业信息化和居家信息化。组建局域网，实现各台计算机之间的信息共享和集中管理是计算机网络应用的重要领域。本任务通过组建一个办公局域网，使读者进一步加深对计算机网络应用的认识和理解。

【案例】组建一个小型办公局域网，实现互联互通，基本要求如下：
（1）需要联网的工作站有 20 台，服务器有 1 台，相互距离最远不超过 60m。
（2）运行的操作系统为 Windows 7 或 Windows 2000，网络应支持因特网的接入。

【方法与步骤】

（1）规划设计。
首先选择网络类型。如果没有特殊要求，一般选择以太网，因为以太网适合绝大多数类型的网络应用，且市场占有率在90%以上，购买设备的选择余地比较大。

其次选择网络结构。由于网络中站点较少，要兼顾办公应用需求和市场网速发展主流，桌面连接速度采用10Mbps，服务器连接速度采用100Mbps，因而网络结构采用星型拓扑结构。

再次选择传输介质。由于确认了星型拓扑结构，网络介质只能选择非屏蔽双绞线（UTP）或光纤；但网络的跨距很小，因此完全没有必要使用光纤；由于网络中有两种传输速率：10Mbps和100Mbps，因而只能选择5类双绞线（3类双绞线不支持100Mbps）。

最后选择互连设备。由于存在两种传输速率，局域网连接设备采用交换机（可选配24个10Mbps端口和1个100Mbps端口的交换机，其中10Mbps端口连接工作站和路由器，100Mbps端口连接服务器），因特网接入设备选用具有一个10Mbps端口的路由器，路由器的广域网端口则根据因特网服务提供商（Internet Service Provider，ISP）的通信线路来配置。

（2）工程实施。工程实施阶段的一项重要任务就是综合布线。综合布线系统是智能化办公室建设数字化信息系统的基础设施，是将所有语音、数据等系统进行统一规划设计的结构化布线系统，为办公提供信息化、智能化的物质介质，支持将来语音、数据、图文、多媒体等综合应用，如图6-11所示。

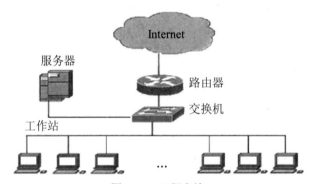

图6-11　工程实施

综合布线系统就是为了顺应发展需求而特别设计的一套布线系统。对于现代化的大楼来说，就如体内的神经，采用了一系列高质量的标准材料，以模块化的组合方式，把语音、数据、图像和部分控制信号系统用统一的传输媒介进行综合，经过统一的规划设计，综合在一套标准的布线系统中，将现代建筑的6个子系统有机地连接起来，为现代建筑的系统集成提供了物理介质。综合布线系统可划分成6个子系统：工作区子系统、配线（水平）子系统、干线（垂直）子系统、设备间子系统、管理子系统、建筑群子系统。

工程实施阶段的另一项重要任务就是设备的安装与调试。这里既包括路由器、交换机以及防火墙等网络设备和软件的安装与调试，也包括各个服务器以及共享打印机等的安装与调试。

（3）IP地址分配。

1）在"控制面板"中单击"网络和共享中心"图标，或在桌面上右击"网上邻居"图标，在弹出的快捷菜单中选择"属性"命令，打开"网络和共享中心"窗口，如图6-12所示。

2）单击"更改适配器设置"超链接，打开"网络连接"窗口，如图6-13所示。右击"本地连接"图标，在弹出的快捷菜单中选择"属性"命令，打开"本地连接 属性"对话框，如图6-14所示。

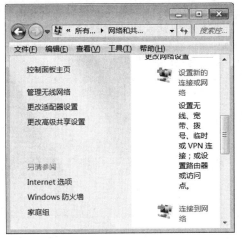

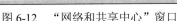

图 6-12　"网络和共享中心"窗口　　　　　　图 6-13　"网络连接"窗口

注意： 如果计算机装有多块网卡，则每个网卡的"本地连接"图标都显示在"网络连接"窗口中。如果网卡或其驱动程序没有安装好，则不会显示该网卡的"本地连接"图标。

3）在"此连接使用下列项目"列表框中勾选"Internet 协议版本 4（TCP/IPv4）"复选框，单击"属性"按钮，弹出"Internet 协议版本 4（TCP/IPv4）属性"对话框，按需设置 IP 地址和子网掩码等信息，如图 6-15 所示。

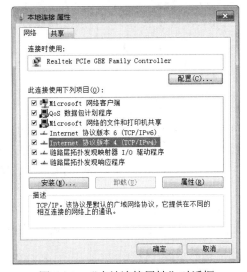

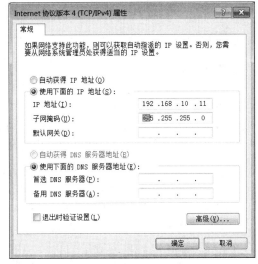

图 6-14　"本地连接属性"对话框　　　　　图 6-15　"Internet 协议（TCP/IP）属性"对话框

注意： 在同一局域网络中，各台计算机的 IP 地址必须互不相同。

（4）标识计算机和工作组。在"控制面板"中单击"系统"图标，或在桌面上右击"计算机"图标，在弹出的快捷菜单中选择"属性"命令，打开"系统"窗口，如图 6-16 所示。标识计算机是对计算机进行命名和分组，使计算机易于被网络识别。单击"更改设置"超链接，在弹出的"系统属性"对话框中单击"更改"按钮，弹出"计算机名/域更改"对话框，输入计算机名（同一局域网内，计算机名称必须唯一）和隶属于的域或工作组（为了便于管理计算机而引入的逻辑集合）名，如图 6-17 所示。

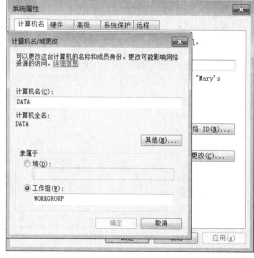

图 6-16　"系统"窗口　　　　　　图 6-17　"计算机名/域更改"对话框

注意： 局域网有两种工作模式：客户机/服务器网络和对等网络。

1）客户机/服务器网络是由客户机向服务器发出请求并获得服务的一种网络形式。多台客户机可以共享服务器提供的各种资源。组网计算机的类型可以不同，网络性能取决于服务器的性能和客户机的数量，客户机的权限、优先级易于控制，监控易于实现，管理易于规范。

2）对等网络不要求专用服务器，每台客户机都可以与其他客户机对话，共享彼此的信息资源和硬件资源，组网的计算机一般类型相同。这种组网方式灵活方便，但是较难实现集中管理与监控，安全性低，较适合作为部门内部协同工作的小型网络。

【基础与常识】

1. IP 地址

在日常人际交流的过程中，彼此通信之前首先需要知道对方的通信地址和邮政编码。如同人际交流一样，为了确保在网络通信的过程中彼此相互识别，必须为联网的每台主机分配一个唯一的地址，用于标志网络中的每一台计算机。常用地址编码有 3 种方法：IP 地址、MAC地址和域名地址，分别对应于网络层、数据链路层和应用层。

（1）IP 地址概述。IP 地址被用来给 Internet 上的计算机一个编号，是标识主机所在网络及其在所在网络中位置的网际协议地址。IP 地址由网络地址（网络号）和主机地址（主机号）两部分组成。目前 IP 地址一般是指 IPv4 地址，由 4 个字节（32 位）组成，用"点分十进制法"表示，即将 32 位分成 4 组（每组 8 位），再将每组的二进制数转换为十进制数（0～255）来表示，并用点号（.）作为每组的分隔符，如 210.45.88.29、202.120.11.100 等均为合法的 IP 地址。

（2）编址方案。为了便于对 IP 地址进行管理，按照网络的规模（网络号所占的位数），将 IP 地址划分为 5 类，其中分配给一般用户使用的是 A、B、C 三类，D 类是组播地址（第 1字节取值为 224～239），主要是留给因特网体系结构委员会（Internet Architecture Board，IAB）使用，E 类地址是保留地址（第 1 字节取值为 240～254）。

A 类：网络号为前 8 位，第一位为 0，第 1 字节取值为 1～126，主机号为后 24 位。

B 类：网络号为前 16 位，前两位为 10，第 1 字节取值为 128～191，主机号为后 16 位。

C 类：网络号为前 24 位，前三位为 110，第 1 字节取值为 192～223，主机号为后 8 位。

注意：

1）每位都为 0 的地址（0.0.0.0）对应于当前主机；主机号各位均为 0 的地址为本地网络地址。

2）每位都为 1 的地址（255.255.255.255）是当前子网的有限广播地址（非常适合不知道本网网络号的情况下）；主机号各位均为 1 的地址为该网络的直接广播地址。

3）IP 地址中 127.0.0.1～127.255.255.255 用于回路测试，如 127.0.0.1 可以代表本机 IP 地址，用 http://127.0.0.1 就可以测试本机中配置的 Web 服务器。

（3）分配方式。根据局域网的结构、规模及管理模式，IP 地址的分配方式有两种：基于手工设置的静态分配方案和基于 DHCP（动态主机配置协议）的动态分配方案。

静态分配方案需要手工设置 IP 地址，如果划分了多个 VLAN（虚拟局域网），则还需要填写子网掩码和默认网关及 DNS 服务器地址等信息。在不需要额外设备的情况下，静态分配方案可以保证每一台设备都拥有一个属于自己的固定 IP 地址，即使在划分了多个 VLAN 的网络中，计算机之间的通信也相对较容易实现。但是，静态分配方案会给网络管理带来较大的工作量，也较容易出现 IP 地址重复问题。因此，出于对网络管理的简便和安全方面的考虑，通常选择基于 DHCP 的动态分配方案。DHCP 方案为工作站自动分配 IP 地址、子网掩码、默认网关、DNS 及 WINS 服务器地址等信息，工作站端无需手工设置。

注意：互联网上的 IP 地址统一由互联网名和编号分配公司（Internet Corporation for Assigned Names and Numbers，ICANN）来组织管理。

2. 私有地址

在现在的网络中，IP 地址分为公有 IP 地址和私有 IP 地址。公有 IP 地址是在 Internet 中使用的 IP 地址，而私有 IP 地址是在局域网中使用的 IP 地址。公有 IP 地址由 InterNIC（因特网信息中心）统一分配，以保证公有 IP 地址的唯一性，但私有 IP 地址是不用申请可直接用于企业内部网的，只在本地局域网中具有唯一性，任何企业网络可以重复使用。私有 IP 地址不会被 Internet 上的任何路由器转发，通过网络地址转换（NAT）或代理服务（PAT）可以接入 Internet。TCP/IP 协议中专门保留了 3 个 IP 地址区域作为私有地址，其地址范围见表 6-2。

表 6-2　私有 IP 地址空间

地址类别	网络总数/个	起始 IP	终止 IP
A	1	10.0.0.0	10.255.255.255
B	16	172.16.0.0	172.31.255.255
C	256	192.168.0.0	192.168.255.255

注意：随着 Internet 用户的急剧增长，IPv4 地址空间出现紧缺局面，通过配合使用私有 IP 地址和网络地址转换（NAT）或代理服务（PAT），可以有效解决地址空间不足的问题。

3. 子网掩码

从 IP 地址的结构来看，IP 地址由网络地址和主机地址两部分组成，那么 IP 地址中具有相同网络地址的主机应该位于同一网络中。为了快速确定 IP 地址的网络号和主机号，以及判断两个主机 IP 地址是否属于同一网络，就产生了子网掩码概念。子网掩码按照 IP 地址格式给出，其特点是网络号对应部分全为 1，主机号对应部分全为 0。A、B、C 类 IP 地址的默认子网掩码见表 6-3。

表 6-3　默认子网掩码

IP 地址格式	默认子网掩码
A 类	255.0.0.0
B 类	255.255.0.0
C 类	255. 255.255.0

用 IP 地址与相应子网掩码进行逻辑与运算（参与运算的两个位都为 1，则结果为 1，否则结果为 0）得到网络号，再用 IP 地址减去网络号得到主机号。如 IP 地址为 166.111.80.16，子网掩码为 255.255.128.0，则该 IP 地址的网络号为 166.111.0.0，主机号为 0.0.80.16。

子网掩码的另一功能是划分子网。一个拥有诸多物理网络的单位，可将所属的网络划分成若干子网，用于隔离不同部门。划分子网的方法就是从网络的主机号借用若干二进制位来标识子网号。于是，两级 IP 地址变成三级 IP 地址，即网络号、子网号和主机号。

注意： 划分子网纯属一个单位内部的事情。从局部来看，子网如同独立的网络。从远程网络来看，子网是透明的，表现仍然是一个整体的网络。

例如，现有一集团公司有 5 家子公司，从网络管理中心获得一个 C 类 IP 地址：212.26.220.0，请给每家子公司各分配一个网段。其解题思路如下：

（1）确定子网网络号位长：由 $2^m-2 \geqslant 5$（5 个子网）得到 m 最小值为 3，即借用主机高 3 位。理论上可得到 6 个实用子网网络号，即子网 ID 取值为 001～110（000 和 111 无效）。

注意： 全 0（本子网网络）和全 1（广播地址）的子网号是不能分配的。

（2）确定子网主机位长：由 $8-m=n$ 得到 n 值为 5，即每个子网上可以有 $2^n-2=30$ 台主机，即子网主机 ID 取值为 00001～11110，不能取值为 00000 和 11111。

（3）确定子网掩码：由子网掩码性质可知，m 位全 1，n 位全 0，划分子网后的子网掩码二进制位为 11100000，将其转换为十进制数 224，因而划分子网后的子网掩码变成 255.255.255.224，见表 6-4。

表 6-4　子网划分后的子网掩码

网络号			子网络号	主机号
11111111	11111111	11111111	111	00000

（4）确定子网及其子网 IP 地址：经过讨论容易得出子网 IP 地址范围，见表 6-5。

表 6-5　子网划分及 IP 地址

子网序号	IP 地址范围	子网序号	IP 地址范围
子网 1	212.26.220.33～212.26.220.62	子网 4	212.26.220.129～212.26.220.158
子网 2	212.26.220.65～212.26.220.94	子网 5	212.26.220.161～212.26.220.190
子网 3	212.26.220.97～212.26.220.126	子网 6	212.26.220.193～212.26.220.222

4. IPv6 地址

随着 Internet 不断发展，入网的主机越来越多，传统 IPv4 的 32 位地址空间资源日益紧张，已不适应网络用户的不断扩张。现在，IPv6 地址已经推出，IPv6 的地址为 128 位地址空间，现存 IPv4 地址映射到 IPv6 地址空间是将 32 位地址前补齐 96 个零。IPv6 地址的表示采用冒号分隔十六进制表示法，即将 128 位 IP 地址每 16 位为一组，写成十六进制数，共 8 组，组间用冒号分隔。如"88DA:9868:FFFF:0:1288:8CFC:FFFD:666E"，其中的 0 表示 4 个十六进制的 0，可缩写。另外，采用零压缩可进一步减少字符个数，如"FFCD:0:0:0:0:0:0:B2"可以缩写为"FFCD::B2"。

5. 物理地址

不管网络层使用的是什么协议，在实际网络的数据链路上传送数据帧时，最终还是必须使用物理地址（硬件地址、链路地址）。物理地址是网络设备制造商固化在硬件内置 EPROM（一种闪存芯片，通过特定方式可以擦写其存储信息）中的地址，且在全球网中是唯一不变的。即带有物理地址的硬件（网卡、交换机、路由器等）无论接入网络的何处，其本身携带的物理地址始终不变。在局域网中，数据链路层分为介质访问控制层（MAC）和逻辑链路控制层（LLC）。物理地址因为存储在 MAC 层，因而又称为 MAC 地址。

由于网络技术和标准不同，网卡地址码格式略有不同。IEEE 802 标准规定以太网 MAC 地址为 6 个字节（48bit），并用十六进制来表示，前 3 个字节（最高位 24bit）是网卡生产机构的唯一标识符（Organizationally Unique Identifier，OUI），后 3 个字节则是厂家自行指定的扩展标识符。MAC 地址固化在网卡的 BIOS 中，可以通过 DOS 命令查看。Windows 2000/XP 用户可以使用 ipconfig/all 命令进行查看，其中用十六进制表示的 12 位数就是 MAC 地址（00-1F-D0-45-D2-3B），如图 6-18 所示。

图 6-18　用命令查看网卡物理地址

注意：TCP/IP 协议是通过软件管理物理地址的，IP 地址和物理地址的映射是通过地址解析协议（Address Resolution Protocol，ARP，将 IP 地址映射为物理地址）和逆向地址解析协议（Reverse Address Resolution Protocol，RARP，将物理地址映射为 IP 地址）实现的。

【拓展与提高】

1. 共享资源

（1）共享文件夹。右击文件夹，如"考试"文件夹，在弹出的快捷菜单中选择"属性"命令，在弹出的文件夹属性对话框中选择"共享"选项卡，单击"高级共享"按钮，弹出"高级共享"对话框，输入"共享名"，如图 6-19 所示。依次单击"确定"按钮，返回"属性"对话框，单击"关闭"按钮，完成"共享文件夹"设置。用户可在"网络"窗口中查看共享文件夹信息，如图 6-20 所示。

图 6-19　文件夹共享对话框

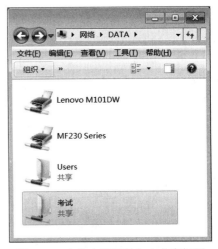

图 6-20　文件夹图标被加上共享标识

注意：默认情况下，网络用户只能"读取"共享文件夹，如要设置其他权限，可通过单击"权限"按钮，在弹出的"权限"对话框设置更改、完全控制等权限。

（2）共享打印机。执行"开始"→"设备和打印机"命令，弹出"设备和打印机"窗口，如图 6-21 所示，右击打印机，在弹出的快捷菜单中选择"打印机属性"命令，弹出相应的属性对话框，如图 6-22 所示。后续操作与文件夹共享类似，这里不再赘述。

图 6-21　"设备和打印机"窗口

图 6-22　打印机共享对话框

注意：共享资源设置完毕后，网络用户可以通过网上邻居使用这些共享资源。

2.　网线制作

双绞线（twisted pair wire）是目前局域网中最常用的一种传输介质。在搭建网络的时候，网线制作是一项重要内容，整个过程都要准确到位，排序错误和压制错位都将影响网络的正常工作。制作网线的具体操作方法如下所述。

（1）剥线。用卡线钳（图 6-23）的剪线刀口将线头剪齐，再将双绞线端头伸入剥线刀口，使线头触及前挡板，然后适度握紧卡线钳，同时慢慢旋转双绞线，让刀口划开双绞线的保护胶皮，取出端头从而拔下保护胶皮，如图 6-24 所示。

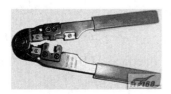

图 6-23　卡线钳

图 6-24　剥线

（2）理线。双绞线由 8 根有色导线两两绞合而成，将其整理平行，按 TIA/EIA-568 标准排列颜色顺序，并用网线钳将线的顶端剪齐。TIA/EIA-568 有 A、B 两种标准，两种标准的线序见表 6-6。

表 6-6　TIA/EIA-568A 和 TIA/EIA-568B 颜色排列顺序

水晶头引脚号	1	2	3	4	5	6	7	8
TIA/EIA-568A	白绿	绿	白橙	蓝	白蓝	橙	白棕	棕
TIA/EIA-568B	白橙	橙	白绿	蓝	白蓝	绿	白棕	棕

注意：双绞线分为直通线（连接两个性质不同的接口，两端线序一样，两端要么都是 568A 标准，要么都是 568B 标准）和交叉线（连接两个性质相同的接口，两端线序不一样，一端为 568A 标准，一端为 568B 标准）。直通线和交叉线两端的线序分别如图 6-25 和图 6-26 所示。

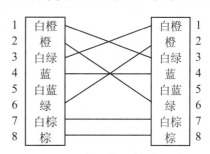

图 6-25　直通线两端颜色顺序　　　　图 6-26　交叉线两端颜色顺序

（3）插线。水晶头有 8 个引脚，分别对应双绞线里的 8 根颜色不同的有色导线。一只手捏住水晶头，将水晶头有弹片的一侧向下，另一只手捏平双绞线，稍稍用力将排好的线平行插入水晶头内的线槽中，8 条导线顶端应插入线槽顶端，如图 6-27 所示。

注意：引脚 1、2 用于发送数据，引脚 3、6 用于接收数据，其他引脚保留为电话使用。

（4）压线。确认所有导线都到位后，将水晶头放入卡线钳夹槽中，用力捏几下卡线钳，压紧线头即可，如图 6-28 所示。

（5）检查。压制好水晶头的双绞线在使用前最好用测线仪检测一下，断路会导致无法通信，短路有可能损坏网卡或集线器，如图 6-29 所示。

图 6-27　插线

图 6-28　压线

图 6-29　测线仪测线

3. 局域网类型

目前，局域网除了以双绞线为传输介质的以太网（Ethernet）以外，还包括令牌环（Token Ring）网、光纤分布式数据接口（Fiber Distributed Data Interface，FDDI）网、异步传输模式（Asynchronous Transfer Mode，ATM）网等几类，下面分别作一下简要介绍。

（1）以太网：是 Xerox、DEC 和 Intel 三家公司开发的局域网组网规范（DIX1.0/DIX2.0）。该规范被提交给 IEEE（电子电气工程师协会）后，得到了 IEEE 802 委员会的认可，经修订后被命名为 IEEE 802.3 标准。

后来，IEEE 802.3 标准被提交给国际标准化组织（ISO）第一联合技术委员会（JTC1）修订，形成了国际标准 ISO 8802.3。目前，以太网是应用最为广泛的局域网，包括标准以太网（10Base-T）、快速以太网、千兆以太网和 10Gbps 以太网，它们都符合 IEEE 802.3 系列标准规范，见表 6-7。

表 6-7　以太网的主要类型

以太网类型	IEEE 标准代号	速率	电缆
标准以太网	IEEE 802.3	10Mbps	Cat3 或者 Cat5
快速以太网	IEEE 802.3u	100Mbps	Cat3 或者光纤
千兆以太网	IEEE 802.3z	1000Mbps	Cat3 或者光纤
10Gbps 以太网	IEEE 802.3ae	10Gbps	光纤

（2）令牌环网：是一种以环型网络拓扑结构为基础发展起来的局域网。其传输方法在物理上采用了星型拓扑结构，但逻辑上仍是环型拓扑结构，其通信传输介质可以是非屏蔽双绞线、屏蔽双绞线和光纤等。节点间采用多站访问部件（Multistation Access Unit，MAU）连接在一起。MAU 是一种专业化集线器，用来围绕工作站计算机的环路进行传输。由于数据包看起来像在环中传输，所以在工作站和 MAU 中没有终结器。在这种网络中，有一种专门的帧称为"令牌"，在环路上持续地传输来确定一个节点何时可以发送包。由于令牌环网存在固有缺点，伴随着局域网技术发展，令牌环网已经多年不使用了。

（3）FDDI 网：是 20 世纪 80 年代中期发展起来一项局域网技术，支持长达 2km 的多模光纤。FDDI 网提供的高速数据通信能力要高于当时的以太网（10Mbps）和令牌环网（4Mbps 或 16Mbps）。FDDI 标准由 ANSI X3T9.5 标准委员会制订，为繁忙网络上的高容量输入/输出提供了一种访问方法。FDDI 技术同 IBM 的令牌环技术相似，缺乏管理、控制和可靠性的有效措施，FDDI 网的主要缺点是价格昂贵，且只支持光纤和 5 类电缆，所以使用环境受到限制，其市场占有率逐年缩减。

（4）ATM 网：是 20 世纪 70 年代后期出现的新型单元交换技术，与以太网、令牌环网、FDDI 网等使用可变长度包技术不同，ATM 使用 53 字节固定长度的单元进行交换。它是一种交换技术，没有共享介质或包传递带来的延时，非常适合音频和视频数据的传输。

（5）无线局域网（Wireless Local Area Network，WLAN）：又称为无线保真（Wireless Fidelity，Wi-Fi）网，是一种有线接入的延伸技术，使用无线射频（RF）技术越空收发数据，减少使用电线连接，因此无线网络系统既可达到建设计算机网络系统的目的，又可让设备自由安排和搬动，提高了员工的办公效率。

在公共开放的场所或者企业内部，无线网络一般会作为已存在有线网络的一个补充方式，装有无线网卡的计算机通过无线手段方便接入互联网。无线局域网主要采用 IEEE 802.11b/a/g 系列标准，见表 6-8。

表 6-8　无线局域网标准

标准代号	频率	速率	覆盖范围	兼容性
IEEE 802.11b	2.4GHz	11Mbps	30～45m	原始标准
IEEE 802.11a	5GHz	54 Mbps	8～24m	与 IEEE 802.11b 不兼容
IEEE 802.11g	2.4GHz	54 Mbps	30～45 m	与 IEEE 802.11b 兼容

【思考与实训】

1．通过百度查询并掌握有关局域网的概念和分类。
2．了解公有 IP 地址和私有 IP 地址的区别。
3．了解网线连接的分类和网线制作的基本方法。
4．掌握局域网的工作模式及其组建方法。

6.2　Internet 基础

任务 3　接入 Internet

【任务描述】

要享受 Internet 上的各种服务，用户必须以某种方式接入网络，由 ISP 提供互联网的入网连接和信息服务，完成用户与广域网的高带宽、高速度的物理连接。虽然 FTTH（光纤到户）是网络接入的发展方向，但由于光纤成本过高，目前仍然以过渡性的宽带接入技术为主，如 ISDN、Cable Modem、xDSL 等，其中 ADSL（一种 xDSL）是占有市场主导地位的一种接入技术。本任务通过案例介绍 ADSL、FTTx+LAN 等虚拟拨号接入技术的宽带连接方法和操作步骤。

【案例】在 Windows 7 系统下为 ADSL、FTTx+LAN 等虚拟拨号接入建立一个虚拟拨号的宽带连接。

【方法与步骤】

（1）在桌面上右击"网上邻居"图标，在弹出的快捷菜单中选择"属性"命令，弹出"网络和共享中心"窗口，如图 6-30 所示。

注意：窄和宽是一个相对的概念，二者并没有很严格的定义。所谓宽带是指人们感观所能感受到的各种媒体在网络上传输所需要的带宽。自 2010 年 5 月 17 日（世界电信日）开始，宽带意味着下载速率为 4Mbps，上行速率为 1Mbps，可以实现视频等多媒体应用，并同时保持基础的 Web 浏览和 E-mail 特性。对家庭用户而言，宽带是指传输速率超过 1Mbps，可以满足语音、图像等大量信息传递的需求。

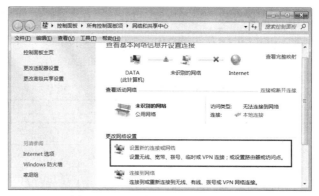

图 6-30 "网络和共享中心"窗口

（2）单击"设置新的连接或网络"超链接，弹出"设置连接或网络"窗口，单击"连接到 Internet"，如图 6-31 所示。

（3）单击"下一步"按钮，弹出"连接到 Internet"窗口 1，如图 6-32 所示。

图 6-31 "设置连接或网络"窗口

图 6-32 "连接到 Internet"窗口 1

（4）单击"宽带(PPPoE)"超链接，弹出"连接到 Internet"窗口 2，输入用户名和密码（需要从 ISP 申请）和宽带连接名称，如图 6-33 所示。

（5）单击"连接"按钮，进入宽带连接测试。首先，进行用户名和密码验证，如图 6-34 所示；然后，进行 Internet 连接测试，如图 6-35 所示。两者通过后弹出"连接成功状态"界面，如图 6-36 所示。此时，单击"立即浏览 Internet"超链接，可以打开浏览器窗口进行 Web 漫游。

图 6-33 "连接到 Internet"窗口 2

图 6-34 用户名和密码验证

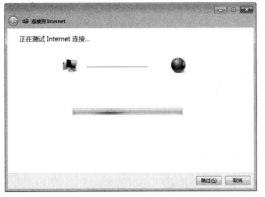

图 6-35 Internet 连接测试

图 6-36 "连接成功状态"界面

（6）单击"关闭"按钮，返回"网络和共享中心"窗口 2，出现宽带连接超链接，如图 6-37 所示，表示宽带连接安装成功。

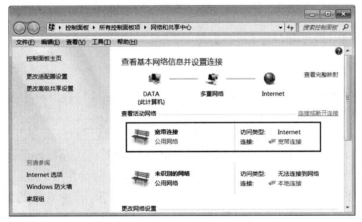

图 6-37 "网络和共享中心"窗口 2

（7）单击"连接或断开连接"超链接，Windows 窗口右下角弹出"打开网络和共享中心"对话框，如图 6-38 所示。

图 6-38 "打开网络和共享中心"对话框

（8）单击"宽带连接"按钮，弹出"连接 宽带连接"对话框，如图 6-39 所示。输入用户名和密码后，单击"连接"按钮，进行虚拟拨号连接。

图 6-39 "连接 宽带连接"对话框

【基础与常识】

1. 基本概念

（1）网站（web site）：是 Internet 提供信息服务的机构，这些机构的计算机连接到 Internet 中，可以提供 WWW、FTP 等服务。

（2）网页（web）：是基于超文本技术的一种文档，也是用户使用浏览器浏览到的文档。网页既可以用超文本标记语言书写，也可以用网页编辑软件（如 FrontPage 和 Dreamweaver）辅助制作。用户浏览某个网站时，默认看到的第一个网页，称为主页（homepage）。

（3）端口：是服务器应用程序使用的一个通道，可以使同一 IP 地址的服务器同时提供多种服务，如 Web 服务、FTP 服务、SMTP 服务等。此时，主机通过"IP 地址+端口号"来区分不同服务，WWW 服务使用端口 80，FTP 服务使用端口 21，SMTP 服务使用端口 25。

（4）下载：是指通过 Internet 将文件从服务器传输到本地计算机的过程。

（5）上传：是指通过 Internet 将文件从本地计算机传输到 FTP 服务器的过程。

（6）统一资源定位器（Union Resource Locator，URL）：是标识因特网上资源位置的一种定位方式，也就是通常所说的网页地址。它一般由 3 部分组成，协议类型、主机 IP 地址或域名地址和资源文件名及其路径。

2. 基本应用

Internet 是一个信息资源的宝库，用户可以在 Internet 上找到自己所需的信息资源，既可以共享 Internet 中 WWW 服务所提供的信息资源，又可以共享 Internet 中大量的文本、图像、语音和计算机程序等资源。

（1）信息资源共享。万维网（World Wide Web，WWW）是一种建立在 Internet 上的全球性的、交互的、动态的、多平台的、分布式的信息浏览系统，也是应用广泛的一种信息资源服务。WWW 采用"客户端/服务器"工作模式，以 HTML 语言和 HTTP 协议为基础，能够提供各种 Internet 服务。除此以外，Internet 中还有大量的公共文件服务器，存储大量文本、视频、软件资源，供用户搜索（baidu、google）、下载（FTP、NetAnts、eMule 和迅雷）和分享。

（2）视频与语音传输。随着网络技术的不断进步，一些基于多媒体数据传输的技术得到迅速发展，出现了 IP 电话、网络聊天、可视电话、视频会议系统。参与者只要能接入到 Internet，并配有声卡、耳机、MIC，就可以在网上进行实时的语音、图片、文字等多媒体交互式交流。

（3）电子邮件。电子邮件是 Internet 上使用最早也是最广泛的工具之一，它是一种非交互式的现代邮政通信方式。电子邮件主要通过网络协议来接收（SMTP，简单邮件传输协议）、发送（POP3，邮局协议）和管理（IMAP4，Internet 消息访问协议）邮件，从而收发和处理文字、图像、语音等多种形式的信息。

注意：为了发送和接收电子邮件，必须向 ISP 申请一个电子信箱的地址（电子邮件地址）。电子邮件地址格式：用户名@邮件服务器的域名地址。

（4）电子商务。电子商务是在 Internet 开放的网络环境下，基于浏览器/服务器应用方式，实现消费者的网上购物、商户之间的网上交易和在线电子支付的一种新型的商业运营模式，主要交易类型有企业与个人的交易（B2C，Business To Customer）和企业之间的交易（B2B，Business To Business）两种模式。

（5）电子政务。电子政务实质是政府部门办公事物的网络化和电子化，它是通过虚拟网站的方式，将大量频繁的行政管理和日常事物按照设定的程序在网上实施的一种工作方式，是电子政府的物化形式。其目标是为政府服务社会过程中的"手段"提供保障，即"以电子为手段，以服务为核心"的活动。

（6）远程教育。以计算机、多媒体、现代通信等信息技术和设备为主要手段，将信息技术和现代教育思想有机结合的一种新型教育方式。打破了传统教育的时空限制和教师主导的教育方式，有利于个性化自主学习，扩大了受教育范围。

3.　域名地址

由于 IP 地址过于单调与难记，因特网又提供了另外一种形式的地址：字符型标志（域名，Domain Name）来表示计算机的地址，如 www.taobao.com 为淘宝网站的域名。为了保证 Internert 上 IP 地址和域名地址对应的唯一性，用户使用域名时，必须向网络信息中心（NIC）或其授权管理机构注册，并由其负责域名解析。

域名采用分层的命名方法，组成域名的各个不同部分称为子域名，代表了不同级别。从右往左看各个子域名，最右边为顶级域名，次之为二级域名，依此类推，越往左看，子域名越具有特定意义。一个完整的域名最长不超过 255 个字符，且唯一标识网络上的一台主机，其形式为：主机名.单位名.类别名.国家代码。

作为国际性的大型互联网，Internet 规定了一组正式的通用标准标号，形成了国际顶级域名。顶级域名采用了两种划分模式：组织模式和地理模式。组织模式只适用于美国，地理模式的顶级域名则是按国家或地区代码进行注册的，如 cn 代表中国。世界上共有 13 个（9 个在美国）根域名服务器（集群）为用户提供顶级域名解析服务。

根据 ISO 366 规定，常见的顶级域名代码见表 6-9。

表 6-9　部分国家域名

国家	中国	英国	法国	德国	日本	韩国	澳大利亚	加拿大	意大利
国家代码	cn	gb	fr	dc	jp	kr	au	ca	it

常见的二级域名见表 6-10。

表 6-10　常见的二级域名

行业性质	类型代码	行业性质	类型代码
教育部门	edu	商业机构	com
政府部门	gov	网络机构	net
军事部门	mil	非营利组织	org

注意：IP 地址是 Internet 系统可以直接识别的地址，而域名则必须由 DNS（域名服务器系统）自动翻译成 IP 地址，从域名地址到 IP 地址的转换过程称为域名的解析。凡是能使用域名地址的地方，都可以使用 IP 地址，因为域名服务器常出问题，因而用 IP 地址比用域名更安全。

【拓展与提高】

1．Internet 的发展

Internet 是一个建立在各种计算机网络之上的全球性网络，它起源于 ARPAnet，发展于 20 世纪 90 年代，逐步渗透到商业、金融、政府、医疗、教育等各个社会部门，变成社会生活的一个不可缺少的部分。与此同时出现了专门从事 Internet 活动的企业，因特网服务提供商（Internet Service Provider，ISP）和因特网内容提供商（Internet Content Provider，ICP）纷纷涌入 Internet。Internet 通过 TCP/IP 协议实现了数据通信，采用 DNS 技术解决了 IP 地址和域名地址的翻译问题，通过 URL 技术和超文本技术提供了广为流行的 WWW 浏览服务，并由此连接了世界各个角落，被认为是未来全球信息高速公路的雏形。

自 1994 年 5 月我国正式开通 Internet 之后，Internet 在中国的发展异常迅速，到 1997 年底，已建成中国公用计算机网（ChinaNET）、中国教育科研网（CERNET）、中国科学技术网（CSTNET）和中国金桥信息网（ChinaGBN）等，并与 Internet 建立了各种连接。目前 ISP 主要包括中国联通、中国移动和中国电信三大通信公司。

2．Internet 接入方式

常见的 Internet 接入方式主要有 3 种：拨号接入方式、专线接入方式和无线接入方式。拨号接入方式有 PSTN 拨号、ISDN 拨号、ADSL 虚拟拨号等；专线接入方式有 Cable Modem、DDN 专线、ADSL 专线、FR 专线、ATM 专线、光纤接入方式等；无线接入方式有 GPRS 接入技术、蓝牙技术（广泛应用于手机）。下面介绍几种市场主流接入技术。

（1）ADSL 接入方式。非对称数字用户线（Asymmetrical Digital Subscriber Line，ADSL）又称"超级一线通"，它在充分利用现有大量电话用户线缆资源、不影响传统电话业务的同时，为用户提供各种宽带的数据通信业务（高达 8Mbps 的下行速率和 1Mbps 的上行速率），其传输距离一般为 3～5km，能够支持视频会议和影视节目传输等，非常适合中、小企业使用。

ADSL 接入又可分为 ADSL 虚拟拨号接入（ADSL Modem 设备）和 ADSL 专线接入（ADSL Router，内置了 Modem）两种方式。

1）ADSL 虚拟拨号接入：用一条两芯电话线将电话线分离器与 ADSL Modem 连接，ADSL Modem 与计算机网卡之间用一条网线连通，如图 6-40 所示。

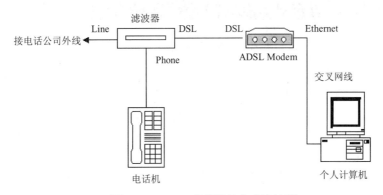

图 6-40　ADSL 虚拟拨号方式连接图

注意：ADSL 虚拟拨号方式采用 PPPoE（Point-to-Point Protocol over Ethernet）协议来实现账号验证，无需真正拨打电话号码。客户端通过身份验证自动获取动态 IP 地址。

2）ADSL 专线接入：将开通了 ADSL 服务的电话线接入 ADSL Router 的 LINE 插孔上，如果要在上网的同时打电话，可将随机附送的电话线的一端接入 ADSL Router 的 PHONE 插孔，另一端接入您的电话机，如图 6-41 所示。

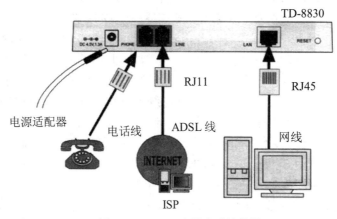

图 6-41　ADSL 专线方式连接图

注意：ADSL 专线与 ADSL 拨号的区别是，ADSL 专线只需一次设置 IP 地址、子网掩码、网关、DNS，即可一直在线连接。

（2）局域网接入。用户计算机通过网卡和专门的通信线路（如电缆、光纤）连到某个已与 Internet 相连的局域网（如校园网）上。该方式的特点是不需要拨号、线路可靠、误码率低、数据传输速度快等，适合大业务量的网络用户使用。局域网一般采用专线方式接入 Internet，网络中的计算机用户都可以通过路由器或交换机与此专线相连接，接入国内的 Internet 主干网，由主干网实现国际互连。一般情况下，局域网的每台计算机都拥有自己的 IP 地址，最适合教育科研机构、政府机构、企事业单位的局域网用户。

在组建小型局域网中介绍了如何配置 TCP/IP 属性，当然如果要使局域网中的计算机能够上网，只配置"IP 地址"和"子网掩码"两项是不够的，还应该具体配置"默认网关"以及 DNS 服务器地址，如图 6-42 所示。

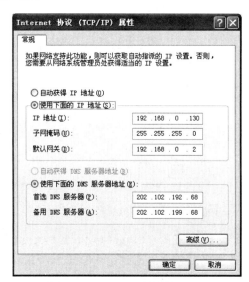

图 6-42   TCP/IP 属性详细配置

注意：如果局域网开启了 DHCP（动态主机配置协议，负责自动分配 IP 地址），那么用户就不需要手动配置 IP 地址、子网掩码和网关，选中"自动获得 IP 地址"单选按钮即可接入网络。另外，如果用户可以从所在网络服务器那里获得一个 DNS 服务器地址，选中"自动获得 DNS 服务器地址"单选按钮；否则通过向当地网络提供商询问手工输入 DNS 服务器地址。

（3）光纤接入。光纤接入是指局端与用户之间完全以光纤作为传输媒体。根据光纤深入用户群的程度，可将光纤接入网分为 FTTC（光纤到路边）、FTTZ（光纤到小区）、FTTB（光纤到大楼）、FTTO（光纤到办公室）和 FTTH（光纤到户），它们统称为 FTTx。FTTx 不是具体的接入技术，而是光纤在接入网中的推进程度或使用策略。光纤接入网是指以光纤为传输介质的网络环境，光纤接入网从技术上可分为两大类：有源光网络（Active Optical Network，AON）和无源光网络（Passive Optical Network，PON）。有源光网络可分为基于 SDH 的 AON 和基于 PDH 的 AON；无源光网络可分为窄带 PON 和宽带 PON。

光纤宽带就是把要传送的数据由电信号转换为光信号进行通信。在光纤的两端分别都装有"光猫"进行信号转换。光纤是宽带网络中多种传输媒介中最理想的一种，它的特点是传输容量大、传输质量好、损耗小、中继距离长等。下面介绍几种常见的光纤接入方式。光纤接入能够确保向用户提供 10Mbps、100Mbps、1000Mbps 的高速带宽，可直接汇接到 ChinaNet 骨干节点。主要适用于商业集团用户和智能化小区局域网的高速接入 Internet。目前可向用户提供 5 种具体接入方式。

1）光纤+以太网接入。适用对象：已做好或便于综合布线及系统集成的小区住宅与商务楼宇等。所需的主要网络产品：交换机、光电转换器、超五类线等。

注意：FTTx+LAN 的接入方式分为虚拟拨号（PPOE）方式和固定 IP 方式。

2）光纤+HomePNA。适用对象：未做好或不便于综合布线及系统集成的小区住宅与酒店楼宇等。所需的主要网络产品：HomePNA 专用交换机（hub）、HomePNA 专用终端产品（modem）等。

3）光纤+VDSL。适用对象：未做好或不便于综合布线及系统集成的小区住宅与酒店楼宇等。所需的主要网络产品为 VDSL 专用交换机、VDSL 专用终端产品。

　　4）光纤+五类线缆接入（FTTx+LAN）。FTTx 是指光纤传输到路边、小区、大楼，LAN 是局域网。以"千兆到小区、百兆到大楼、十兆到用户"为基础的光纤+局域网接入方式，小区内的交换机和局端交换机以光纤相连，小区内采用局域网综合布线，是光纤用户网与以太网 LAN 技术相结合的一种接入方式。用户上网速率视申请速率和使用数量而定，理论值可达 10M/100Mbps。主要适用于住宅小区用户、企事业单位和大专院校。通过对住宅小区、高级写字楼及大专院校宿舍等用户驻地进行综合布线，个人用户或企业单位就可通过 5 类网线实现高速上网和高速互联。

　　5）光纤直接接入。是为有独享光纤高速上网需求的企事业单位或集团用户提供的，传输带宽 2～155Mbps 不等。业务特点：可根据用户群体对不同速率的需求，实现高速上网或企业局域网间的高速互联。同时由于光纤接入方式的上传和下传都有很高的带宽，尤其适合开展远程教学、远程医疗、视频会议等对外信息发布量较大的网上应用。适合的用户群体：居住在已经或便于进行综合布线的住宅、小区和写字楼的较集中的用户；有独享光纤需求的企事业单位或集团用户。

　　（4）无线接入网。无线接入包括固定无线接入和移动无线接入。固定无线接入的网络侧有接口可直接与 Internet 的本地交换机连接。移动无线接入则通过 WAP 接入 Internet，WAP 是一种无线应用协议，它是在数字移动电话、Internet、计算机应用之间进行通信的标准。我们只要打开具有 WAP 功能的通信工具，无论在何处都能接入 Internet。无线接入网中有一种针对社区宽带接入的无线接入方式——LMDS（社区宽带）接入，如图 6-43 所示。

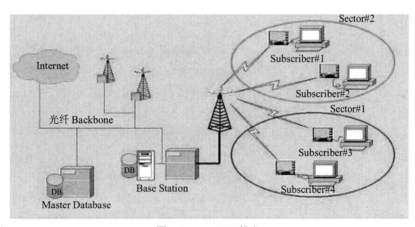

图 6-43　LMDS 接入

　　一个基站可以覆盖直径为 20km 的区域，每个基站可以负载 2.4 万个用户，每个终端用户的带宽可达到 25Mbps。但是，基站的带宽总容量为 600Mbps，每个基站下的用户共享带宽，因此一个基站如果负载用户较多，那么每个用户所分到带宽就很小了。故这种技术对于社区用户的接入是不合适的，但它的用户端设备可以捆绑在一起，可用于宽带运营商的城域网互联。具体做法：在汇聚点机房建一个基站，而汇聚机房周边的社区机房可作为基站的用户端，社区机房如果捆绑 4 个用户端，汇聚机房与社区机房的带宽就可以达到 100Mbps。

　　3．企业内部网（Intranet）

　　Intranet 是 Internet 的发展，是利用 Internet 各项技术建立起来的企业内部信息网络。简单地说，Intranet 是建立在企业内部的 Internet，是 Internet 技术在企业内部的实现，为企业提供了一种能充分利用通信线路且经济而有效地建立企业内联网的方案。

Intranet 采用 Internet 和 WWW 的标准和基础设施，但通过防火墙（firewall）与 Internet 相隔离。Intranet 针对企业内部信息系统结构而建立，其服务对象原则上是企业内部员工，以此联系公司内部各部门，促进公司内部的沟通，提高工作效率，增强公司竞争力。企业的员工能方便地进入 Intranet，而未经授权的用户则不能访问。

Intranet 与 Internet 的最大区别是安全性。Intranet 不是抛弃原有的系统，而是扩展现有的网络设施。各公司只要采用 TCP/IP 协议的网络，加上 Web 服务器软件、浏览器软件、公共网关接口（CGI）、防火墙等，就能建立 Intranet 与 Internet 的连接。

Intranet 的典型应用领域包括企业内部公共信息发布、技术部门的信息发布和技术交流、财务等方面的信息发布、提供共享目录访问、企业内部通信、电子邮件和软件发布等。

【思考与实训】

1．简述常见的接入 Internet 的方式。
2．局域网和 Internet 有什么本质区别？
3．举例说明 Internet 的应用。
4．什么是域名？简述域名和 IP 地址的区别。

任务 4　使用浏览器

【任务描述】

建立 Internet 连接后，用户就可以使用浏览器检索 Internet 上的资源。浏览器内置了一些应用程序，具有浏览、发邮件、下载软件等多种网络功能，有了它，就可以在网上自由翱翔，将 Internet 上的信息从网上下载到本地硬盘上。目前，浏览器有很多种，如 Internet Explorer（IE）、Opera、Firefox 等，各浏览器操作方法大同小异。本任务以 IE 为例，介绍如何使用浏览器从 Internet 上获取信息（信息浏览、下载文件、收发电子邮件）。

【案例】用 IE 浏览器获取信息和资源。

【方法与步骤】

（1）启动 IE，在地址栏输入 www.sohu.com 并按 Enter 键，弹出搜狐主页，找到"搜狗"搜索引擎，如图 6-44 所示。

图 6-44　搜狗搜索引擎对话框

（2）在文本框里输入"360"，单击"搜索"按钮，弹出搜索结果对话框，如图 6-45 所示。

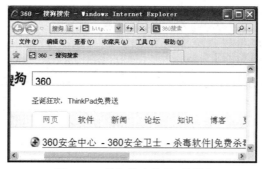

图 6-45　搜狗搜索结果对话框

（3）单击第 1 条信息"360 安全中心……"，弹出"360 安全中心……"主页，如图 6-46 所示。

（4）单击"360 安全卫士"下方的"下载"按钮，弹出"另存为"对话框，选择一个保存位置后，开始下载，如图 6-47 所示。

图 6-46　"360 安全卫士"的超文本

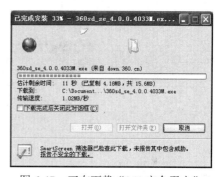

图 6-47　正在下载"360 安全卫士"

（5）返回搜狐主页，单击超文本"邮件"，弹出搜狐闪电邮箱页面。如果用户已有邮箱账号，直接登录；否则，单击右侧"注册"超文本，弹出注册页面，如图 6-48 所示。

图 6-48　搜狐邮箱注册页面

（6）填写相关信息后，单击"立即注册"按钮，完成注册，如图 6-49 所示。

图 6-49　注册成功页面

（7）单击"登录 2G 免费邮箱"按钮，进入刚刚申请的邮箱，如图 6-50 所示。

图 6-50　搜狐邮箱页面

（8）收信、阅读、回复及转发邮件。"未读邮件（1）"表示有一封已经收到但没有阅读的邮件；"收件箱（1）"表示有一封邮件。单击"收件箱（1）"，则可以看到"收件箱"的整个内容，如果邮件标题加粗表示，说明此邮件未读，如图 6-51 所示。

注意：

1）阅读邮件：在窗口右侧单击某邮件，可清晰显示邮件的内容、发件人、时间等信息。

2）回复邮件：单击"回复"按钮，在弹出的文本框中输入回复内容后，单击"发送"按钮，即可完成邮件回复。

3）转发邮件：单击"转发"按钮，切换到转发邮件窗口，根据提示输入"收件人"邮箱地址、发送内容或附件，单击"发送"按钮，即可转发邮件。

图 6-51　收件箱窗口

（9）撰写新邮件并发送邮件。单击"写信"按钮，弹出撰写邮件窗口，如图 6-52 所示。输入收件人地址、邮件主题、正文内容和上传附件（Word 文档、照片、视频、音乐、压缩包等文件），单击"发送"按钮，即可发送邮件。

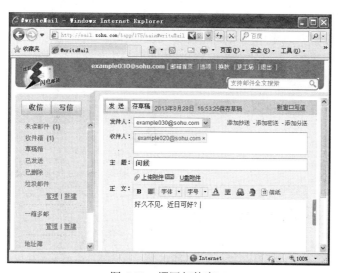

图 6-52　撰写邮件窗口

注意： 如要群发电子邮件，可在"收件人"栏中输入多个邮箱地址，各邮箱用"；"隔开；或单击"添加抄送"，在弹出的"抄送"文本框中输入其他接收者的电子邮件地址。

【基础与常识】

1．Internet 选项

打开浏览器，执行"工具"→"Internet 选项"命令，弹出"Internet 选项"对话框，如图

6-53 所示。用户可以在此设置常规、安全、隐私、内容、连接、程序和高级等内容。

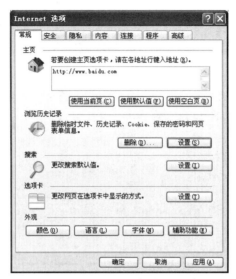

图 6-53 "Internet 选项"对话框

2. 使用收藏夹

当用户发现了一个自己喜欢的网页或站点时，可以将其放入收藏夹，也就是将其网址保存，以便可以再次方便地访问。具体操作方法如下：

（1）执行"收藏夹"→"添加到收藏夹"命令，弹出"添加收藏"对话框，如图 6-54 所示。单击"添加"按钮后，完成网页网址收藏。

（2）执行"收藏夹"→"整理收藏夹"命令，弹出"整理收藏夹"对话框，用户可以进行新建文件夹、移动、重命名和删除等操作，如图 6-55 所示。

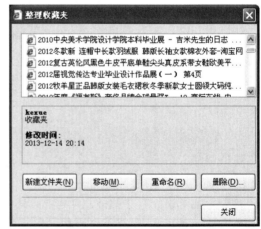

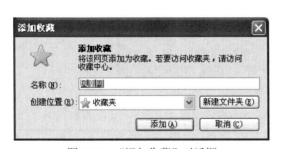

图 6-54 "添加收藏"对话框　　　　图 6-55 "整理收藏夹"对话框

（3）执行"文件"→"导入和导出"命令，弹出"导入/导出向导"对话框，如图 6-56 所示，可以在此直接进行备份收藏夹的操作，其在 Windows 中的位置为：C:\My Documents\Favorites。

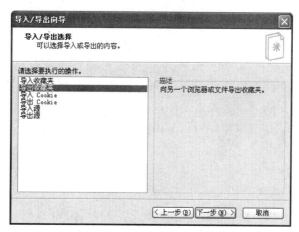

图 6-56　"导入/导出向导"对话框

3．保存网上的信息

可以保存整个网页或部分内容，但不能保存链接。

（1）保存整个网页。执行"文件"→"另存为"命令，保存下来的网页文件扩展名为.htm 或.html，同时会有一个同名文件夹。保存后不必连接网络，便可以打开此文件阅读。

（2）保存部分文字。选中要保存的文字，右击并选择"复制"命令，便可"粘贴"到其他的文本文档中，保存下来。

（3）保存图片。右击图片，在弹出的快捷菜单中选择"图片另存为"命令即可。

【拓展与提高】

1．超文本和超媒体

用户阅读超文本（hypertext）文档时，可以从其中一个位置跳到另一个位置，或从一个文档跳到另一个文档，可以不按顺序进行访问，即不必从头到尾逐章逐节获取信息，可以在文档里跳来跳去。这是由于超文本里包含着可用作链接的一些文字、短语或图标，用户只需在其上用鼠标轻轻一点，就能立即跳转到相应的位置。这些文字和短语一般都有下划线或以不同颜色标识，当鼠标指向它们时，鼠标将变为手形。

超媒体（hypermedia）是超文本的扩展，是超文本与多媒体的组合。在超媒体中，不仅可以链接到文本，还可以链接到其他媒体，如声音、图形图像和动画等。因此，超媒体把单调的文本文档变成了生动活泼、丰富有趣的多媒体文档。

2．超文本传输协议

超文本传输协议（Hypertext Transfer Protocol，HTTP）是 WWW 服务器使用的主要协议，是在用户浏览器和 WWW 服务器之间传送超文本的协议。HTTP 协议由两部分组成：从浏览器到服务器的请求集和从服务器到浏览器的应答集。HTTP 协议是一种面向对象的协议，为了保证客户机与 WWW 服务器之间的通信不会产生二义性，HTTP 精确定义了请求报文（从客户机向 WWW 服务器发送的请求）和响应报文（从 WWW 服务器到客户机的回答）的格式。

3．超文本标记语言

要使 Internet 上的用户在任何一台计算机上都能显示任何一个 WWW 服务器上的页面，必须解决页面制作的标准化问题。超文本标记语言（Hyper Text Markup Language，HTML）就是一种制作 WWW 的标准语言，该语言消除了不同计算机之间信息交流的障碍。

HTML 是一种描述性的语言，定义了许多标记（tag）命令，用来标记要显示的文字、表格、图像、动画、声音、链接等。用 HTML 描述的文档是普通文本（ASCII）文件，可以用任意文本编辑器创建，但文件的扩展名应该是.htm 或.html。当用户用浏览器从 WWW 服务器读取某个页面的 HTML 文档后，依据本地浏览器所使用的显示器的尺寸和分辨率的大小，将 HTML 文档中的各种标记信息重新排版后呈现出来。

【思考与实训】

1．什么是浏览器？常见的浏览器有哪些？
2．掌握"Internet 选项"的常规、安全、隐私等选项设置。
3．掌握网页上部分文字、图片的转移和复制。
4．简述电子邮件收发的协议。

任务 5 信息检索

【任务描述】

随着网络的普及，Internet 日益成为信息共享的平台。各种各样的信息充满整个网络，既有很多有用的信息，也有很多垃圾信息。如何快速准确地在网上找到真正需要的信息已经变得越来越重要。搜索引擎是一种网上信息检索工具，在浩瀚的网络资源中，它能帮助用户迅速而全面地找到所需要的信息。本任务旨在了解并运用搜索引擎来获取有用的信息。

【案例】利用 Google 搜索引擎搜索包含"金庸"和"古龙"的中文新浪网站页面。

【方法与步骤】

（1）启动 IE 浏览器，在地址栏中输入 http://www.google.com.hk 并按 Enter 键，显示谷歌网主页，在文本框中输入"金庸 古龙 site:sina.com.cn"，单击"Google 搜索"按钮，弹出搜索结果页面，如图 6-57 所示。

图 6-57 Google 搜索结果

Google 搜索引擎提供了一些特殊命令用于搜索，各命令含义如下：

1）site 表示搜索结果局限于某个具体网站或者网站频道，如 edu.sina.com.cn，或者是某个域名，如 com.cn 等。

2）link 指令表示返回所有链接到某个 URL 地址的网页。

3）inurl 指令表示返回的网页链接中包含第一个关键词，后面的关键词则出现在链接中或者网页文档中。有很多网站把某一类具有相同属性的资源名称显示在目录名或者网页名称中，比如 MP3、gallary 等，于是，就可以用 inurl 语法找到这些相关资源链接，然后，用第二个关键词确定是否有某项具体资料。inurl 语法和基本搜索语法的最大区别在于，前者通常能够提供非常精确的专题资料。

4）allinurl 指令表示返回的网页的链接中包含所有查询关键字。这个查询的对象只集中于网页的链接字符串。

5）allintitle 和 intitle 的用法类似于上面的 allinurl 和 inurl，只是后者对 URL 进行查询，而前者对网页的标题栏进行查询。网页标题，就是 HTML 标记语言 title 之间的部分。网页设计的一个原则就是要把主页的关键内容用简洁的语言表示在网页标题中。因此，只查询标题栏，通常也可以找到高相关率的专题页面。

6）related 用来搜索结构内容方面相似的网页。例如：搜索所有与中文新浪网主页相似的页面（如网易首页、搜狐首页、中华网首页等），related:www.sina.com.cn/index.shtml。

7）cache 用来搜索服务器上某页面的缓存，通常用于查找某些已经被删除的死链接网页，相当于使用普通搜索结果页面中的"网页快照"功能。

8）info 用来显示与某链接相关的一系列搜索，提供 cache、link、related 和完全包含该链接的网页的功能。

（2）通过单击打开某个链接，依次寻找自己需要的信息。

【基础与常识】

1. 搜索引擎的原理

Internet 上的信息浩瀚万千，如同汪洋上漂浮的小岛，网页链接则是贯通小岛的桥梁，而搜索引擎则是 Internet 上对信息资源进行组织的一种主要方式。它绘制出信息资源目录，并建立数据库。其工作过程包括信息搜集、信息处理和信息查询 3 部分。

（1）信息搜集：各个搜索引擎都拥有类似于蜘蛛（spider）或机器人（robots）的"页面搜索软件"在公开站点的网页中爬行、访问，并将其网址带回到搜索引擎加以记录，从而创建出详尽的网络目录。由于网络文档不断变化，机器人也不断把以前已经分类组织的目录进行更新。理论上，若网页上有适当的超链接，机器人便可以遍历绝大部分网页。

（2）信息处理：将搜索软件带回来的信息进行分类整理，建立搜索引擎数据库，并定时更新数据库内容，以保持与信息世界的同步。如此一来，搜索引擎可以迅速找到所要的资料（主要数据库有历史记录）。在进行信息分类整理阶段，不同搜索引擎会在搜索结果的数量和质量上产生明显的差异。

（3）信息查询：用户向搜索引擎发出查询请求，搜索引擎接收查询请求并向用户返回资料。搜索引擎每时每刻都要接收到来自大量用户的几乎是同时发出的查询请求，它按照每个用户的要求检查自己的索引，在极短时间内找到用户需要的资料，并以网页链接的形式返回给用户。通过这些链接，用户便能到达含有自己所需资料的网页。通常，搜索引擎会在链接下方提供一小段摘要信息来帮助用户判断此网页是否含有有用信息。

2. 搜索引擎的类型

搜索引擎可以根据不同的方式分为多种类型，常见的是根据组织信息的方式分类。

（1）目录式分类搜索引擎：利用传统的信息分类方式来组织和归类信息，用户按类查找信息。由于网络目录中的网页是由专家人工精选得来的，故有较高的查准率，但查全率低，搜索范围较窄，适合那些了解某一方面的信息，但又没有明确目的的用户。

（2）全文搜索引擎：实质上是能够对网站上每个网页每个单字进行搜索的引擎。其特点是查全率高，搜索范围广，提供信息多而全，缺乏清晰的层次结构，查询结果中重复链接较多。如百度、谷歌和 Altavista。

（3）分类全文搜索引擎：是综合全文搜索引擎和目录式分类搜索引擎特点而设计的，通常是在分类的基础上，再进一步进行全文检索。目前大多数搜索引擎都属于分类全文搜索引擎。

（4）智能搜索引擎：具备符合用户实际需要的知识库。搜索时，引擎根据知识库来理解检索词的意义，并以此产生联想，从而找出相关网站或网页。同时具备一定的推理能力，它能根据知识库的知识，运用人工智能的方法进行推理，这样能大大提高查全率和查准率。典型的如 FSA Eloise 和 FAQ Finder 专门用于搜索美国证券交易委员会的商业数据库。

注意：按照搜索范围划分为独立搜索引擎（检索自己的数据库）和元搜索引擎（调用第三方搜索引擎）。

3. 搜索引擎的技巧

（1）选好搜索关键词。最具代表性的关键词是提高信息查询效率和准确度的关键，根据搜索目的提炼出关键词的技巧和经验是所有搜索技巧的根本。例如"经典""文萃""攻略"等，另外各大网站直接或间接地提供了大量关键词，在选用关键词的时候要注意与网络关键词保持一致。

（2）细化搜索条件。搜索对象越具体，搜索引擎返回的结果就越精确，多输入一两个关键词，搜索的效果就会完全不同，这是快速搜索的基本方法之一。例如，了解某一人的情况，只有姓名太少，最好再有性别、地区等关键词，搜索速度会更快一些。

（3）用好逻辑命令。逻辑命令通常是指布尔命令 AND、OR、NOT 及与之对应的"+""|""-"等逻辑符号命令。用好这些命令也能提高搜索的效率。但不是所有的搜索引擎都允许使用这些逻辑命令，需要了解不同的搜索引擎的具体使用方法。

（4）特殊搜索命令。除了一般搜索命令外，搜索引擎都提供一些特殊搜索命令，以满足特殊用户的一些特殊需求。比如查询指向某网站的外部链接和某网站内所有相关网页等。

（5）使用集成型搜索引擎。集成型搜索引擎可以将检索要求同时提交到几个甚至上百个搜索引擎中进行检索。

（6）在搜索结果中再次搜索。有些搜索引擎具有在搜索结果中再次搜索的功能，这样也可以有效缩小搜索范围，减少搜索工作量，提高搜索的准确性。

（7）使用双引号和逻辑符号。使用双引号精确查找要比简单查找到的网站数量明显减少。

4. 常用搜索引擎

（1）Google。Google 是由 Google 公司推出的一个互联网搜索引擎，它是互联网上最大、影响最广泛的搜索引擎之一。它以查询精确、功能强大、速度快，受到了用户的欢迎。Google 每日通过不同的服务，处理来自世界各地超过 2 亿次的查询请求。除了搜索网页外，Google 亦提供搜索图像、新闻组、新闻网页、在线翻译、视频的服务。

（2）百度（Baidu）。百度是全球最大的中文搜索引擎，致力于向人们提供"简单，可依赖"的信息获取方式。百度拥有全球最大的中文网页数据库，每天处理来自一百多个国家的超过一亿人次的搜索请求。百度还提供百度知道、百度百科、百度文库、百度地图等服务。

【拓展与提高】

1. 计算机信息检索步骤

计算机信息检索的一般过程包括分析检索课题、选择检索系统和数据库、确定检索途径和检索词、构建检索表达式、上机检索并调整检索策略，以及检索结果输出等 6 个步骤。

（1）分析检索课题。利用计算机信息检索系统获取文献信息的用户，一般分为直接用户和间接用户两种类型。直接用户是指最终使用获得的信息进行工作的用户（如科研人员、管理者、决策者等）；间接用户是指专门从事计算机检索服务的检索人员。检索人员在接到用户的检索课题时应首先分析研究课题，全面了解课题内容以及用户对检索的各种要求，从而有助于正确选择检索系统及数据库，制定合理的检索策略等。

（2）选择检索系统和数据库。在全面分析检索课题的基础上，根据主题范围、信息类型、时间范围、经费支持等因素进行综合考虑，选择检索系统和数据库。正确选择数据库，是保证检索成功的基础。

（3）确定检索途径和检索词。根据分析课题时确定的已知条件，以及所选定的检索工具能够提供的检索途径来决定。常用的检索途径有著者、分类、主题、文献题名、文献号、引文、文献类型、出版时间、语种等。每种途径都必须根据已知的特定信息进行查找。

检索词是表达文献信息需求的基本元素，是用户输入的检索词语，也是计算机检索系统中进行匹配的基本单元。检索词选择的正确与否将直接影响检索结果。

（4）构建检索表达式。构建检索表达式就是把已经确定的检索词和分析检索课题时确定的检索要求用检索系统所支持的各种运算符连接起来，形成检索表达式。检索表达式构建得是否合理，将直接影响查全率和查准率。

（5）上机检索并调整检索策略。构建完检索表达式之后就可以上机检索了，在检索过程中应及时分析检索结果是否与检索要求一致，对检索表达式做相应的修改和调整，直至得到比较满意的结果。在实际检索中，只有随时不断地根据检索结果进行必要的调整，才能得到理想的检索效果。

（6）检索结果输出。根据检索系统提供的检索结果输出格式，选择需要的记录以及相应的字段（全部字段或部分字段），将结果显示在显示器屏幕上、存储到磁盘上或者直接打印输出，网络数据库检索系统还提供电子邮件发送功能。检索结果输出后，整个检索过程才算完成。

2. CNKI 全文数据库

中国知识基础设施（China National Knowledge Infrastructure，CNKI），简称 CNKI 工程。CNKI 系列数据库产品是"中国知识基础设施"工程的产物。

CNKI 工程是以实现全社会知识资源传播共享与增值利用为目标的信息化建设项目，由清华大学、清华同方公司发起，1999 年 6 月开始研发。该项目采用自主研发并具有国际领先水平的数字图书馆技术，建成了世界上全文信息量规模最大的"CNKI 数字图书馆"，并启动建设"中国知识资源总库"及 CNKI 网络资源共享平台，通过产业化运作，为全社会知识资源高效共享提供最丰富的知识信息资源和最有效的知识传播与数字化学习平台。

（1）CNKI 的数据库分类。CNKI 系列数据库产品 5.0 版包括源数据库和专业知识仓库。

源数据库是指完整收录文献原有形态，经数字化加工、多重整序而成的专类文献数据库，如中国期刊全文数据库、中国优秀博硕士论文全文数据库、中国重要会议论文全文数据库、中国重要报纸全文数据库等。

专业知识仓库是指针对某一行业特殊需求，从源数据库中提取相关文献资源，再补充本行业专有资源而形成的、根据行业特点重新整序的专业文献数据库，如中国医院知识仓库、中国企业知识仓库、中国城建规划知识仓库、中国基础教育知识仓库等。

（2）CNKI 数据库的检索应用。中国知网（http://www.cnki.net/）是一个面向海内外读者提供中国学术文献、外文文献、学位论文、报纸、会议、年鉴、工具书等各类资源统一检索、统一导航、在线阅读和下载服务的站点，中国知网主页如图 6-58 所示。

图 6-58　中国知网主页

1）初级检索。进入初级检索页面，左侧为导航区，用来帮助确定检索的专辑范围。初级检索提供篇名、作者、关键词、机构、中文文献、全文、中文刊名等 16 个检索项供选择。选择检索项，输入检索词后，确定检索年代和排序，即可进行检索。

2）高级检索。单击"高级检索"按钮，进入高级检索页面。高级检索可以在检索词和检索字段之间进行布尔逻辑组配，以实现复杂概念的检索，提高检索的效率。

3）专业检索。专业检索比高级检索功能更强大，但需要检索人员根据系统的检索语法编制检索表达式进行检索，适用于熟练掌握检索技术的专业检索人员。

3. 数字图书馆

（1）数字图书馆概述。关于数字图书馆的定义有很多种，"电子图书馆""数字图书馆""虚拟图书馆""无墙图书馆"等术语常常被当作同义词使用，这显示出数字图书馆概念内涵的宽泛性。数字图书馆是对以数字化形式存在的信息进行收集、整理、保存、发布和利用的实体，其形式可以是具体的社会机构或组织，也可以是虚拟的网站或者任何数字信息资源集合。数字图书馆其实就是电子图书数据库，它收集各类电子图书，并提供相关的查询、阅读、下载、文献链接等功能，是功能强大而齐全的电子图书信息平台。

目前，国内主要有四大电子图书系统：超星数字图书馆、书生之家数字图书馆、方正 Apabi 数字图书馆和中国数字图书馆。

（2）超星数字图书馆。超星数字图书馆（http://book.chaoxing.com/）向互联网用户提供数十万种中文电子书免费和收费的阅读、下载、打印等服务。同时还向所有用户、作者免费提供原创作品发布平台、读书社区、博客等服务。

超星数字图书馆主要提供两种检索方式：导航检索和关键词检索，如图 6-59 所示。

1）网站导航检索（分类检索）。超星数字图书馆的门户网站提供了多个功能版块，帮助用户了解超星所包含的各类信息。首页左侧的图书分类将待检索图书分为文学、工业技术、经济、历史地理、教育、社会科学、语言文字、医药卫生等 21 大类，各大类又细分为多个种类，如文学，包括世界文学、中国文学、传记、文学理论、各国文学、小说 6 个种类。用户可根据图书分类提供的导航，选择所需类别的图书进行查找。对这些图书进行阅览需要会员权限，普通用户只能查阅免费阅览室中的图书资料。中国多数大学图书馆都提供镜像服务，学生只需从校园网入口进入超星即可享受会员待遇。

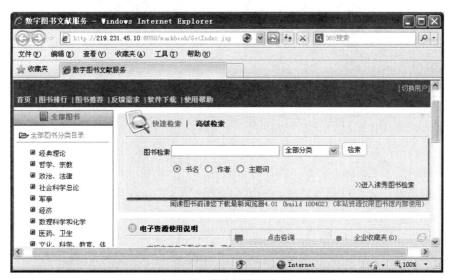

图 6-59　数字图书馆主页

2）超星阅览器检索。超星阅览器的右上方有搜索文本框和搜索按钮，输入搜索内容即可进行快速搜索。除了本身的数字图书检索，还具有 Internet 导航功能。如输入"旅行"并选择搜索项为图书搜索，即可搜索相关图书。

3）关键词检索及高级检索。这是最常用的检索方式，也是相对最有针对性、检索效率最高的检索方式。关键词检索即在图书检索框中输入关键字，单击"检索"按钮，在页面下方就会显示相应的搜索结果；而高级检索可以同时对书名、作者、主题进行限定。三者之间的逻辑关系为"并且"或"或者"，可根据需要选择。

【思考与实训】

1. 什么是搜索引擎？简述常见的搜索引擎。
2. 掌握 CNKI 的查询方法，通过它检索本学科相关研究方向的学术论文。
3. 掌握数字图书馆的查询方法，通过它检索本学期相关课程的电子图书资料。
4. 掌握百度的查询方法，如百度百科、百度地图等。

习题六

一、填空题

1. 开放系统互连参考（OSI/RM）模型分为_____层。
2. 一般认为，当前的 Internet 起源于_____。
3. 某网络中的各计算机的地位平等，没有主从之分，我们把这种网络称为_____。
4. 某计算机的 IP 地址是 192.168.0.1，其属于_____地址。
5. 传统的 IP 地址使用 IPv4，其 IP 地址的二进制位数是_____。
6. 域名系统中的顶级域——组织性域名 com 的意义是_____。
7. 目前 IP 地址一般分为 A、B、C 三类，其中 C 类地址的主机号占_____位二进制位。
8. 在 Internet 中，通过_____将域名转换为 IP 地址。
9. TCP/IP 是用于计算机通信的一组最基础和核心的协议，包括网络接口层、网际层、_____和应用层四个层次。
10. _____是一种专门用于定位和访问 Web 网页信息，获取资源的导航工具。
11. 在 Internet 上下载文件通常使用_____功能。
12. 电子邮件标识中带有一个"别针"，表示该邮件_____。
13. 计算机网络按照覆盖的地理范围可分为_____、城域网和广域网。
14. 能唯一标识 Internet 中每一台计算机的是_____地址。
15. 常用的通信介质包括双绞线、同轴电缆和_____。
16. 在局域网络通信设备中，集线器具有_____的作用。
17. 在 Internet 应用中，用户可以远程控制计算机（远程登录服务）的命令是_____。
18. URL 地址中的 HTTP 协议是指_____，在其支持下，WWW 可以使用 HTML 语言。
19. 不同网络体系结构的网络互连时，需要使用_____。
20. 在局域网中，对于同一台计算机，每次启动时，通过自动分配的 IP 地址是_____。

二、选择题

1. （　　）不属于计算机网络的通信子网。
   A. 路由器　　　　B. 操作系统　　　C. 网关　　　　　D. 交换机
2. 计算机网络中，用于请求网络服务的计算机一般被称为（　　）。
   A. 工作站　　　　B. 服务器　　　　C. 交换机　　　　D. 路由器
3. 常用的电子邮件协议 POP3 是指（　　）。

　　A．TCP/IP 协议　　　　　　　　　　B．中国邮政的服务产品

　　C．通过访问 ISP 发送邮件　　　　　D．通过访问 ISP 收邮件

4．关于 TCP/IP 协议的描述中，错误的是（　　）。

　　A．TCP/IP 协议有多层

　　B．TCP/IP 协议的中文名是"传输控制协议/互联协议"

　　C．TCP/IP 协议中只有两个协议

　　D．TCP/IP 协议是互联网的通信基础

5．计算机网络中，用于提供网络服务的计算机一般被称为（　　）。

　　A．服务器　　　　B．移动 PC　　　　C．工作站　　　　D．工业 PC

6．某计算机的 IP 地址是 210.45.88.1，其默认网关是（　　）。

　　A．255.0.0.0　　　B．255.255.0.0　　C．255.255.255.0　　D．255.255.255.255

7．在局域网中，各工作站计算机之间的信息（　　）。

　　A．可以任意复制　　　　　　　　　　B．可以无条件共享

　　C．不能进行复制　　　　　　　　　　D．可以设置资源共享

8．计算机通信就是将一台计算机产生的数字信号通过（　　）传送给另一台计算机。

　　A．数字信道　　　　B．通信信道　　　　C．模拟信道　　　　D．传送信道

9．以下关于电子邮件的接收，错误的是（　　）。

　　A．接收的邮件可以直接回复

　　B．接收邮件可以不接收附件

　　C．接收邮件可以通过客户端方式（如 Outlook）和 Web 方式

　　D．接收的邮件不能删除

10．计算机网络通信中使用（　　）作为数据传输可靠性的评价指标。

　　A．传输率　　　　B．频带利用率　　　C．误码率　　　　D．信息容量

11．若想通过 ADSL 宽带上网，下列（　　）不是必需的。

　　A．网卡　　　　B．采集卡　　　　C．网线　　　　D．用户名和密码

12．下面不属于局域网的硬件组成的是（　　）。

　　A．服务器　　　　B．工作站　　　　C．网卡　　　　D．调制解调器

13．Internet 属于（　　）类型的网络。

　　A．局域网　　　　B．城域网　　　　C．广域网　　　　D．企业网

14．网络的（　　）称为拓扑结构。

　　A．接入的计算机多少　　　　　　　　B．物理连接的构型

　　C．物理介质种类　　　　　　　　　　D．接入的计算机距离

15．通常用一个交换机作为中央节点的网络拓扑结构是（　　）的。

　　A．总线型　　　　B．环状　　　　C．星型　　　　D．层次型

16．因特网中的域名服务器系统负责全网 IP 地址的解析工作，它的好处是（　　）。

　　A．IP 地址从 32 位的二进制地址缩减为 8 位的二进制地址

　　B．IP 协议再也不需要了

　　C．用户只需要简单地记住一个网站域名，而不必记住 IP 地址

　　D．IP 地址再也不需要了

17. 下列关于电子邮件格式的描述错误的是（　　）。

    A. 可以没有内容   B. 可以没有附件

    C. 可以没有主题   D. 可以没有收件人邮箱地址

18. 当一封电子邮件发出后，由于收件人一直没有开机接收邮件，那么该邮件将（　　）。

    A. 退回   B. 重新发送

    C. 丢失   D. 保存在 ISP 的 E-mail 服务器上

19. 下列属于局域网网络之间互连设备的是（　　）。

    A. 路由器   B. 声卡   C. 电话   D. 显卡

20. 通常说的百兆局域网的网络速度是（　　）。

    A. 100MBps（B 代表字节）   B. 100Bps（B 代表字节）

    C. 100Mbps（b 代表位）   D. 100bps（b 代表位）

21. 下列对局域网的描述错误的是（　　）。

    A. 局域网的计算机包括服务器和工作站

    B. 局域网不能使用光纤

    C. 一般校园网也属于局域网

    D. 局域网可以通过服务器和外围网络相联

22. 网卡的功能不包括（　　）。

    A. 网络互联   B. 进行电平转换

    C. 实现数据传递   D. 将计算机连接到通信介质上

23. 在网络传输中，ADSL 采用的传导介质是（　　）。

    A. 同轴电缆   B. 电磁波

    C. 电话线   D. 网络专用电缆

24. 合法的电子邮件地址是（　　）。

    A. 用户名#主机域名   B. 用户名+主机域名

    C. 用户名@主机域名   D. 用户地址@主机名

25. 局域网的硬件组成有（　　）、用户工作站、网络设备、传输介质 4 部分。

    A. 网络协议   B. 网络操作系统

    C. 网络服务器   D. 路由器

26. 下列叙述错误的是（　　）。

    A. 采用光纤时，接收端和发射端都需要光电转换设备

    B. 5 类双绞线和 3 类双绞线分别由 5 对和 3 对双绞线组成

    C. 基带同轴电缆可分为粗缆和细缆两种，用于直接传输数字信号

    D. 双绞线既可以传输数字信号，又可以传输模拟信号

27. 下列有线传输介质中抗电磁干扰性能最好的是（　　）。

    A. 同轴电缆   B. 双绞线

    C. 光纤   D. 以上 3 种抗干扰性能一样

28. 收发电子邮件的必备条件是（　　）。

    A. 通信双方都要申请一个付费的电子信箱

    B. 通信双方电子信箱必须在同一服务器上

  C．电子邮件必须带有附件

  D．通信双方都有电子信箱

29．URL 的一般格式为（　　）。

  A．协议://主机名/   B．协议://主机名/路径及文件名

  C．协议://文件名   D．//主机名/路径及文件名

30．homepage（主页）的含义是（　　）。

  A．比较重要的 Web 页面   B．传送电子邮件的界面

  C．网站的第一个页面   D．下载文件的网页

31．Internet Explorer 浏览器的主页设置在（　　）。

  A．"文件"菜单的"新建"命令中

  B．"收藏"菜单的"添加收藏夹"命令中

  C．"工具"菜单的"Internet 选项"命令中

  D．"工具"菜单的"管理加载项"命令中

32．用户在浏览网页时，有些是以醒目方式显示的单词、短语或图形，可以通过单击它们跳转到目的网页，这种文本组织方式叫作（　　）。

  A．超文本方式 B．超链接   C．文本传输   D．HTML

33．在 Internet Explorer 浏览器中，"收藏夹"收藏的是该（　　）。

  A．网站的地址 B．网站的内容 C．网页地址   D．网页内容

34．互联网上的应用服务通常都基于某一种协议，Web 服务基于（　　）。

  A．POP3 协议 B．SMTP 协议 C．HTTP 协议 D．FTP 协议

三、操作题

  1．映射网络驱动器。如果经常使用他人共享的文件夹，可以将其映射为一个驱动器，该驱动器称为网络驱动器，如题图 6-1 所示。

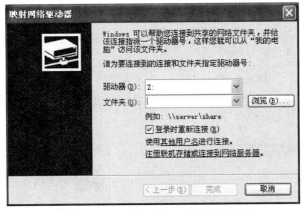

题图 6-1　"映射网络驱动器"对话框

  2．利用百度地图查询从自己学校乘车到火车站的公交线路。

  3．利用 CNKI 查询关于计算机网络的学术论文。

第7章 常用工具软件

随着计算机的日益普及，计算机的用途也越来越广，仅仅依靠系统软件来进行操作是远远不够的。如果想充分发挥计算机的潜能，调动所有可利用的资源，就必须使用各种工具软件。工具软件的种类及其数量都很多，大部分能够提供操作系统不具备或者不完善的一些功能，如计算机安全软件、多媒体播放软件、网络辅助软件、系统维护软件、娱乐软件等。

任务1 压缩软件——WinRAR

【任务描述】

随着计算机网络的发展，各类数据文件的数量和体积均急剧增大，无论是存储还是传输都很不方便。使用文件压缩软件可以解决这类问题。

【案例】使用 WinRAR 将文件"计算机的硬件.ppt"进行压缩，然后转移到另外一个盘中进行解压。

【方法与步骤】

（1）运行 WinRAR 软件，在该软件的界面执行"工具"→"向导"命令，如图 7-1 所示，在弹出的"向导：选择操作"对话框中选中"创建新的压缩文件"单选按钮，如图 7-2 所示。

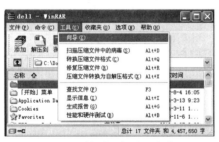
图 7-1 找到"向导"命令

图 7-2 创建压缩文件

（2）单击"下一步"按钮，选择需要进行压缩的文件。单击"浏览"按钮，打开"请选择要添加的文件"对话框，找到需压缩的文件，单击"确定"按钮，设置压缩文件的路径和文件名，如图 7-3 和图 7-4 所示。

图 7-3 找到需压缩的文件

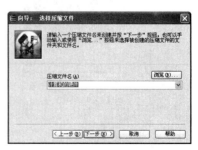
图 7-4 设定压缩文件名

（3）单击"下一步"按钮，在弹出的"向导：压缩文件选项"对话框中设置各个选项，如图 7-5 所示。设置完毕之后，单击"完成"按钮即可。

图 7-5 选定压缩文件选项

（4）使用向导创建压缩文件易于上手，但步骤烦琐，有一个相对简单的方法，如直接在需要压缩的文件上右击，选择"添加到'计算机的硬件.rar'"命令，如图 7-6 所示，这样就在该文件所在的目录下产生了压缩文件。

（5）解压缩文件是压缩文件的逆操作，可以通过向导来完成，也可以通过右键菜单直接解压，如图 7-7 所示，此时解压后的文件跟压缩文件放置在同一个目录下。

图 7-6 右键菜单压缩文件

图 7-7 右键菜单解压文件

【基础与常识】

1．文件压缩的原理

文件压缩是基于一个事实——大多数计算机文件类型都包含相当多的冗余内容，它们会反复列出一些相同的信息。如果利用某种方法表示重复的信息，去掉这些冗余内容，文件的大小自然会减小。可以打个比方，文件压缩的过程类似于果汁的浓缩过程：果汁可以通过去除其中的水分来浓缩，加上水就还原；利用编码技术进行压缩，可以减小文件的体积。对压缩文件进行解压缩则可以恢复压缩前的文件。

2．压缩方式的分类

压缩可以分为无损压缩和有损压缩。无损压缩是采用某种算法表示重复的数据信息，文件可以完全还原，不会影响文件内容。而有损压缩是去掉某些不必要的信息，无法完全还原，但这种压缩方式的压缩比很高。

3. 常用的压缩软件

目前流行的压缩软件主要有 WinRAR、Winzip、好压（haozip）等，其中以 WinRAR 使用最为广泛。WinRAR 用户界面友好，使用操作方便，兼容格式广泛，对 RAR、ZIP、CAB、ARJ、LZH、ACE、7-Zp、TAR、GZip、UUE、BZ2、JAR、ISO 等格式的压缩文件均可解压缩。

4. 压缩比

评价压缩文件的压缩效果可使用压缩比这个概念。即文件压缩前的大小与压缩后的大小之比，假如一个 100M 的文件压缩后是 50M，压缩比就是 100/50=200%。压缩比越高，生成的压缩文件越小，压缩效果就越好，但是花费的时间也就越长。

【拓展与提高】

1. 设置压缩方式

如果希望压缩后的文件小一点，在"压缩方式"中选择"最好"；如果希望压缩的时间不要太久，可以选择"存储"，如图 7-8 所示。

注意：一般来说，记事本文档、Word 文档和 BMP 图像之类的文件，标准压缩就能达到很高的压缩比，不用刻意选择压缩方式；而视频文件、音频文件，本身已经过压缩处理，"水分"不多，即使选择"最好"的压缩方式，压缩比也很低，可以说基本上压缩不了，反而拖慢了压缩时间，不如选择"存储"方式，减少时间的浪费。

2. 加密文件

WinRAR 也可以作为加密软件使用，在"压缩文件名和参数"对话框中，单击"高级"标签，弹出"高级"选项卡，如图 7-9 所示，该对话框中有很多选项，用来设置 RAR 文件的一些参数。单击"设置密码"按钮，弹出"输入密码"对话框，在相应的文本框中输入密码，如图 7-10 所示。这样制作的压缩文件，在解压时就必须正确输入密码，这样才能解压文件。

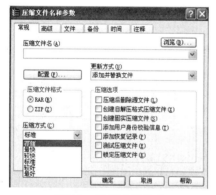

图 7-8　设置压缩方式

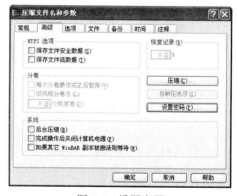

图 7-9　设置密码

图 7-10　"输入密码"对话框

3．分卷压缩和文件打包

在文件的传输过程中，常常遇到两类问题：某个文件的体积过大，无法一次传输；或是有大量小文件，一个文件一个文件传输过于麻烦。这两类问题都可以靠 WinRAR 的分卷压缩和文件打包功能完成。

（1）分卷压缩。在 WinRAR 软件界面的左下角的下拉列表框中输入分卷的字节数，如图 7-11 所示。

（2）文件打包：提前将小文件放置在一个文件夹中，然后在该文件夹上右击，选择"添加到压缩文件"命令，在弹出的对话框中将压缩方式改成"存储"，如图 7-12 所示。

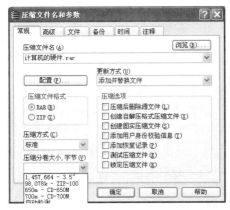

图 7-11　分卷压缩

图 7-12　文件打包

【思考与实训】

1．总结创建 WinRAR 压缩文件的方法，认识常见压缩文件的扩展名。

2．使用 WinRAR 软件将一个 Word 文档文件、一个 BMP 图像文件、一个音频文件和一个视频文件分别压缩（压缩方式都选择"最好"）。最后算出压缩比并加以比较。

任务 2　下载软件——迅雷

【任务描述】

随着计算机网络的普及，文件下载已成为人们上网最常用的操作之一。常用的网络下载工具有很多，有基于 FTP 协议的 FlashFXP、有基于 P2P 协议的电驴（eMule）、有兼容各类协议的网际快车（FlashGet）和迅雷（Thunder）等。

迅雷兼容各类网络协议，不仅能够在服务器上多线程下载文件，还能兼容 BT 资源和电驴资源，功能全面。迅雷支持使用的多资源超线程技术基于网格原理，能够将网络上存在的服务器和计算机资源进行有效的整合，构成独特的迅雷网络，通过迅雷网络，各种数据文件能够以最快的速度进行传递。

【案例】安装迅雷软件，并使用迅雷软件下载网络上的文件。

【方法与步骤】

（1）安装软件。如图 7-13 所示，选择安装的路径以及其他参数，进行安装。

（2）启动迅雷。单击桌面或者"开始"菜单中的快捷方式  进行启动，启动后迅雷的主窗口如图 7-14 所示。

图 7-13　选择安装路径　　　　　　　图 7-14　迅雷的主窗口

（3）单击 ✚ 新建 按钮，输入下载链接，然后单击"立即下载"按钮。也可以在浏览器中的下载链接处右击，在弹出的快捷菜单中选择"使用迅雷下载"命令，如图 7-15 所示。执行上述操作后，将弹出下载对话框，如图 7-16 所示，在该对话框中，根据需要输入下载文件的放置路径，设置好下载线程等参数后，单击"立即下载"按钮，迅雷软件就开始下载文件，同时在迅雷窗口中会显示正在下载的文件的相关信息以及下载进度。

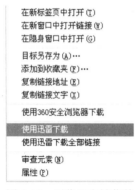

图 7-15　浏览器右键菜单　　　　　　　图 7-16　下载对话框

【基础与常识】

1．下载协议

为计算机网络中进行数据交换而建立的规则、标准或约定的集合称为网络协议，其中可以用来进行文件下载的就称为下载协议。常见的下载协议有以下 3 种。

（1）FTP 协议：即文件传输协议（File Transfer Protocol），是 TCP/IP 协议之一。

（2）HTTP 协议：即超文本传输协议（HyperText Transfer Protocol），虽然主要应用于万维网的信息传输，但也能用于下载文件。

（3）P2P 协议：即点到点协议（Point-to-Point Protocol），是一个协议族，应用于对等网的文件传输。

有的下载软件只支持一个下载协议，有的下载软件则是"多面手"，支持多种下载协议。

2. 断点续传

在下载过程中，常常会遇到一个文件快要下载完毕却碰上网络故障或计算机死机等异常状况，导致前功尽弃，由此应运而生了断点续传技术，即将需下载的文件人为划分为几个部分，每一个部分采用一个线程进行下载。如果出现异常状况，可以从已经上传或下载的部分开始继续上传下载未上传下载的部分，而没有必要从头开始上传下载。

【拓展与提高】

1. 设置迅雷各项参数

在主窗口中，使用 Alt+O 组合键或者单击配置中心均能调出"系统设置"面板，在此可对迅雷软件的使用目录、下载模式、占用带宽、外观界面等进行设置，如图 7-17 所示。

2. 网页版迅雷

与迅雷软件相比，网页版迅雷安装简单、操作方便，其使用者也越来越多。其界面如图 7-18 所示。可以看出跟迅雷软件相比，周边组件很少，但核心下载部分几乎一样，操作方式也基本一样，在此不再赘述。

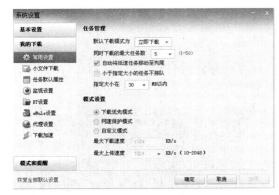

图 7-17　迅雷设置界面

图 7-18　网页版迅雷

【思考与实训】

1. 使用迅雷软件下载"网页版迅雷"的安装软件，然后进行安装。
2. 试比较迅雷软件和网页版迅雷的异同。

任务 3　系统备份和还原软件——Symantec Ghost

【任务描述】

使用 Windows 操作系统一段时间以后，计算机有时会变得很慢并且经常出现莫名其妙的问题。这时通常采用重装系统的方法来解决问题，这样既费时又费力。利用 Symantec Ghost 可以在不重装系统的情况下使系统恢复正常。Symantec Ghost 将整个硬盘系统复制到其他硬盘中，节约重装系统的时间；也可以将一个磁盘分区备份成映像文件。当整个系统瘫痪时，使用 Symantec Ghost 可将备份的映像文件重新恢复到原来的分区。本任务旨在使读者熟悉使用 Symantec Ghost 软件的有关操作。

【案例】掌握 Symantec Ghost 软件有关克隆、镜像和镜像恢复的 3 种操作。Symantec Ghost 的启动界面如图 7-19 所示。

图 7-19　Symantec Ghost 的启动界面

【方法与步骤】

（1）克隆。

1）启动 Symantec Ghost 8.2，单击 OK 按钮后，选择 Local 命令，弹出子菜单，如图 7-20 和图 7-21 所示。用户可根据实际情况选择源盘（Disk）或源分区（Partition）和目标盘（Disk）或目标（Partition）。

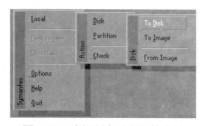

图 7-20　选择硬盘后出现的菜单

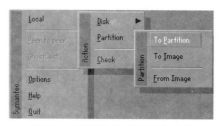

图 7-21　选择分区后出现的菜单

注意：将一块硬盘或分区的所有数据复制到另一块硬盘或分区上，称为克隆。用来提供数据的硬盘或分区称为源 Disk 或源 Partition，接收数据的则称为目标 Disk 或目标 Partition。

2）选好之后，弹出一个对话框，显示当前挂载在系统上的所有硬盘或者分区，找到源盘，单击 OK 按钮，如图 7-22 所示。如果是源分区，则需要先找到该分区所在的硬盘，确定后才能显示分区，如图 7-23 所示。

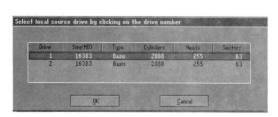

图 7-22　选择源盘

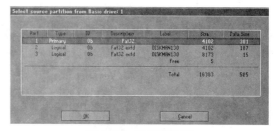

图 7-23　选择源分区

3）继续单击 OK 按钮，选择目标盘或者目标分区，如图 7-24 和图 7-25 所示。

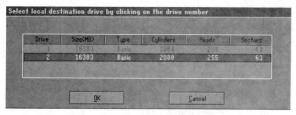

图 7-24 选择目标盘

图 7-25 选择目标分区

4）继续单击 OK 按钮，系统将弹出如图 7-26 所示的对话框，单击 Yes 按钮，开始克隆，待出现如图 7-27 所示的对话框，就表明克隆操作完成。

图 7-26 克隆确认对话框

图 7-27 操作完成提示

（2）制作镜像。即将一块硬盘或者一个分区的所有数据打包成一个镜像文件。

1）执行 Local→Disk→To Image 命令或者执行 Local→Partition→To Image 命令，选择好源盘或者源分区，如图 7-28 所示。

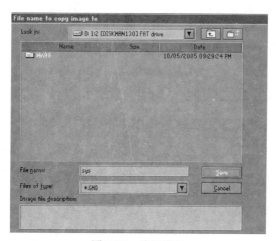

图 7-28 选择路径

2）选择镜像文件存放的路径（不能在源盘或者源分区上）和文件名，单击 Save 按钮，弹出是否压缩对话框，如图 7-29 所示。其中，No 是不压缩，Fast 是快速压缩，High 是高压缩；压缩能够减小镜像文件的大小，但花费的时间也较长。

3）根据实际情况单击 No 或者 Fast、High 按钮，单击后弹出制作镜像确认对话框，询问是否继续，如图 7-30 所示，单击 Yes 按钮则开始制作，稍后提示镜像文件制作成功，如图 7-31 所示。

图 7-29 选择压缩方式

图 7-30 制作镜像确认对话框

图 7-31 制作镜像完成提示

（3）从镜像中恢复。从某个指定镜像文件中将数据提取出来，覆盖到指定的硬盘或者分区上，是制作镜像文件的逆操作。具体操作方法如下：执行 Local→Disk→From Image 命令，或者执行 Local→Partition→From Image 命令，在弹出的对话框中找到镜像文件，然后选定需要恢复的硬盘或者分区即可，这里不再赘述。

【基础与常识】

Symantec Ghost 软件是美国赛门铁克公司旗下的一款出色的硬盘备份还原工具，全称是 General Hardware Oriented Software Transfer（面向通用型硬件系统传送器）。Symantec Ghost 可以实现 FAT16、FAT32、NTFS、OS2 等多种硬盘分区格式的分区及硬盘的备份还原，非常适合数据的备份与还原，速度快、效果好。

Symantec Ghost 里有 3 个概念：Disk、Partition 和 Image。

（1）Disk，即硬盘，指的是挂载在主板上的物理硬盘，一台完整的计算机至少包含一块物理硬盘。

（2）Partition，指分区，一块物理硬盘上至少有一个分区，也可以有多个分区。

（3）Image，指镜像文件，是一块物理硬盘或者一个分区内所有数据信息的集合。

注意：Symantec Ghost 无法识别一个镜像文件是整个硬盘的镜像还是单个分区的镜像，同样，Symantec Ghost 也无法识别一台计算机是安装了一块还是多块硬盘，一个硬盘是单个分区还是多个分区。对于这些信息的检查，完全都由操作者来实现，初学者容易误操作。

【拓展与提高】

Symantec Ghost 只能在 DOS 下运行，且界面语言全英文，很多人难以操作，由此出现了很多改版 Symantec Ghost 软件，这些软件都是基于 Symantec Ghost 内核，但界面语言变成中文，且能够在 Windows 下安装并设置，设置好之后自动进入 DOS 完成任务，降低使用门槛，能够轻松上手。典型的界面如图 7-32 和图 7-33 所示。其操作方式较原版 Symantec Ghost 简单不少，这里不赘述其使用方法。

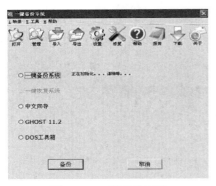

图 7-32　一键备份系统

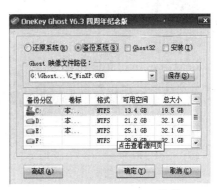

图 7-33　OneKey Ghost 软件

【思考与实训】

1．使用 Symantec Ghost 软件进行备份和将文件进行复制有什么区别？

2．使用 Symantec Ghost 软件，将本机的系统分区（C 盘）制作成镜像文件并放置在最后一个分区。

任务 4　虚拟光驱软件——UltraISO

【任务描述】

软碟通（UltraISO）是一款功能强大的光盘映像文件制作、编辑、转换工具，支持 ISO、ISZ、MDF、MDS、IMG、CCD、SUB、BIN、NRG 等格式，可以直接编辑 ISO 文件和从 ISO 中提取文件和目录，也可以从 CD-ROM 制作光盘映像文件或者将硬盘上的文件制作成 ISO 文件。同时，也可以处理 ISO 文件的启动信息，从而制作可引导光盘与可引导 U 盘，还可以随心所欲地制作、编辑、转换光盘映像文件，刻录出自己需要的光盘和 U 盘。

【案例】使用 UltraISO 从 ISO 中提取文件。

【方法与步骤】

（1）选择"文件"→"打开"命令，弹出文件选择对话框，如图 7-34 所示。在该对话框中选择需要载入的 ISO 文件，单击"打开"按钮即可。

图 7-34　载入 ISO 文件

（2）载入 ISO 文件之后，软件的窗口如图 7-35 所示。可以看到，整个软件的主窗口由上下两个小窗口组成，显示方式同 Windows 资源管理器，上面窗口是 ISO 文件中的文件与目录，下方窗口是计算机中的文件与目录。

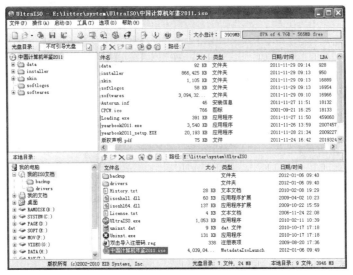

图 7-35　UltraISO 软件窗口

（3）在上方小窗口中找到需要提取的文件或者文件夹，右击，在弹出的快捷菜单里选择"提取到"命令，在弹出的对话框里选定路径，然后单击"确定"按钮即可，如图 7-36 和图 7-37 所示。

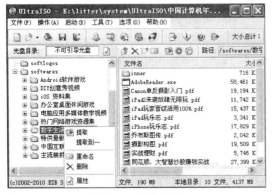

图 7-36　提取文件

图 7-37　选择路径

【基础与常识】

映像文件，也称镜像文件，是一种光盘文件信息的完整复制文件。包括光盘的所有信息，和专门的虚拟光驱软件配合使用，可以完全模拟读取光盘文件的特性。最常见的映像文件格式除了 ISO 文件，还有 ISZ、MDF、MDS、IMG、CCD、SUB、BIN、NRG 等格式的文件。

虽然 Symantec Ghost 制作出来的文件也叫镜像文件，但其扩展名为 GHO，不能被虚拟光驱软件支持，也不能用于刻录。

　　刻录，也叫烧录，就是把光盘文件，通过刻录机等工具刻制到光盘、U 盘等介质中。制作出的光盘或者 U 盘与原始映像文件的数据一模一样。

【拓展与提高】

　　UltraISO 不仅能够从 ISO 中提取文件，还能够制作 ISO 文件，以及刻录光盘和 U 盘。要说明的是，能够打开 ISO 文件的软件不一定能够制作和刻录 ISO 文件，比如前面介绍的 WinRAR 软件，该软件能够打开 ISO 文件并能将里面的文件提取出来，但 WinRAR 不能制作 ISO 文件，也不能执行刻录操作。

　　（1）制作 ISO 文件。

　　1）运行 UltraISO 软件。选择"文件"→"新建"命令，选择光盘映像类型，软件将新建一个空的映像文件，默认以当时的时间命名。单击"操作"菜单，可以根据需要新建文件夹，添加文件和目录。制作完毕之后，选择"文件"→"保存"命令，选择保存的路径，即可完成 ISO 文件的制作。具体过程如图 7-38 至图 7-40 所示。

图 7-38　选择映像文件格式

图 7-39　添加文件

图 7-40　保存映像文件

2）软碟通也支持直接从光盘制作 ISO 文件，选择"文件"→"打开光盘"命令，选择正确的光盘驱动器即可。

（2）刻录光盘和优盘。

1）运行 UltraISO 软件。打开需要刻录的映像文件，然后选择"启动"→"写入硬盘映像"命令，如图 7-41 所示，在弹出的刻录对话框中选定光盘驱动器或者优盘驱动器，选择写入方式（如果是 U 盘，可以先格式化），如图 7-42 所示。

图 7-41　选择写入映像

图 7-42　刻录对话框

2）若想使刻录出来的光盘或者 U 盘有启动功能，则单击"便捷启动"按钮，选择对应系统，如图 7-43 所示。最后选择"写入"命令，软件开始刻录，等待一段时间后便完成了刻录，如图 7-44 所示。

图 7-43　启动扇区写入

图 7-44　刻录完毕界面

【思考与实训】

1. 找一张 Windows 7 系统安装光盘，使用软碟通将其制作成映像文件放于硬盘上。
2. 找到映像文件，将其写入到 U 盘里。

任务 5　磁盘分区软件——DiskGenius

【任务描述】

随着计算机的普及，系统重装与系统升级的情况越来越多，对磁盘重分区的操作也越来越普遍。常用的磁盘分区软件有 DM（Disk Manager）、硬盘分区魔术师（Paragon Partition Manager）、硬盘精灵（DiskGenius）等。每个软件各有优势，其中以 DiskGenius 最易上手。

DiskGenius 是一款功能强大的专家级数据恢复软件，同时 DiskGenius 还集成了硬盘分区、系统备份还原等多种功能于一体，是计算机硬件维护必备工具。

【案例】使用 DiskGenius 对逻辑分区 E 重新分区（划分成两个分区）。

【方法与步骤】

（1）启动 DiskGenius。DiskGenius 是一款绿色注册版软件，在下载解压后的 DiskGenius 文件夹中，双击其中的 DiskGenius.exe 文件，启动 DiskGenius，如图 7-45 所示。

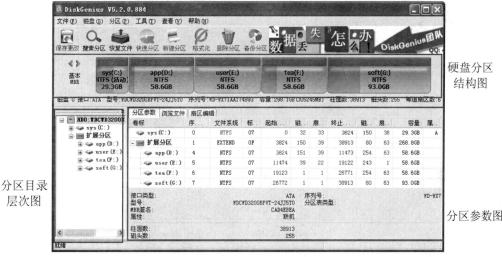

图 7-45　DiskGenius 主界面 1

注意：

1）主界面由三部分组成：硬盘分区结构图、分区目录层次图、分区参数图。3 部分之间存在联动关系，单击任何一部分的对象后，其他两部分将立即关联为对象信息。

2）分区类型有 3 种，分别是主分区、扩展分区和逻辑分区。主分区是指直接建立在硬盘上，用于安装操作系统的分区。一个硬盘上最多只能建立四个主分区，或三个主分区和一个扩展分区。扩展分区是指专门用于划分逻辑分区的一种特殊分区。在扩展分区内可以建立若干个逻辑分区。逻辑分区是指建立于扩展分区内部的分区，一般没有数量限制。

（2）在已经建立的分区上，建立新分区。在"硬盘分区结构图"区域单击"E 盘"按钮，然后单击"新建分区"按钮，弹出"调整分区容量"对话框 1，如图 7-46 所示。可以设置各分区容量大小，这里取默认值。然后单击"开始"按钮，在弹出的"DiskGenius 警告信息"对话框中单击"是"按钮，最终返回"调整分区容量"对话框 2，如图 7-47 所示。最后单击"完成"按钮，返回 DiskGenius 主界面 2，如图 7-48 所示。

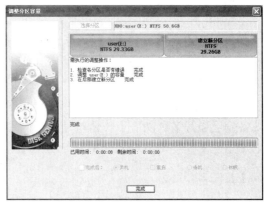

图 7-46　"调整分区容量"对话框 1　　　　图 7-47　"调整分区容量"对话框 2

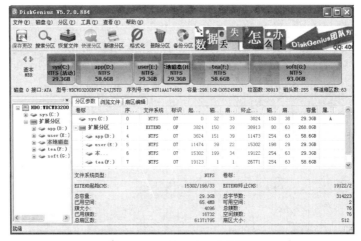

图 7-48　DiskGenius 主界面 2

（3）在磁盘空闲区域建立新分区。若要建立主分区或扩展分区，请先确认"硬盘分区结构图"上存在"空闲"区域（非扩展分区）。若要建立逻辑分区，请先确认扩展分区存在"空闲"区域，如图 7-49 所示。在"硬盘分区结构图"区域选择"空闲"区域，单击"新建分区"按钮，则弹出"建立新分区"对话框，如图 7-50 或者图 7-51 所示。用户可以根据需要自行设置分区类型、文件系统类型、分区大小。单击"详细参数"按钮，打开"详细参数"对话框，如图 7-52 所示。

图 7-49　"空闲"分区

图 7-50　"建立新分区"对话框 1

图 7-51　"建立新分区"对话框 2

图 7-52　"建立新分区-详细参数"对话框

注意： 大物理扇区硬盘的分区应勾选"对齐到下列扇区数的整数倍"复选框，否则读写效率下降。

【基础与常识】

1. 文件系统

（1）文件系统是操作系统中借以组织、存储和命名文件的结构。大部分应用程序都基于文件系统进行工作的。常见的文件系统有 FAT16、FAT32、NTFS、Minix、ext、ext2、xiafs、HPFS、VFAT 等。每种操作系统支持的文件系统也不一样。

（2）FAT 文件系统，即文件分配表系统（File Allocation Table），分为 FAT16 和 FAT32 两个版本。

（3）NTFS 文件系统，即新技术文件系统（New Technology File System），目前有 5 个版本。

2. 常见操作系统所支持的文件系统

MS-DOS 和 Windows3.x 使用 FAT16 文件系统，Windows 98 和 Windows Me 可以同时支持 FAT16、FAT32 两种文件系统，Windows NT 则支持 FAT16、NTFS 两种文件系统，Windows 2000/XP 可以支持 FAT16、FAT32、NTFS 三种文件系统，Linux 则可以支持多种文件系统，如 FAT16、FAT32、NTFS、Minix、ext、ext2、xiafs、HPFS、VFAT 等，不过 Linux 一般都使用 ext2 文件系统。

【拓展与提高】

　　DiskGenius 还能恢复删除掉的文件或者被格式化的分区中的文件，比如在刚才的操作中，原来 D 盘已经被删除，新分区也已格式化，但可以通过图 7-53 所示右键菜单中的"已删除或格式化后的文件恢复"命令进行恢复。弹出的对话框如图 7-54 所示。根据情况选择后，单击"开始"按钮，软件开始扫描，如图 7-55 所示。

图 7-53　右键菜单　　　　　图 7-54　选择恢复模式　　　　　图 7-55　扫描文件

　　扫描完毕之后，会弹出一个消息框，单击"确定"按钮，软件将扫描到的已删除文件列出来，在想要恢复的文件上右击，从弹出的快捷菜单中选择"复制到"命令，弹出如图 7-56 所示的对话框，选定恢复文件存放的路径，单击"确定"按钮后开始复制，并出现如图 7-57 所示的对话框，进度条显示完成后，整个文件恢复工作即宣告结束。

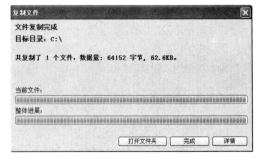

图 7-56　选择文件路径　　　　　　　　图 7-57　恢复进度条

　　小知识：删除的文件能够被找回，是因为人们平常所做的删除，只是让系统修改了文件分配表中的前两个代码（相当于做了"已删除"标记），同时将文件所占簇号在文件分配表中的记录清零，以释放该文件所占空间。而文件的真实内容仍保存在数据区，必须等写入新数据时才被新内容覆盖，在覆盖之前原数据是不会消失的。

【思考与实训】

1．使用 DiskGenius 软件扫描系统硬盘，看看有没有以前删除掉的文件出现。
2．如果扫描出文件，尝试恢复。
3．放置在回收站中的文件能不能扫描出来？

习题七

一、选择题

1．以下（　　）文件不能被 WinRAR 软件解压缩。
    A．abc.zip   B．def.gho
    C．xp.iso   D．123.rar
2．Ghost 软件不能进行（　　）。
    A．硬盘对刻   B．系统备份
    C．安装系统   D．数据恢复
3．以下（　　）软件和 DiskGenius 软件的功能最为类似。
    A．WinZIP   B．DOS
    C．Disk Manager   D．UltraISO

二、简答题

1．列举你所知道的工具软件。
2．简述 UltraISO 的功能。
3．迅雷支持的下载协议有哪些？

三、操作题

1．检查所使用的计算机是否有迅雷、Ghost、WinRAR 等软件；若没有，使用浏览器下载迅雷的安装程序，将迅雷安装好，使用迅雷将其余软件下载到本机并安装。
2．使用 Symantec Ghost 软件将系统分区，制作一个镜像文件，存放在最后一个分区上。
3．使用 WinRAR 软件将制作好的镜像文件分卷压缩，每个分卷大小为 100MB。

参考文献

[1] 贾新宇．大学计算机基础[M]．2版．北京：中国水利水电出版社，2011.

[2] 陈桂林．计算机应用基础[M]．4版．合肥：安徽大学出版社，2009.

[3] 黄京莲．大学计算机基础案例教程[M]．2版．北京：中国水利水电出版社，2011.

[4] 甘勇．大学计算机应用基础[M]．2版．北京：人民邮电出版社，2012.

[5] 柳青．计算机应用基础[M]．2版．北京：高等教育出版社，2011.

[6] 王贺明．大学计算机基础[M]．2版．北京：清华大学出版社，2011.

[7] 刘红梅．大学计算机基础[M]．北京：清华大学出版社，2011.

[8] 杨振山，龚沛曾．大学计算机基础[M]．4版．北京：高等教育出版社，2008.

[9] 周明红．计算机基础[M]．3版．北京：人民邮电出版社，2013.

[10] 孙丽君．计算机基础[M]．上海：上海交通大学出版社，2009.

[11] 牛少彰．大学计算机基础[M]．2版．北京：北京邮电大学出版社，2012.

[12] 刘志军，陈涛．计算机基础实用教程[M]．2版．上海：上海交通大学出版社，2013.

[13] 唐会伏．大学计算机基础[M]．北京：人民邮电出版社，2012.

[14] 雷宇飞．大学计算机基础[M]．北京：科学出版社，2010.

[15] 陈卓然．大学计算机基础教程[M]．北京：国防工业出版社，2013.

[16] 杨青．大学计算机基础教程[M]．2版．北京：清华大学出版社，2010.

[17] 叶潮流，刘登胜．数据库原理与应用[M]．北京：清华大学出版社，2013.

[18] 甘勇，尚展垒，贺蕾．大学计算机基础（慕课版）[M]．北京：人民邮电出版社，2017.

[19] 郑尚志，杨克玉．计算机应用基础（Windows 7+Office 2010）[M]．2版．北京：高等教育出版社，2014.

[20] 高林，陈承欢．计算机应用基础（Windows 7+Office 2010）[M]．2版．北京：高等教育出版社，2014.